高等院校计算机类课程"十二五"规划教材

C# 程序设计

主　编　陈　锐　李　佳
副主编　李绍华　方　洁　雷　军
参　编　夏敏捷　赵　娟　李爱菊

合肥工业大学出版社

内容简介

C#是一种安全的、稳定的、简单易学的面向对象编程语言。它继承了C和C++的强大功能,同时去掉了它们的一些复杂特性,成为目前使用最为广泛的开发语言,是大中专院校计算机专业的必修课程。本书主要内容包括:.NET开发环境介绍、C#编程基础、面向对象编程基础、面向对象高级编程、目录与文件管理、类库与控件库、ADO.NET数据库开发、Web应用程序设计基础、ASP.NET Web服务器控件和ASP.NET Web的内置对象等。

本书内容丰富,结构清晰,语言通俗,实例众多,所有程序都能够直接运行。本书可作为高等院校计算机及相关专业的教材,也可作为初级、中级程序员的参考用书。

图书在版编目(CIP)数据

C#程序设计/陈税,李佳主编.—合肥:合肥工业大学出版社,2012.8
ISBN 978-7-5650-0871-9

Ⅰ.①C… Ⅱ.①陈…②李… Ⅲ.①C语言—程序设计 Ⅳ.①TP312

中国版本图书馆CIP数据核字(2012)第185760号

C#程序设计

陈 锐 李 佳 主编		责任编辑	汤礼广	马小利
出 版	合肥工业大学出版社	版 次	2012年8月第1版	
地 址	合肥市屯溪路193号	印 次	2012年9月第1次印刷	
邮 编	230009	开 本	787毫米×1092毫米 1/16	
电 话	总编室:0551-2903038	印 张	26.75	
	市场营销部:0551-2903198	字 数	605千字	
网 址	www.hfutpress.com.cn	印 刷	合肥学苑印务有限公司	
E-mail	hfutpress@163.com	发 行	全国新华书店	

ISBN 978-7-5650-0871-9　　　　　　　　　　　　定价:54.00元

如果有影响阅读的印装质量问题,请与出版社市场营销部联系调换。

前言

微软推出的C#是.NET中最方便和最高效的程序设计语言，在继承C++和Java等语言优势的基础上，不仅具有封装、继承和多态等特性，而且还增加了不少创新元素，适用于桌面系统、Web应用、数据库应用、网络应用等程序的研发。C#语言已成为目前主流的开发工具之一。

随着Visual Studio .NET平台的不断升级，C#的功能变得更强，应用开发变得更方便。为此，我们以当前最新的Visual Studio .NET 2008作为平台，结合近年来教学和应用开发的实践经验，编写了本书。

本书首先介绍C#的特点并大致介绍.NET开发平台Visual Studio .NET 2008，通过简单实例了解控制台应用程序、Windows应用程序、ASP .NET Web应用程序的开发过程；然后介绍Visual Studio .NET 2008的程序结构和调试技巧；在此基础上，系统地介绍C#的编程基础、面向对象编程基础、面向对象编程高级编程、窗体和控件、目录和文件管理、图形图像和多媒体编程；最后介绍ADO .NET和数据操作、水晶报表、Web应用程序开发、ASP .NET Web服务器控件、Web应用程序开发实例。一般来说，通过对本教程的学习，特别是通过上机操作，学生可在较短的时间内，便基本能够在Visual Studio .NET 2008环境下用C#解决一些小型应用问题。本书作者多年来一直从事C#程序的开发、数据结构与算法、自然语言理解方面的研究工作，具有较为丰富的计算机理论基础与开发实战经验，可以说本书是作者教学和实践经验的结晶，因此，它非常适合计算机及相关专业的学生作为教材与自学参考书。

本书的特点

1. 内容丰富，讲解详细

为了方便学生学习，本书不仅介绍了C#语言的开发环境，而且还介绍了C#语言的编程基础、常用控件、图形图像编程、ADO .NET数据访问技术、类库和控件库设计、Web开发等内容。因此本书内容丰富，几乎覆盖了C#语言的全部知识点。对每个知识点，作者都结合具体的实例进行讲解，这样可使学生快速掌握C#语言的基础理论和初步运用。

2. 结构清晰，逻辑性强

本书按章、节和小节将学习内容划分为一个个大小不同的知识点，讲解时，循序渐进，由浅入深，最后通过实例强化知识点。因此，本书结构框架清晰，条理清晰，呈现较强的逻辑性。

3. 语言通俗，叙述简单

本书针对知识点的讲解，尽量使用比较通俗的语言。平实、通俗，让人容易亲近是本书最大的特色。

4. 配有习题，巩固知识

在每一章的最后，还配有一定数量的实践题目，学生在学习每一章的内容之后，可以通过这些习题试着编写 C# 语言，以巩固所学的知识。

本书的内容

第1章：介绍了 Visual C# .NET 2008 开发环境及 C# 语言的程序结构，使学生对 C# 语言有一个初步的了解。

第2章：主要介绍 C# 语言的数据类型、常量与变量、运算符与表达式及 C# 的流程控制语句，使学生快速入门，能使用 Visual Studio 开发简单的应用程序。

第3章：主要介绍常用的数据类型：数组、字符串、集合、堆栈等，使学生初步理解 C# 中的集合类，并能熟练使用常见的类编写较为复杂的程序。

第4章：主要介绍面向对象编程的一些基础知识，如类、方法、属性等，使学生掌握面向对象编程方法。

第5章：主要介绍面向对象编程的一些比较高级的知识，如继承、多态、接口、序列化、泛型等。

第6章：主要介绍常用控件，帮助学生掌握商业化应用软件开发的基本技术。

第7章：主要介绍系统环境相关类，使学生理解目录管理方式，学会对文件进行读写操作。

第8章：主要介绍类库与控件库的基本知识，使学生能自己设计用户控件库和调用控件库，开发出高效的程序。

第9章：主要介绍 ADO .NET 数据访问方法，使学生熟练掌握数据库编程技术。

第10章：主要介绍 Web 页面的设计基础、Web 应用程序中的常用对象及 ASP .NET 页面中的数据传递方式，使学生熟悉 HTML、CSS 和 JavaScript 的使用方法，熟练掌握 Web 应用开发技术。

第11章：主要介绍 ASP .NET Web 服务器控件，使学生掌握控件属性的设置方法、事件的订阅及控件的使用方法。

第12章：主要介绍 ASP .NET Web 的内置对象，即 Request 对象、Response 对象、Application 对象、Session 对象和 Server 对象，使学生掌握在页面中如何使用对象及页面之间的切换、数据传递。

第13章：通过一个具体的案例来介绍 Web 应用程序开发，使学生掌握 Web 应用程序开发过程，深入理解三层架构的概念及三层架构的搭建过程，熟练掌握 Web 应用程序的前台和后台功能模块设计。

本书由陈锐（国家高级程序员）、李佳（重庆工商职业学院）担任主编，李绍华（大连外国语学院）、方洁（郑州轻工业学院）、雷军（焦作市教育局）担任副主编，参编的老师有夏敏捷（中原工学院）、赵娟（南阳理工学院）、李爱菊（北京联合大学）等。全书由陈锐负责统稿。

因时间仓促，错误和疏漏之处在所难免，恳请广大读者批评指正。

在使用本书的过程中，若有疑惑，或想获取本书的例题代码，请从 http://blog.csdn.net/crcr 或 http://www.hfutpress.com.cn 下载，或通过电子邮件 nwuchenrui@126.com 进行联系。

作　者

目录

第1章 C#语言概述 (1)
1.1 .NET框架概述 (1)
1.2 Visual Studio .NET 2008集成开发环境 (8)
1.3 Visual C# .NET应用程序结构 (13)
1.4 C#应用程序的一般结构 (19)
1.5 断点设置与程序调试 (23)
1.6 命名建议 (25)

第2章 数据类型与流程控制 (27)
2.1 数据类型 (27)
2.2 不同数据类型之间的转换 (32)
2.3 常量与变量 (35)
2.4 运算符与表达式 (37)
2.5 控制台应用程序与格式化输出 (43)
2.6 C#流程控制语句 (45)

第3章 常用数据类型的用法 (61)
3.1 数组 (61)
3.2 字符串 (76)
3.3 集合 (85)
3.4 日期与时间处理 (94)
3.5 数学运算 (97)
3.6 随机数 (97)

第4章 面向对象编程基础 (101)
4.1 类 (101)
4.2 结构类型 (107)
4.3 方法 (109)
4.4 属性与索引器 (116)

第 5 章　面向对象高级编程 ……………………………………… (124)

　　5.1　类的继承 …………………………………………………… (124)
　　5.2　多态 ………………………………………………………… (134)
　　5.3　接口 ………………………………………………………… (140)
　　5.4　委托与事件 ………………………………………………… (144)
　　5.5　反射 ………………………………………………………… (151)
　　5.6　序列化与反序列化 ………………………………………… (154)
　　5.7　.NET 泛型编程 …………………………………………… (159)

第 6 章　Windows 窗体应用程序 ……………………………… (166)

　　6.1　窗体应用程序 ……………………………………………… (166)
　　6.2　控件的共有操作 …………………………………………… (171)
　　6.3　公共控件 …………………………………………………… (173)
　　6.4　容器控件 …………………………………………………… (187)
　　6.5　菜单与工具栏控件 ………………………………………… (190)
　　6.6　对话框控件 ………………………………………………… (193)
　　6.7　视图操作类控件 …………………………………………… (196)

第 7 章　目录与文件管理 ………………………………………… (204)

　　7.1　目录管理 …………………………………………………… (204)
　　7.2　文件管理 …………………………………………………… (208)
　　7.3　文件的读写 ………………………………………………… (210)
　　7.4　系统环境相关类 …………………………………………… (222)

第 8 章　类库与控件库设计 ……………………………………… (230)

　　8.1　特性（Attribute）………………………………………… (230)
　　8.2　类库设计 …………………………………………………… (235)
　　8.3　用户控件 …………………………………………………… (241)
　　8.4　控件库设计 ………………………………………………… (248)

第 9 章　ADO .NET 数据访问模型 …………………………… (257)

　　9.1　ADO .NET 简介 …………………………………………… (257)
　　9.2　SqlConnection 连接对象 ………………………………… (260)
　　9.3　SqlCommand 命令对象 …………………………………… (264)
　　9.4　SqlDataReader 数据读取对象 …………………………… (273)
　　9.5　DataTable 数据表对象 …………………………………… (275)

9.6 DataSet 数据集对象 …………………………………………………………(278)

9.7 SqlDataAdapter 数据适配器对象 ……………………………………………(282)

9.8 SqlParameter 参数对象 ………………………………………………………(285)

9.9 存储过程 ………………………………………………………………………(288)

第10章 网页制作基础 ……………………………………………………………(298)

10.1 HTML …………………………………………………………………………(298)

10.2 CSS ……………………………………………………………………………(305)

10.3 JavaScript ……………………………………………………………………(312)

第11章 ASP .NET Web 服务器控件 ……………………………………………(320)

11.1 服务器控件 …………………………………………………………………(320)

11.2 标准控件 ……………………………………………………………………(323)

11.3 验证控件 ……………………………………………………………………(338)

11.4 导航控件 ……………………………………………………………………(347)

11.5 数据操作控件 ………………………………………………………………(351)

第12章 ASP .NET 内置对象 ………………………………………………………(372)

12.1 Request ………………………………………………………………………(372)

12.2 Reponse ………………………………………………………………………(374)

12.3 Application …………………………………………………………………(375)

12.4 Session ………………………………………………………………………(377)

12.5 Server …………………………………………………………………………(380)

12.6 网页间的跳转 ………………………………………………………………(381)

12.7 网页间的数据传递 …………………………………………………………(383)

第13章 Web 应用程序开发实例 …………………………………………………(387)

13.1 系统分析与总体规划 ………………………………………………………(387)

13.2 系统框架设计 ………………………………………………………………(389)

13.3 功能模块设计 ………………………………………………………………(402)

参考文献 ……………………………………………………………………………(419)

第1章 C#语言概述

■ **本章导读**

C#语言和.NET框架简化了软件开发的复杂度。利用C#语言和基于.NET框架Visual Studio 2008开发平台，程序员可以很方便地开发出各种应用程序。本章主要介绍了C#语言的基本理论知识，并对C#、C++、Java三种语言进行了对比，还介绍了.NET框架的概念以及开发.NET应用程序的运行环境Visual Studio 2008。

■ **学习目标**

(1) 了解.NET框架；
(2) 了解C#语言与其他语言的异同；
(3) 初步了解C#语言的程序结构；
(4) 掌握Visual Studio 2008的程序调试技术。

1.1 .NET框架概述

1.1.1 .NET简介

.NET是微软为适应Internet高速发展的需要，而隆重推出的新的开发平台。2003年，Microsoft公司发布了Visual Studio .NET 2003，提供了在Windows操作系统下开发各种基于.NET框架1.1的全新应用程序开发平台。2005年底，Microsoft公司又发布了基于.NET框架2.0的Visual Studio .NET 2005开发平台，植入了适用于大型团队开发的各种功能。2007年底，Microsoft公司再次发布了基于.NET框架3.5的Visual Studio .NET 2008开发平台，引入了250多个新特性，整合了对象、关系型数据、XML的访问方式，语言更加简洁。

.NET是一种面向网络、支持各种用户终端的开发平台。利用Visual Studio .NET 2008，用户可以非常轻松地创建具有自动伸缩能力的可靠应用程序和组件。

Visual Studio .NET 2008集成开发环境包含Visual Basic .NET、Viual C++

.NET、Visual C# .NET 和 Visual J# .NET 四种编程语言,并允许它们共享工具,从而有助于创建混合语言解决方案。

Visual C# .NET 是微软公司针对 .NET 平台推出的一门新语言,作为 .NET 平台的第一语言,也是微软公司推出的下一代主流程序开发语言。Visual C# .NET(简称 C# 语言)几乎集中了所有关于软件开发和软件工程研究的最新成果,如面向对象、类型安全、组件技术、自动内存管理、跨平台异常处理、版本控制、代码安全管理等。它在设计、开发程序界面时和以前的某些程序开发语言有所不同,既有 Visual Basic 快速开发的特点,又不乏 C++ 语言强大的功能。所以,C# 将来很有可能成为最主要的软件开发语言。

Visual C# .NET 提出了很多新的功能、概念和观点。掌握 Visual C# .NET,不仅要掌握语法,还需要理解并运用这些新的功能、概念和观点,另外也需要掌握 .NET 框架,理解 CLR(Common Language Runtime,公共语言运行时)。

.NET 框架(Framework)是一组用于帮助开发应用程序的类库集。Visual Studio .NET 开发平台需要此类库集的支持。.NET 框架如图 1-1 所示。

图 1-1 .NET 框架的整体结构

1.1.2 公共语言运行时(CLR)

公共语言运行时(Common Language Runtime,CLR)是 .NET 框架的基础,它负责在运行时管理代码的执行,并提供一些核心服务,如编译、内存管理、线程管理、代码执行、强制实施类型安全以及代码安全性验证。由于公共语言运行时提供代码执行的托管环境,从而提高了开发人员的工作效率并有助于开发可靠的应用程序。

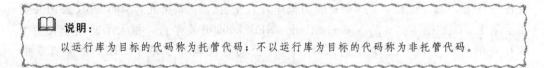

> 说明:
> 以运行库为目标的代码称为托管代码;不以运行库为目标的代码称为非托管代码。

凡是使用符合公共语言规范的程序语言开发程序,均可以在任何安装有 CLR 的操作系统中执行。CLR 可以大幅度简化应用程序的开发,同时,由于代码在托管模式下运行,可以有效避免内存泄漏。使用 .NET 提供的编译器可以直接将源程序编译为 .EXE 或者 .DLL 文件。需要注意的是,此时编译出来的程序代码并不是 CPU 能直接执行的机器代码,而是一种中间语言(Intermediate Language,IL)代码。在代码被执行时,CLR 的 Class Loader 会将需要的 IL 代码装入内存,然后再通过即时(Just-In-Time)编译方式将其临时编译成所用平台的 CPU 可直接执行的机器代码。

那么,这种二次编译是否会影响程序的运行速度,答案是肯定的,二次编译的确影响了程序的运行速度,但它却为实现跨平台带来了可能。其实,这种编译过程犹如 Java 中的 JVM(Java 虚拟机),正是 JVM 才使得 Java 能够开发出跨平台的应用程序。二次编译是 CLR 在 .NET 框架下自动实现 IL 文件到二进制文件的转变,并不需要人员的参与,所以它并不会给程序的执行带来麻烦。

> 📖 说明:
>
> 在应用程序开发过程中,内存管理是一件麻烦的事情。不科学的内存管理会使应用程序不断消耗系统资源,最终导致操作系统崩溃。公共语言运行时的垃圾回收器为应用程序管理内存的分配和释放。对开发人员而言,这就意味着在开发托管应用程序时,不必编写执行内存管理任务的代码。自动内存管理可以解决常见问题,如忘记释放对象并导致内存泄漏,或尝试访问已释放对象的内存。

1.1.3 类库

类库(Class Library)提供了一组标准的系统服务,为 Web 应用程序和 Web 服务提供了基本模块。类库提供了与 Microsoft 基础类(MFC)相同的函数。与一般的 DLL 和 API 不同,这个类库是以面向对象的方式提供的。利用命名空间和在它们中定义的类,可以访问平台的任何特性。如果希望自定义类的行为,可以从已有的类中派生出自己的类。具体来说,要引用这些类,只要用 Use 语句(在 Java 中时 Import)将对应的命名空间链入程序即可。.NET 类库的概念框架如图 1-2 所示。

图 1-2 .NET 类库的概念框架

在 .NET 中,按照应用领域的不同,类库可以分为 4 类:

1. 基本类库（Base Class Library，BCL）

BCL 中提供了输入/输出、字符串操作、安全性管理、网络通信、线程管理、文本管理及其他函数等标准功能，如图 1-3 所示。

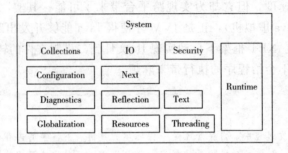

图 1-3 基本类库

每一个小模块表示一个命名空间，如 System.IO 包含输入、输出服务。

2. ADO.NET：数据和 XML 类

ADO.NET 是下一代 ActiveX Data Objects（ADO）技术。ADO.NET 提供了易于使用的类集，以便访问数据，同时，Microsoft 希望统一 XML 文档中的数据。因此，ADO.NET 中也提供了对 XML 的支持。ADO.NET：数据和 XML 类中包含两个命名空间，即 System.Data 和 System.XML，如图 1-4 所示。

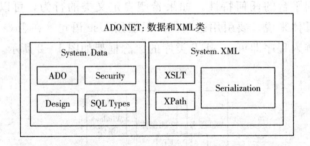

图 1-4 ADO.NET：数据和 XML 类

ADO.NET 为 Internet 和企业开发提供了所需要的各种功能，完全支持 Web 标准及其应用，而且使用简单，扩充方便。类库分配到不同的命名空间下，其中 System 命名空间是 .NET Framework 中基本类型的根命名空间。

3. ASP.NET：Web 服务和 Web 窗体

ASP.NET 是建立在 CLR 基础上的编程框架，用来建立强大的 Web 应用程序。其中，Web 窗体为建立动态 Web 用户界面提供了简单而有效的方法，Web 服务为以 Web 作为基础的分布式应用程序提供了模块，如图 1-5 所示。

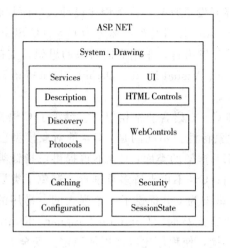

图 1-5 ASP.NET：Web 服务和 Web 窗体

4. Windows 窗体类

Windows 窗体支持一组类，通过这些类可以开发基于 Windows 的 GUI 应用程序。此外，Windows 窗体类还为 .NET 框架下的所有编程语言提供了一个公共的、一致的开发界面。Windows 窗体类包括两个命名空间：System.WinForms 和 System.Drawing，如图 1-6 所示。

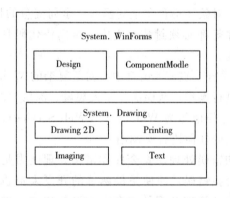

图 1-6 Windows 窗体类

.NET 开发框架在公共语言运行时的基础上，为开发者提供了完善的基本类库、数据库访问技术 ADO .NET、网络开发技术 ASP .NET，以便开发者使用多种语言及 Visual Studio 开发工具快速构建下一代的网络应用程序。随着互联网技术的发展，以后将会有越来越多的开发者采用这些技术开发出丰富、多样的下一代互联网应用产品。

1.1.4 C# 简介及其与 .NET 的关系

C 语言和 C++ 语言一直以来都是最有生命力的编程语言，这两种语言不仅功能强大，还具有高度的灵活性以及完整的底层控制能力；缺点是开发周期较长，学习和掌握这两种语言比较困难。而许多开发效率高的语言，如 Visual Basic，在功能方面又具有局限性。于是,在选择开发语言时,许多程序设计人员面临着两难的抉择。

在这种情况下,Microsoft 公司发布了称之为 C# (C Sharp) 的编程语言。C# 是为 .NET 平台量身定做的开发语言,采用面向对象的思想,支持 .NET 最丰富的基本类库资源。C# 吸收了 C++、Visual Basic、Delphi、Java 等语言的优点,体现了当今最新程序设计技术的功能。

C# 语言与 C 语言和 C++ 语言非常相似,它继承了 C 语言的语法风格,同时又继承了 C++ 语言的面向对象特性。不同的是,C# 的对象模型已经面向 Internet 进行了重新设计,使用的是 .NET 框架的类库,C# 不再提供对指针类型的支持,使得程序不能随便访问内存地址空间;C# 不再支持多重继承,避免了类层次结构中由于多重继承带来的严重后果。.NET 框架为 C# 提供了一个强大的、易用的、逻辑结构一致的程序设计环境。同时,公共语言运行时 (Common Language Runtime) 为 C# 程序语言提供了一个托管的运行时环境,使程序比以往更加稳定、安全。

1. C# 语言的特点

(1) 简洁的语法。C# 语言与 Java 语言相比,使用了统一的操作符,淘汰了 C++ 语言中混乱的表示符号和伪关键字,使用最简单、最常见的形式进行描述。

(2) 精心的面向对象程序设计。C# 语言是完全按照面向对象的思想来设计的,因此它具有面向对象所应有的一切特性,如封装、继承、多态等。在类的继承方面,C# 语言只允许单继承,即一个类不会有多个基类,从而避免了类型定义的混乱。在 C# 语言中,每种类型都是一个对象,不存在全局函数、全局变量的概念,所有常量、变量、属性、方法、索引、事件等都必须封装在类中,从而使代码具有更好的可读性,也避免了发生命名冲突的可能。

(3) 与 Web 的紧密结合。在 C# 语言中,对于复杂的 Web 编程和其他网络编程看起来更像是对本地对象进行操作,从而简化了大规模、深层次的分布式开发。用 C# 语言构建的 Web 组件能够方便地作为 Web 服务 (Web Service),并且可以通过 Internet 被运行在任何操作系统上的任何语言所调用。

(4) 完整的安全性和错误处理。安全性和错误处理能力是衡量一种语言是否优秀的重要依据。任何人都会犯错误,即使是最熟练的开发人员也不例外。例如,忘记变量的初始化,对不属于自己管理范围的内存空间进行修改,忘记回收不用的大对象空间等,这些错误常常导致难以预见的结果。C# 的先进设计思想有助于开发人员清除软件开发中的许多常见错误。C# 帮助开发者用更少的代码完成相同的功能,这不但减轻了编程人员的工作量,而且有效地避免了错误发生。

(5) 版本控制。C# 语言内置了版本控制功能,如对方法重载和对接口的处理方式以及对特性 (Attribute) 的支持等,从而有助于开发和升级复杂的软件。

(6) 灵活性和兼容性。在托管状态下,C# 语言不能使用指针,而是使用委托 (Delegate) 来模拟指针的功能。如果确实需要在类或者类的方法中使用指针,只需要声明这些代码为非托管的代码即可。另外,虽然 C# 语言不支持类的多继承,但是却可以通过接口来实现多继承。兼容性是指 C# 语言允许与 Win32 API 进行交互操作,允许 C# 语言组件与其他语言组件间的交互操作等。

2. C#语言与C++语言的比较

C#语言对C++语言进行了多处改进,主要区别如下所示。

(1) 编译目标:C++代码直接编译为本地可执行代码,而C#默认编译为中间语言(IL)代码,执行时再通过Just-In-Time将需要的模块临时编译成本地代码。

(2) 内存管理:C++需要显式删除动态分配给堆的内存,而C#采用垃圾回收机制自动在合适的时机回收不再使用的内存。

(3) 指针:C++中大量地使用指针,而C#使用对类实例的引用。如果确实想在C#中使用指针,必须声明该内容是非安全的。一般情况下,C#中没有必要使用指针。

(4) 字符串处理:在C#中,字符串是作为一种基本数据类型来处理的,因此比C++中对字符串的处理要简单得多。

(5) 库:C++依赖于以继承和模板为基础的标准库,C#则依赖于.NET基库。

(6) 继承:C++允许类的多继承,而C#只允许类的单继承。

在后面的学习中会发现,C#与C++相比还有很多不同和改进之处,包括一些细节上的差别,这里就不一一列举了。

3. C#语言与Java语言的比较

从语法上讲,C#与Java非常相似,只是在细节上有一些差别。实际上,C#与Java的差别不是在语言本身,而是在内部功能实现上以及性能上的不同。

Java程序需要一个运行环境JRE(Java Runtime Environment)来执行代码,但是,JRE只限在Java语言中使用。C#也需要一个运行环境CLR(Common Language Runtime)来执行代码,但是,CLR提供了对支持.NET框架所有语言的支持。

Java源代码可以被编译成字节代码的一种中间状态,然后,由已提供的虚拟机来执行这些字节代码。C#代码也可以被编译成一种中间状态,称为中间语言(IL)。但是,IL代码则被传输到由CLR管理的执行进程上,然后通过CLR的JIT编译器编译成本地代码执行。

C#与Java相比也有很多不同之处,如C#的文件名不受文件中类名的限制,而在Java中则有此限制。另外,C#还提供了一些在Java中没有的功能,如运算符重载、装箱和拆箱、结构及方法隐藏等。

4. C#语言与VB.NET语言的比较

与C#语言一样,VB.NET也是基于.NET Framework和CLR的高级语言。但是,C#有一些VB.NET不具备的独有特性,如C#可以使用非托管代码、移位操作符、内嵌的文档(XML)和运算符重载等。在发展前景上,由于C#一开始就是完全按面向对象的思路来设计的,而且它使用的全部是.NET框架定义的语法格式,不存在考虑与.NET之前版本兼容性的问题,因此给人的感觉是结构清晰、语法简洁。另外,C#作为一种高级语言标准,其基本内容实现形式是公开的,因此更容易被多种平台(如Linux等)接受和广泛应用。当然,VB.NET也有自身的优点,如以前学过VB的人既可以使用其原来的语法和函数,又可以使用.NET的语法和函数。

1.2　Visual Studio .NET 2008 集成开发环境

Visual Studio .NET 是 Microsoft 集成开发环境（IDE）的一个集大成者，它是一套完整的开发工具集，用于生成 ASP .NET Web 应用程序、XML Web Services、桌面应用程序和移动应用程序。Visual Basic、Visual C++、C#全部使用相同的集成开发环境（IDE），利用此 IDE 可以共享工具并且有助于创建混合语言解决方案。

目前，Microsoft 公司发布的 Visual Studio .NET 有 4 个版本：Visual Studio .NET 2002、Visual Studio .NET 2003、Visual Studio .NET 2005 和最新发布的 Visual Studio .NET 2008。

最新发布的 Visual Studio .NET 2008 是对 Visual Studio .NET 2005 全面升级的版本。Visual Studio .NET 2008 整合了对象、关系型数据、XML 的访问方式，语言更加简洁。使用 Visual Studio .NET 2008 可以高效地开发出 Windows 应用程序。Visual Studio .NET 2008 集成开发环境与以前版本的 Visual Studio 集成开发环境非常类似，如图 1-7 所示。

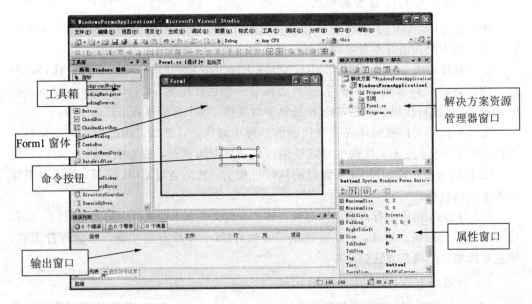

图 1-7　Visual Studio .NET 2008 集成开发环境

1.2.1　Visual Studio .NET 2008 简介

1. 解决方案资源管理器（Solution Explorer）

使用 Visual Studio .NET 开发的每一个应用程序叫解决方案，每一个解决方案可以包含一个或多个项目。一个项目通常是一个完整的程序模块，可以有多个项。"解决方案资源管理器"子窗口显示 Visual Studio .NET 解决方案的树型结构。在解决方案资源管理器中可以浏览组成解决方案的所有项目和每个项目中的文件，可以对解决方案的各元素进行组织和编辑。

一个项目中有很多文件，但是大部分文件（如 Properties 文件夹中的文件）不需要开发者直接进行编辑。开发者所要做的是双击解决方案资源管理器中的 Properties 文件夹图标，打开属性编辑器对项目进行配置。现在我们并不需要对项目属性做任何修改。

解决方案资源管理器标题栏下方有 工具栏，单击"所有文件" 图标按钮后，可见 bin 目录和 obj 目录，它们在生成项目执行文件时会用到。其中，obj 目录中存放的是用来创建最终可执行文件的中间代码（MSIL），目录 bin 中存放的是"二进制"文件或者应用程序最终的编译版本。需要注意的是，把 MSIL 代码称作二进制文件可能会带来误解，因为最终转换为二进制是在运行程序时由 Just In Time Compiler 来完成的。尽管如此，微软仍然把默认的项目编译输出目录称作 bin 目录。

在解决方案资源管理器中单击"查看类关系图" 图标按钮后，显示 Visual Studio .NET 当前项目中的类和类型的层次信息。在"类关系视图"中，可以对类的层次结构浏览、组织和编辑。如果双击"类关系视图"中的某一个类名称，将打开该类定义的代码视图，并定位在该类定义的开始处；如果双击类中的某一个成员，将打开该类定义的代码视图，并定位在该成员声明处。

2. 工具箱窗口

"工具箱"用于向 Windows 应用程序或 Web 应用程序添加控件，使用选项卡分类管理其中的控件。根据当前正在使用的设计器或编辑器，"工具箱"中可用的选项卡和控件会有所变化。在 Visual Studio .NET 开发环境左边的"工具箱"窗口中列出了可以应用到窗体上的控件，如图 1-8 所示。

3. 窗体窗口

在 IDE 的中部是开发环境的主窗口，用来显示指定的窗体。窗体是一小块屏幕区域，通常为矩形，可以用来向用户显示信息并接受用户的输入。设计窗体用户界面的最简单方法是将控件放在其表面上（见图 1-7），在默认情况下，窗体在设计视图状态下。在解决方案资源管理器中单击"查看代码" 图标按钮后，会切换到程序代码编辑窗口；单击"查看设计器" 图标按钮后，会切换到窗体设计视图窗口。

4. 属性（Properties）窗口

"属性"窗口如图 1-7 所示，在默认情况下位于 Visual Studio .NET 的右下角。与 IDE 的其他许多窗口一样，如果关闭了"属性"窗口，可以按 F4 键重新打开该窗口。属性窗口同时采用了两种方式管理属性和方法，分别是按分类方式和按字母顺序方式。面板的下方还有简单的帮助选项，方便开发人员对控件的属性和方法进行操作和修改。图 1-9 按字母顺序方式列出了窗体的属性。

 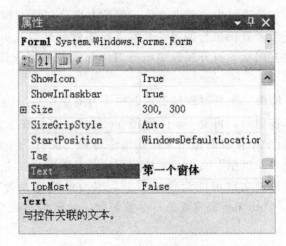

图1-8 "工具箱"窗口　　　　图1-9 "属性"窗口

窗体和控件都有自己的属性,"属性"窗口列出了窗体或控件的属性,可以通过"属性"窗口对控件的属性值进行修改。例如,在窗体设计视图中选择窗体Form1,此时"属性"窗口就会显示Form1的属性,如图1-7所示。找到Text属性,把默认的Form1改为"第一个窗体"。属性一旦改变,新值就会显示为窗体的标题。与在其他环境中通过用户界面编辑的属性隐藏在项目的一些二进制或专用部分不同,.NET属性是在源文件中定义的。因此,尽管"属性"窗口看起来类似于其他环境,如VB6,但在Visual Studio .NET中它要强大得多。

5. 输出窗口

"输出"窗口用来提示项目的生成情况,显示程序运行时产生的信息。这些信息包括编程环境给出的信息,如在编译项目时产生的错误以及在程序设定时要输出的信息等。其外观如图1-10所示。

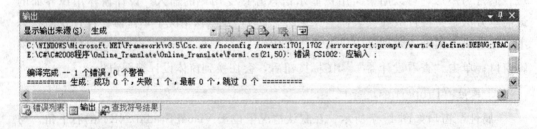

图1-10 "输出"窗口

6. 错误列表窗口

"错误列表"窗口为代码中的错误提供了即时的提示和可行的解决方法。当某句代码中忘记输入分号作为本句的结束时,错误列表中会显示该错误,如图1-11所示。

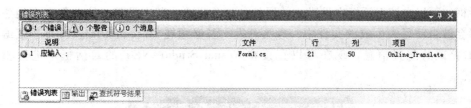

图 1-11　错误列表窗口

1.2.2　Visual Studio .NET 2008 中的其他窗口

1. 属性编辑器窗口

Visual Studio .NET 通过一个垂直的选项卡结构来显示项目的设置信息。开发者要做的是双击解决方案资源管理器中的 Properties 图标，打开属性编辑器来对项目进行配置。通过图 1-12 中的视图，可以对项目的各个方面进行设置，如签名、安全、发布、修改程序的类型以及配置运行程序时会用到的外部支持等等。

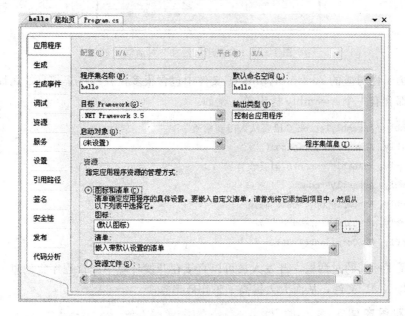

图 1-12　属性编辑器窗口

在图 1-12 中，通过单击图中的"应用程序"按钮可以更改程序集信息以及为应用程序中的类设定根命名空间。我们将在后面介绍命名空间的相关概念，这里只需要知道命名空间是可以嵌套的即可。这样做的好处是可以按照逻辑结构来整理类，方便开发人员的同时也减少了可能造成的混乱。与 COM 组件的开发类似，创建自己的根命名空间，并把随后开发的类都归入其中，这是一个值得提倡的做法。当然，这并不是说项目只用到自己的命名空间，实际上，系统命名空间是一切应用程序的基础。

在图 1-12 中，单击"程序集信息"按钮，打开如图 1-13 所示的"程序集信息"

对话框,可以在该对话框中设置文件属性,如公司名、版本号等,这些信息在构建项目时会被自动写入生成的文件中。过去开发人员必须在 AssemblyInfo.cs 中手工编写 XML 格式的配置信息,现在可以直接在 Visual Studio .NET 的对话框中进行相关设置。

图 1-13 "程序集信息"对话框

程序集属性对应的 AssemblyInfo.cs 文件中包含很多设置程序集信息的属性块,每个属性块都含有一个 assembly 标识符。例如:

```
<Assembly: AssemblyTitle("C语言从入门到精通")>
<Assembly: AssemblyDescription("")>
<Assembly: AssemblyCompany("温县教育局")>
<Assembly: AssemblyProduct("")>
<Assembly: AssemblyCopyright("陈锐")>
<Assembly: AssemblyTrademark("")>
<Assembly: CLSCompliant(True)>
```

通过图 1-13 的对话框,开发人员可以直接在开发环境中配置程序集信息,而不需要手工编写 XML 文件,从而大大提高了工作效率。

2. 类视图窗口

"类视图"以树型结构显示 Visual Studio .NET 当前项目中的类和类型的层次信息。在"类视图"中,可以对类的层次结构进行浏览、组织和编辑。如果双击"类视图"中的某一个类名称,将打开该类定义的代码视图,并定位在该类定义的开始处;如果双击类中的某一个成员,将打开该类定义的代码视图,并定位在该成员声明处。

在系统默认情况下,"类视图"窗口是不显示的。可以选择"视图"→"其他窗口"菜单项的"类视图"子选项进入"类视图"窗口,如图 1-14 所示。

3. 引用窗口

在项目中可以添加引用。选择"项目"→"添加引用"菜单项,打开如图1-15所示的"添加引用"对话框。可以选择要引用的.NET类库、应用程序以及COM组件,还可以引用当前解决方案中定义在其他项目中的类。

图1-14 类视图窗口　　　　　图1-15 引用窗口

1.3 Visual C♯ .NET 应用程序结构

本节介绍如何在 Visual Studio .NET 2008 集成开发环境中创建 Visual C♯ .NET 应用程序。

1.3.1 Visual C♯ .NET 编写控制台应用程序

控制台应用程序也叫 Console 应用程序,用于命令行方式下运行。

【例1-1】 编写控制台应用程序,显示"Hello World"。

(1)启动 Visual Studio 2008,运行"文件"→"新建项目"命令,弹出"新建项目"对话框,如图1-16所示。

图1-16 "新建项目"对话框

(2) 在"项目类型"列表中选择"Visual C#"下的"Windows",在"模板"列表中选择"控制台应用程序"。

(3) 在"名称"文本框中输入应用程序名称,如"HelloWorld",在"位置"文本框中输入要保存的位置或通过"浏览"按钮选择要保存项目的文件夹,然后单击"确定"按钮,系统自动生成如图1-17所示的代码。

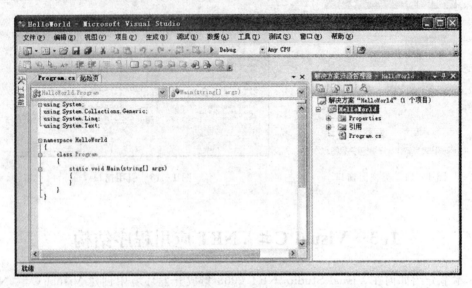

图1-17 编辑窗口

(4) 将自动生成的文件内容(Program.cs)更改为以下内容:

```
using System;           //引用命名空间
using System.Collections.Generic;
using System.Linq;
using System.Text;
namespace HelloWorld
{
    class Program      //声明类Program
    {
        static void Main(string[] args)
        {
            Console.WriteLine("Hello World!");
            Console.ReadLine();
        }
    }
}
```

(5) 单击 ▶ 按钮或按 F5 键，应用程序会被编译并运行，然后自动完成保存工作，弹出窗口，显示"Hello World！"。

> 📖 说明：
> 在 C#中，扩展名为".csproj"的文件为项目文件，扩展名为".cs"的文件为程序文件，扩展名为".sln"的文件为解决方案文件。

在 C#中，所有代码都必须封装在类中。一个类可以有成员变量和方法（函数）。就 Hello World 应用程序而言，Program 类包含一个 Main () 方法。在 C# .NET 的控制台应用程序中，Main () 是整个程序的入口。对于主函数 Main ()，必须要有限定词 static，这表明 Main () 函数是静态的，在内存中只能有一个副本。在 C#程序中，必须把程序写在一个命名空间内。

Hello World 应用程序第一行中的"using System；"与 C++中的"using namespace std；"含义相同，关键字 using 来简化对命名空间内包含的名称的访问。System 命名空间是 .NET 应用程序的根命名空间，包含了控制台应用程序需要的所有基本功能，就如同 C++中的头文件包含在 std 这个命名空间中一样。

Console. WriteLine (" Hello World！")；其中，Console 是 System 命名空间中的一个类，其有一个 WriteLine 方法，它的作用与 C++中的 cout 一样，都是输出一行字符串。

1.3.2 Visual C# .NET 编写 Windows 应用程序

【例 1-2】 编写 Windows 应用程序，显示" Hello World"。

（1）启动 Visual Studio 2008，运行"文件"→"新建项目"命令，弹出"新建项目"对话框。

（2）在"项目类型"列表中选择"Visual C#"下的"Windows"，在"模板"列表中选择"Windows 窗体应用程序"。

（3）在"名称"文本框中输入项目名，如"WindowsHelloWorld"，在"位置"文本框中输入要保存的位置或单击"浏览"按钮选择项目要保存的文件夹，然后单击"确定"按钮。

（4）在"Form1. cs（设计）"窗口中，从"工具箱"中的"所有 Windows 窗体"选项卡中将 Button 控件拖入 Form1 窗体，并将 button1 按钮的"Text"属性设置为"HelloWorld"，如图 1-18 所示。

（5）双击 button1 按钮进入代码编辑窗口，此时系统自动生成了一个用于处理按钮单击事件的过程，即 button1 _ Click ()，如图 1-19 所示。

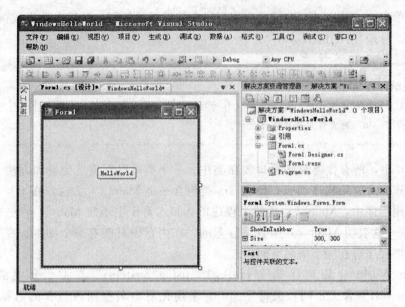

图 1-18 Windows 窗体设计界面

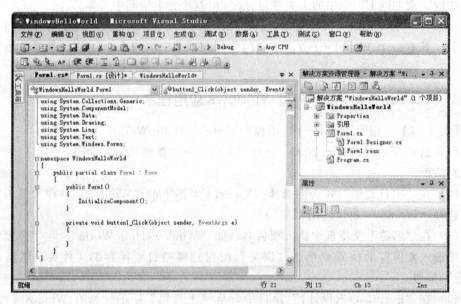

图 1-19 代码编辑窗口

在 button1_Click() 事件过程中添加如下代码:

MessageBox.Show()("HelloWorld");

 说明:

MessageBox.Show() 的作用是弹出消息框。

(6)单击▶按钮或按F5键,应用程序会被编译并运行,然后自动完成保存工作。启动窗体,单击"botton1"按钮后,弹出消息框显示"Hello World!"。程序运行结果如图1-20所示。

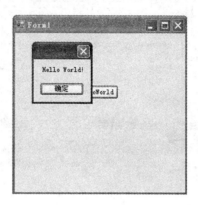

图1-20 程序运行结果

1.3.3 Visual C♯.NET编写ASP.NET Web应用程序

【例1-3】 创建一个ASP.NET Web应用程序,显示"Hello World"。

(1)启动Visual Studio 2008,运行"文件"→"新建项目"命令,弹出"新建项目"对话框。

(2)在"项目类型"列表中选择"Web",在右边的"模板"列表中选择"ASP.NET Web应用程序"。

(3)在"名称"文本框中输入"WebHelloWorld",在"位置"文本框中输入要保存的位置或单击"浏览"按钮选择项目的保存位置,如"D:\C♯\第1章"。

如果在"位置"框中选择"HTTP"项并填入项目保存位置,开发ASP.NET Web应用程序的一般位置选择本机的IIS所建立的默认Web站点,即http://localhost。

(4)单击"确定"按钮,开发环境会生成一个解决方案,在该解决方案中包含一个ASP.NET Web应用项目。在默认情况下,集成开发环境为项目添加一个名为Default.aspx的Web窗体,并且已在编辑器中将它打开,如图1-21所示。

说明:

在Visual Studio集成开发环境中,Web窗体提供3种视图——"设计"、"源"和"拆分"。在"设计"视图中,把控件从工具箱中拖动到Web窗体上,则生成相应的控件。如果想使用HTML控件,可以选择工具箱中的"HTML"选项卡;如果想使用Web服务器控件,可以选择工具箱中的"标准"选项卡。

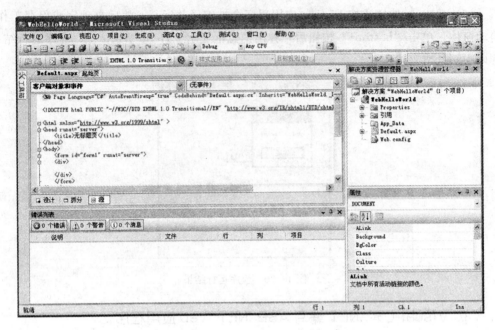

图 1-21　ASP.NET Web 应用程序

（5）在"源"视图设计界面，从"工具箱"中将 Label 控件拖动到＜div＞和＜/div＞之间，然后设置该控件的"Text"属性值为"Hello World"。自动生成的代码如下：

＜asp:Label ID = "Label1" runat = "server" Text = "Label1"＞＜/asp:Label＞

"源"视图界面如图 1-22 所示。

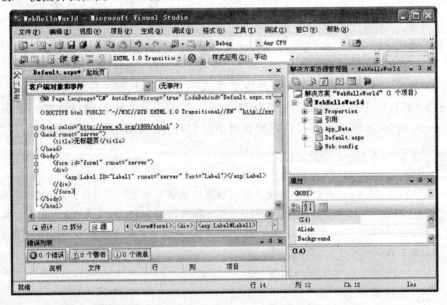

图 1-22　修改后的 ASP.NET Web 应用程序

（6）单击 ▶ 按钮或按 F5 键，应用程序会被编译并运行，然后会打开一个 IE 窗口，如图 1-23 所示。

图 1-23 Web 应用程序运行结果

当一个新的 Web 应用程序被创建后，系统自动创建的文件中包含以下几个文件。

① Default.aspx 文件：一个空白的 ASP.NET Web 窗体页面，通常可以作为 Web 站点的缺省主页。

② Default.aspx.cs 文件：一个 Default.aspx 网页的源代码文件。

③ App_Data 文件夹：包含应用程序的本地数据存储，它通常以文件（如 Microsoft Access 或 Microsoft SQL Server Express 数据库、XML 文件、文本文件以及应用程序支持的任何其他文件）形式包含数据存储。该文件夹内容不由 ASP.NET 处理，它是 ASP.NET 提供程序存储自身数据的默认位置。

④ Web.config 文件：ASP.NET 应用程序的配置文件。

1.4 C♯应用程序的一般结构

1.4.1 命名空间

命名空间（NameSpace）可以看作是一个容器，提供一种组织相关类和其他类型的方式，这样就可以有效地避免名称冲突。命名空间可以包含其他的命名空间，这种划分方法的优点类似于文件夹。与文件夹不同的是，命名空间只是一种逻辑上的划分，而不是物理上的存储分类。

1. 命名空间的声明

namespace 关键字用于声明一个命名空间，格式如下：

```
namespace name[.name1]…
{
    类型声明
}
```

其中，name、name1 为命名空间的名称，可以是任何合法的标识符。命名空间的名称可以包含句点。例如：

```
namespace N1.N2
{
    class A{}
    class B()
}
```

等同于：

```
namespace N1
{
    namespace N2
    {
        class A{}
        class B()
    }
}
```

在一个命名空间中，可以声明一个或多个下列类型：类、接口、结构、枚举、委托。

即使未显式声明命名空间，也会创建默认命名空间。该未命名的命名空间（有时称为全局命名空间）存在于每一个文件中。全局命名空间中的任何标识符都可以用于命名的命名空间中。命名空间隐式具有公共访问权，并且这是不可修改的。

2. 命名空间的引用

要使用命名空间内的成员时，必须在它们的前面加上一长串的命名空间限定，可以使用下面的语法来使用命名空间下某个类的方法：

命名空间. 命名空间…命名空间. 类名称. 方法名(参数,…)；

例如：

System.Console.WriteLine("hello world");

这显然很不方便。为了简洁代码，C#语言中使用 using 语句来引入命名空间。使用 using 语句能够引用给定的命名空间或创建命名空间的别名（using 别名）。

using [别名 =]命名空间名；

这样，就可以在不指明命名空间的情况下引用该空间下的所有类。
上面的例子就可以在程序开头写上：

using System；

然后，在类中就可以写成：

Console.WriteLine("hello world");

3. .NET 框架定义的命名空间

命名空间分为两类：用户定义的命名空间和 .NET 框架定义的命名空间。其中，用户定义的命名空间是在代码中定义的命名空间。表 1-1 列出了 C# 中常用的 .NET 框架定义的命名空间。

表 1-1 常用的 .NET 框架定义的命名空间

命名空间	类的描述
System	定义通常使用的数据类型和数据转换的基本 .NET 类
System.Collection	定义列表、队列、位数组合字符串表
System.Data	定义 ADO .NET 数据库结构
System.Drawing	提供对基本图形功能的访问
System.IO	允许读写数据列和文件
System.NET	提供对 Windows 网络功能的访问
System.NET.Sockets	提供对 Windows 套接字的访问
System.Runtime.Remoting	提供对 Windows 分布式计算平台的访问
System.Security	提供对 CLR 安全许可系统的访问
System.Text	ASCII、Unicode、UTF-7 和 UTF-8 字符编码处理
System.Threading	多线程编程
System.Timers	在指定的时间间隔引发一个事件
System.Web	浏览器和 Web 服务器功能
System.Web.Mail	发送邮件信息
System.Windows.Forms	创建使用标准 Windows 图形接口和基于 Windows 的应用程序
System.XML	提供对处理 XML 文档的支持

1.4.2 程序结构

前面已经看到了 3 种应用程序范例，可以简单了解 C#程序的基本结构，下面将对 C#最简单的控制台程序"例 1-1"进行详细的结构分析。

```csharp
using System;                    //引用命名空间
using System.Collections.Generic;
using System.Linq;
using System.Text;
namespace Hello World
{
    class Program              //声明类 Program
    {
        static void Main(string[] args)
        {
            Console.WriteLine("Hello World!");
            Console.ReadLine();
        }
    }
}
```

1. 引用语句

using System 语句通常位于程序的第一行，它是让程序得以正确编译和运行的必要条件，同时向编译器提供了在 System 命名空间中定义的类型信息。而且 System 命名空间是 .NET 框架类库的最顶层，也是 .NET 框架中所有类的根命名空间，它包括了所有应用程序所要使用的基础数据类型的类，如 Object、Byte、Char、Array、Int32 和 String 等。

using 是一个 C#关键字，主要用于引入命名空间。关键字也叫保留字，代表编程语言中有特殊意义的字词，程序员不能用这些字词来作变量名、函数名或用户将学到的其他任何 C#构成块的名称。在本书后续章节中，将会遇到更多的 C#关键字。

一般情况下，using 语句被放在所有语句的前面。每个源文件中可以使用多个 using 语句，每行一个语句。例如：

```
using System;
using System.Collections.Generic;
using System.Linq;
using System.Text;
```

2. 类声明

【例 1-4】 范例程序代码在引用了命名空间之后，紧接着是类的声明，因为 C#应用程序的相关程序代码都必须被写在类中。而要创建一个类，首先必须声明此类的名称：

```
class Program
{
    ...
}
```

这种语句形式是声明一个称为 Program 的新类，以大括号"{}"界定类的内容范围，大括号里面所包含的是构成类的程序代码区块。其中，存在着一行以上的程序代码语句，形成了一个类的逻辑单位。

关于"类（Class）"这一重要概念，在本书的后续章节中将会对其作进一步的说明，现在只需要知道 C#应用程序是由各种不同的类组成的即可。

3. Main 方法

在范例中，类括号"{}"里的程序代码包含了一个函数 Main()，代表类提供的方法，方法定义了类能执行的工作，决定了类的功能。一个类可以有数种不同的方法，而名称为 Main 的函数是一个特殊的方法，代表了程序的入口点，也就是程序一开始将执行的方法。注意，整个应用程序只能有一个命名为 Main 的函数。以下为此范例 Main 函数的声明：

```
static void Main()
{
    ...
}
```

程序本身从 Main 这个函数开始执行，因此，所有独立执行的 C#应用程序均必须在某一个类中含有这个名称的函数。程序一开始所要执行的程序代码都放在这个函数里面，该函数本身也是一个独立的程序代码区块，以大括号分隔其中的程序代码。

> **注意：**
> C#是一种区分大小写的编程语言，因此，对于 Main 这个函数而言，必须将首字母大写，而写成"main"就会造成错误。程序中的其他所有代码也需注意大小写区别。

4. 程序代码注释

为编写的程序代码提供充分的注释是一种良好且必要的习惯。由于注释只是用来说明程序代码的文字，因此，编译器会直接略过注释的内容。用来表示注释的符号有两种："//"和"/* … */"。其中，"//"用于单行注释，"/* … */"用于多行注释。

> **说明：**
> 注释只是用来说明程序代码的具体作用，其本身并没有其他意义，因此编译器并不会对它进行任何操作。在编译过程中，编译器会直接略过以注释符号标注的程序内容。

1.5 断点设置与程序调试

C#提供了强大的程序调试功能，使用其调试环境可以有效地完成程序的调试工作，从而有助于发现运行错误。

1.5.1 如何开始调试

C#程序的调试可以使用"调试"工具栏（图 1-24）或"调试"菜单（图 1-25），它们实现的功能是相同的。下面以菜单操作为例讲解如何调试程序。

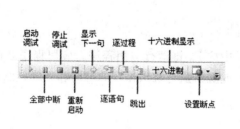

图 1-24 "调试"工具栏

图 1-25 "调试"菜单

运行"调试"｜"启动调试"命令或"调试"｜"逐语句"命令或"调试"｜"逐过程"命令，或者在代码编辑窗口中，单击鼠标右键，然后从快捷菜单中运行"运行到光标处"命令，即开始调试过程。

如果选择"启动调试"命令，则应用程序启动并一直运行到断点。可以在任何时刻中断执行以检查值或检查程序状态；如果选择"逐语句"命令或"逐过程"命令，应用程序启动并执行，然后在第一行中断；如果选择"运行到光标处"命令，则应用程序启动并一直运行到断点或光标位置，具体看是断点在前还是光标在前。可以在源窗口中设置光标位置，某些情况下，不出现中断，这意味着执行始终未到达设置光标处的代码。

1.5.2 设置断点

断点是在程序中设置的一个位置，程序执行到此位置时中断（或暂停）。断点的作用是在调试程序时，当程序执行到断点的语句时会暂停程序的运行，供程序员检查这一位置上程序元素的运行情况，这样有助于定位产生错误输出或出错的代码段。

设置和取消断点的方法如下所示。

（1）用鼠标右键单击某代码行，从出现的快捷菜单中选择"断点"→"插入断点"命令来设置断点或者"断点"→"删除断点"命令来取消断点。

（2）将光标移至需要设置断点的语句处，然后按F9键。

> 说明：
> 某代码行被设置为断点后，则左侧出现红色圆圈表示被设置为断点。

1.5.3 定位错误

当某行代码中出现错误时，该错误会自动添加到图1-11"错误列表"和图1-10"输出"窗口中，可以使用"错误列表"或"输出"窗口来查找代码中的错误。其操作是：双击"错误列表"或"输出"窗口中的项，则光标自动跳到代码编辑器中相应的出错行。

有些语言会在编码错误下显示一条波浪线。将鼠标悬停在带有波浪线标记的代码上可显示一条消息，其中对错误进行了描述。

1.5.4 调试过程

先在某行设置断点，然后在调试器中按F5键运行应用程序。应用程序会在该行停止，此时可以检查任何给定变量的值，或观察执行跳出循环的时间和方式，然后按F10键逐行单步执行代码。

1.5.5 显示调试信息

在C#程序中断的状况下，可以将鼠标停放在希望观察的变量上面，调试器就会自动显示执行到断点时该变量的值，如图1-26所示。也可以在要观察的变量上单击鼠标右键，从弹出的快捷菜单中选择"快速监视"命令，即可观察到变量的值（或直接从开发环境最下方的"局部变量"窗口直接查看变量的值),如图1-27所示。

图1-26 自动显示执行到断点时i变量的值   图1-27 观察i的值

1.6 命名建议

用C♯编写程序代码时,尽量不要使用缩写命名方式。这是因为在一切都是对象的编程语言中,开发工具提供的控件越来越多,使用缩写命名方式也就越容易引起理解上的混淆。

这里需要强调一点,对一个合格的程序员来说,不论是练习还是实际开发,一定不要养成随便命名的坏习惯。良好的命名习惯会给项目开发带来很多益处。

C♯语言编码命名规范对字段、变量、类、方法和属性等均指定了统一的命名形式,具体规定如下:

(1) 类名、方法名和属性名均使用 Pascal 命名法,即所有单词连写,每个单词的第一个字母大写,其他字母小写,如 HelloWorld、GetData 等。

(2) 变量名、一般对象名、控件对象名以及方法的参数名均使用 Camel 命名法,即所有单词连写,第一个单词全部小写,其他每个单词的第一个字母大写,如 userName、userAge 等。

关于控件对象的命名,有两种常用的命名形式:一种是"有意义的名称+控件名",如 nameBunon、ageBunon 等;另一种是"控件名+有意义的名称",如 buuonName、buttonAge 等。两种命名形式各有优缺点,C♯语言编码规范中并没有对其进行规定,实际应用中使用哪种命名形式,一般由设计者的编程习惯和项目开发组的统一规定决定。

练 习 题

1. C#应用程序有哪三种类型？
2. C#应用程序与.NET框架之间的关系如何？
3. 如何向窗体添加控件和设置其属性？
4. 命名空间的含义是什么？如何声明要导入的命名空间？

第2章 数据类型与流程控制

■ **本章导读**

本章主要介绍C#语言的数据类型（值类型和引用类型）、常量和变量、表达式以及运算符的优先级，然后介绍C#的基本控制语句。

■ **学习目标**

(1) 了解C#语言中的数据类型；
(2) 了解值类型和引用类型的异同；
(3) 掌握C#中表达式运算、基本控制语句的用法；
(4) 掌握一些常用算法；
(5) 初步达到编写简单程序的能力。

2.1 数据类型

数据类型是程序设计的基础，C#定义了很多数据类型，本节主要介绍C#常用的数据类型及其基本用法。

为了方便识别和处理，编程语言系统中的不同信息在计算机中有不同的表示，占用不同的储存空间，这些信息在语言系统中称为数据类型。

C#中的数据类型和C++中的数据类型是类似的。但在C#中，数据类型分为两种：值类型和引用类型，如图2-1所示。值类型包括简单类型、枚举类型和结构类型。引用类型包括类类型、委托（delegate）类型、接口类型和数组类型。在C#中，内置数据类型除了字符串（string）类型与对象（object）类型外，其余均为值类型。

值类型和引用类型的区别：值类型变量直接存储在堆栈中，且占用空间的大小相对固定，变量直接包含其数据，可以直接访问其值，访问速度快；而引用类型数据需要通过存储在栈中的引用来间接访问其值，实际内容存储在内存的堆中，占用空间的大小不固定，访问速度慢。对于引用类型，两个变量可能引用相同的对象，因而可能出现对一个变量的操作影响其他变量引用对象的情况。对于值类型，每个变量都有自己对数据的拷贝，所以不会出现对一个变量的操作影响其他变量引用对象的情况。表2-1为值类型和引用类型的区别。

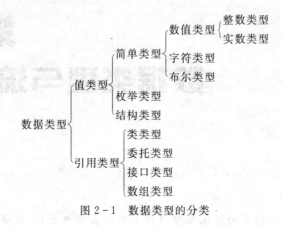

图2-1 数据类型的分类

表2-1 值类型和引用类型的区别

特　性	值类型	引用类型
变量中保存的内容	实际数据	指向实际数据的引用指针
内存空间配置	堆　栈	受管制的堆
内存需求	较少	较多
执行效率	较快	较慢
内存释放时间点	执行超过定义变量的作用域	由垃圾回收机制负责回收

2.1.1 整数类型

整数类型（也叫整型）表示没有小数部分的数字。根据变量在内存中所占的位数不同，C#将整型分为8种：字节型（sbyte）、无符号字节型（byte）、短整型（short）、无符号短整型（ushort）、整型（int）、无符号整型（uint）、长整型（long）、无符号长整型（ulong）。整型的说明及示例如表2-2所示。

表2-2 整数类型的关键字及说明

关键字	.NET 类型	说　明	示　例
sbyte	System.Sbyte	8位有符号整型，取值-128～127	sbyte val=12;
byte	System.Byte	8位无符号整型，取值0～255	short val=12;
int	System.Int32	32位有符号整型，取值$-2^{31} \sim 2^{31}-1$	int val=12;

(续表)

关键字	.NET 类型	说 明	示 例
uint	System.UInt32	32 位无符号整型，取值 $0 \sim 2^{32}-1$	uint val1=12; uint val2=32U;
short	System.Int16	16 位有符号整型，取值 $-2^{15} \sim 2^{15}-1$	short val1=12;
ushort	System.UInt16	16 位无符号整型，取值 $0 \sim 2^{16}-1$	ushort val1=12;
long	System.Int64	64 位有符号整型，取值 $-2^{63} \sim 2^{63}-1$	long val1=12; long val2=12L;

ulong	System.UInt64	64 位无符号整型，取值 $0 \sim 2^{64}-1$	ulong val1=23;
			ulong val2=23U;
			ulong val3=56L;

C#中的整数可以用十进制或十六进制的数值表示。如果是十六进制的数值，在书写时需要加前缀"0x"或"0X"，如 0x123 表示十进制数 291，-0X12 表示十进制数 -18。

对于无符号整数，可以用正整数表示无符号整数，也可以在数字的后面加上 U 或 u，如 125U。如果是 long 型，可以在数字的后面加上 L 或 l，如 236L。

> **说明：**
> 在C#中，简单类型通过关键字来确定。实际上，这些关键字是 System 命名空间中预定义结构类型的别名，如 int 和 System.Int32 是没有区别的。

2.1.2 实数类型

C#中的实数类型有 3 种：float、double、decimal。其中，double 的取值范围最广，decimal 的取值范围其次，但它的精度高。具体见表 2-3。

表 2-3 实数类型的关键字及说明

关键字	.NET 类型	说 明	示 例
float	System.Float	32 位单精度浮点型，$\pm 1.5 \times 10^{-45} \sim 3.4 \times 10^{38}$，精度为 7 位	float val=12.3F;
double	System.Double	64 位双精度浮点型，$\pm 5.0 \times 10^{-324} \sim 1.7 \times 10^{308}$，精度为 15~16 位	double val=23.12D;
decimal	System.Decimal	128 位小数类型，$1.0 \times 10^{-28} \sim 7.9 \times 10^{28}$，精度为 28~29 位	decimal val=1.23M;

实数类型由数字和小数点组成，且必须有小数点，如 0.123，1.23，123.0。实数类型也可以使用科学计数法表示，如 1.23E-3 表示 0.00123，2.45 E5 表示 2.45×10^5。

如果在数字后加 f 或 F，则表示 float 型的数据，如 1.23f。如果在数字后加 D 或 d，则表示 double 型的数据，如 12.8d。如果在数字后加 M 或 m，则表示 decimal 型的数据，如 99.2m。

2.1.3 字符类型

字符类型也叫字符型，用 char 表示，为单个 Unicode 字符。一个 Unicode 字符的标准长度为两个字节，它在机器中占 16 位，其范围为 0～65535。字符类型数据一般是用单引号括起来的一个字符，如'a'、'A'，也可以写成转义字符、十六进制转换码或 Unicode 表示形式。此外，整数也可以显式转换为字符。常用的转义字符如表 2-4 所示。

表 2-4 常用的转义字符

转义符	字 符 名	字符的 Unicode 值	转义符	字 符 名	字符的 Unicode 值
\'	单引号	0x0027	\f	换页	0x000c
\"	双引号	0x0022	\n	新行	0x000A
\\	反斜杠	0x005c	\r	回车	0x000D
\0	空字符	0x0000	\t	水平制表符	0x0009
\a	警告（产生蜂鸣）	0x0007	\v	垂直制表符	0x000B
\b	退格	0x0008			

例如：

```
char ch1 = 'A';
char ch2 = '\x0058';        //十六进制
char ch3 = (char)88;        //整数转换
char ch4 = '\u0058';        //Unicode 形式
char ch5 = '\r';            //转义字符
char c = 13;                // 错误,不能将整数存放到字符型变量中
```

> 📢 注意：
> 字符型变量不能接收一个整数值。除了表示单个字符的 char 类型外，C# 还定义了一个引用类型的 String 类（第一个字母大写），并给它定义了对应的别名 string（第一个字母小写），它实际上就是 System.String 类。string 类型可以很方便地实现字符串的复制、连接等各种操作。

C# 将字符串封装成一个类，这样有一些方法和属性可供我们使用。例如，ToCharArray() 把字符串放入一个字符数组中，Length 属性返回字符串的长度，可以进行"+"运算等等。

例如：

```
string str1 = "How " + " are you ?";    // "+"运算符用于连接字符串结果为"How are you ?"
string str2 = "Nice to meet you !";
bool b = (str1 = = str2);               // " = ="运算符用于两个字符串比较,b = false
```

2.1.4 布尔类型

布尔类型主要用于逻辑判断，这种类型的数据只有 true 和 false 两个值。在 C++ 中，false 相当于 0，true 相当于 1。但在 C# 中，废弃了这种不正规的表达方式，true 值不能被任何非零值取代，将整数类型转换为布尔类型是不合法的。例如：

```
bool   x = 1;       // 错误,不存在这种写法
bool   y = 1;       // 错误,不存在这种写法
bool   x = true;    // 正确,可以被执行
```

2.1.5 枚举类型

枚举类型是值类型的一种特殊形式，它从 System.Enum 继承而来，并为基础类型的值（如 Byte、Int32 或 UInt64）提供替代名称。枚举类型也是一种自定义数据类型，它允许用符号代表数据。枚举是指程序中某个变量具有一组确定的值，通过枚举可以将其值一一列出来。

enum 关键字用于声明枚举类型，基本格式如下：

enum 枚举类型名{ 由逗号分隔的枚举数标识符 };

枚举元素的默认基础类型为 int。在默认情况下，第一个枚举数的值为 0，后面每个枚举数的值依次递增 1。例如：

```
enum Days {Sun,Mon,Tue,Wed,Thu,Fri,Sat};       //Sun 为 0,Mon 为 1,Tue 为 2,…
enum Days {Mon = 1,Tue,Wed,Thu,Fri,Sat,Sun};   //第一个成员值从 1 开始, Sun 为 7
enum MonthNames {January = 31,February = 28,March = 31,April = 30};//指定值
```

在定义枚举类型时，可以选择基类型，但可以使用的基类型仅限于 long、int、short 和 byte。例如：

enum MonthNames : byte { January = 31, February = 28, March = 31, April = 30 };

> **注意：**
> 下列写法是错误的。
> enum num:byte{x1 = 255,x2};
> 这里，因为 x1 = 255,x2 应该是 256,而 byte 型的范围是 0~255。

C# 和 C++ 的枚举类型定义相同，使用也相同，但要注意 C# 中定义枚举类型时只能放在执行代码外面。

【例 2-1】 枚举类型示例。

```
using System;
using System.Collections.Generic;
using System.Linq;
using System.Text;
```

```
namespace ex01
{
    class Program
    {
        enum week { monday, tuesday, wednesday, thursday, friday, saturday, sunday };
        static void Main(string[] args)
        {
            week day = week.thursday;
            int a = (int)day;
            int b = (int)week.sunday;
            Console.WriteLine("a = {0},b = {1}", a, b);
            Console.ReadLine();
        }
    }
}
```

运行结果如下：

a = 3,b = 6

6. 结构类型

结构类型是用户自己定义的一种类型，它是由其他类型组合而成的，包含构造函数、常数、字段、方法、属性、索引器等。结构与类的不同在于：结构为值类型而不是引用类型，并且结构不支持继承。结构类型将在第 4 章中讲解。

2.2 不同数据类型之间的转换

2.2.1 隐式转换与显式转换

1. 隐式转换

C#是一种强类型的语言，它的数值类型有一些可以进行隐式转换，其他的必须进行显式转换。隐式转换的类型只能是长度短的类型转换成长的类型（如表 2-5 所示），如 int 可以转换成 long、float、double、decimal；反之必须显式转换。例如：

```
int a = 7;
float b = a;        //隐式转换
a = (int)c;         //显示转换
```

表 2-5 C#中支持的隐式转换

源类型	目标类型
sbyte	short、int、long、float、double、decimal
byte	short、ushort、int、uint、long、ulong、float、double、decimal

(续表)

源类型	目标类型
short	int、long、float、double、decimal
ushort	int、uint、long、ulong、float、double、decimal
int	long、float、double、decimal
uint	long、ulong、float、double、decimal
long	float、double、decimal
ulong	float、double、decimal
char	ushort、int、uint、long、ulong、float、double、decimal
float	double

2. 显式转换

显式转换又叫强制类型转换。与隐式转换相反，显式转换需要用户明确地指定转换类型，一般在不存在该类型的隐式转换时才使用。格式如下：

(类型标识符)表达式

其作用是将"表达式"值的类型转换为"类型标识符"的类型。例如：

(int)1.23   //把 double 类型的 1.23 转换成 int 类型，结果为 1

需要注意以下几点：

(1) 显式转换可能会导致错误。进行这种转换时，编译器将对转换进行溢出检测，如果有溢出说明转换失败，就表明源类型不是一个合法的目标类型，转换就无法进行。

(2) 对于从 float、double、decimal 到整型数据的转换，将通过舍入得到最接近的整型值，如果这个整型值超出目标类型的范围，则出现转换异常。

使用上面的显示转换不能用在 bool 和 string 类型上。如果希望 string 类型或者 bool 类型和整数类型之间的转化，可以使用方法 Convert，格式如下：

Convert.方法名(参数)

方法名是 To 数据类型形式，具体含义见表 2-6。

表 2-6 Convert 方法含义

方法名	含义
ToBoolean	将数据转换成 Boolean 类型
ToDataTime	将数据转换成日期时间类型
ToInt16	将数据转换成 16 位整数类型
ToInt32	将数据转换成 32 位整数类型
ToInt64	将数据转换成 64 位整数类型

(续表)

方法名	含义
ToNumber	将数据转换成 Number 类型
ToObject	将数据转换成 Object 类型
ToString	将数据转换成 string 类型
ToBoolean	将数据转换成 Boolean 类型

例如：

```
int a = 123;
string str = Convert.ToString(a);      //结果 str = "123"
bool m_bool = Convert.ToBoolean(a);
```

2.2.2 装箱与拆箱

对于值类型和 Object 类型之间的转换，可以用装箱技术和拆箱技术来实现。C# 中任何类型的值都可以按照对象来处理，使用 Object 类型的通用库（如 .NET Framework 中的集合类）既可以用于引用类型，又可以用于值类型。

Object 类是所有类的基类，它是 System 命名空间下的一个类，C# 中的所有类型都是直接或间接地从 Object 类继承而来。因为它是所有对象的基类，所以可以把任何类型的值赋给它。例如，一个整型：

```
object theobj = 123;
```

1. 装箱转换

装箱转换是指将一个值类型的数据隐式转换成一个对象类型的数据。把一个值类型装箱，就是创建一个 Object 类型的实例，并把该值类型的值复制给这个 Object 实例。例如，下面的语句就执行了装箱转换：

```
int i = 123;
object obj = i;    //装箱转换
```

上面的两条语句中，第 1 条语句先声明一个整型变量 i 并对其赋值，第 2 条语句则先创建一个 Object 类型的实例 obj，然后将 i 的值复制给 obj。装箱操作的过程如图 2-2 所示。

在执行装箱转换时，也可以使用显式转换，例如：

```
object obj = (object)i;
```

2. 拆箱转换

拆箱转换是指将一个对象类型的数据显式转换成一个值类型的数据。例如，下面语句就执行了拆箱转换：

```
int i = 123;
object obj = i;
int j = (int)o;    //拆箱转换
```

拆箱操作的过程如图2-3所示。拆箱转换需要（而且必须）执行显式转换，这是它与装箱转换的不同之处。

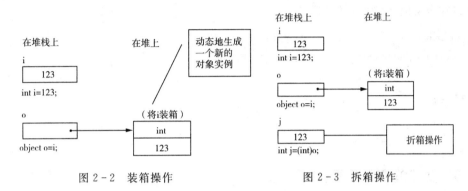

图2-2 装箱操作　　　　　图2-3 拆箱操作

虽然装箱与拆箱会带来性能上的损失，但是对于使用者来说，这样做的好处是可以使用相同的方式去对待值类型和引用类型。然而，对于装箱与拆箱所产生的性能损失也不能忽略。在没有必要使用此功能的情况下，应尽量避免使用。

2.3 常量与变量

2.3.1 常量

常量就是值在程序整个生命周期内始终不变的量。在声明常量时，要用到 const 关键字，和C++类似。常量在使用的过程中，不可以对其进行赋值的改变，否则系统会自动报错。

常量声明的基本语法为：

const [int / double / long / bool / string /…] 常量名;

下面是一个具体声明常量的例子：

const double PI = 3.1415926;

2.3.2 变量

变量代表了存储单元。每个变量都有一个数据类型，由此决定了这个变量可以存储什么值。在任何一种语言中，变量的命名都是有一定规则的，当然C♯.NET也不例外。若在使用中定义了不符合一定规则的变量，C♯.NET语言系统会自动报错。

变量命名规则如下：

（1）变量名的第一个字符必须是字母、下划线（"_"）或者"@"。

（2）除去第一个字母外，其余的字符可以是字母、数字、下划线的组合。

（3）不可以使用对 C# 编译器而言有特定含义的名称（即 C# 语言的库函数名称和关键字名称）作为变量名，如 using、namespace、struct 等等。

其实，命名规则的第三条在写程序的时候系统会自动提示错误，所以不必过于担心。

使用变量的一条重要原则是：变量必须先定义后使用。变量可以在定义时赋值，也可以在定义时不赋值。例如：

```
double d;                     //变量在定义时未赋值
string s = "hello CSharp";    //变量在定义时赋值
```

> **注意：**
> 在 C# 中，使用变量前必须进行初始化。

2.3.3 变量的作用范围（作用域）

变量不但有类型，还有作用范围，变量的作用范围就是应用程序中可以使用和操作变量的部分。变量的作用域和 C++ 类似，分为局部作用域和类作用域。

1. 局部作用域

方法（即函数）中声明的任何变量都具有那个方法的作用域。一旦方法结束，变量也会消失，而且只能由那个方法内部执行的代码来访问。这些变量称为局部变量（local variable），因为它们局限于声明它们的那个方法，不能在其他任何方法中使用。换而言之，不能使用局部变量在不同的方法之间共享信息。例如：

```
class Example
{
    void firstMethod()
    {
        int myVar;
        ...
    }
    void anotherMethod()
    {
        myVar = 42;    //错误 - 变量越界
        ...
    }
}
```

上述代码将编译失败，因为 anotherMethod 方法试图使用一个越界的 myVar 变量，该变量只能由 firstMethod 方法中的语句使用。

2. 类作用域

在类中（但不在一个方法中）声明的任何变量都具有那个类的作用域。在 C# 中使用字段（field）一词来描述由一个类定义的变量。和局部变量不同，可以使用字段在不同的方法之间共享信息。例如：

```
class Example
{
    int myField = 0;
    void firstMethod()
    {
        myField = 42;      //正确
        ...
    }
    void anotherMethod()
    {
        myField = 42;      //正确
        ...
    }
}
```

变量 myField 是在类的内部以及 firstMethod 和 anotherMethod 方法的外部定义的。所以，myField 具有类的作用域，可以由类中的所有方法使用。

2.4 运算符与表达式

运算符是指在表达式中执行操作的符号。表达式由常量、变量、对象及各种运算符组成。

2.4.1 运算符

运算符指明了进行运算的类型，如加号（＋）用于加法、减号（－）用于减法、星号（＊）用于乘法、正斜杠（/）用于除法等。使用运算符将常量、变量、函数连接起来便构成了表达式。C♯语言中的运算符和表达式继承了 C/C＋＋语言运算符和表达式的语言功能，从而使开发人员能够很快地从 C/C＋＋语言开发转移到 C♯语言开发中来。

1. 算术运算符

算术运算符包括：＊（乘法运算符）、/（除法运算符）、％（求余运算符，如 7％3＝1）、＋（加法运算符）、－（减法运算符）、＋＋（增量运算符）和－－（减量运算符）。

增量运算符和减量运算符都是单目运算符，运算结果是将操作数增 1 或减 1，这两个运算符都有前置形式和后置形式。前置形式是指运算符在操作数的前面，后置形成是指运算符在操作数的后面。例如：

a＋＋；   // 等价于 a＝a＋1；

```
++a;      // 等价于 a=a+1；
a--；     // 等价于 a=a-1；
--a       // 等价于 a=a-1；
```

一般来说，前置操作++a 的意义为：先修改操作数使之增 1，然后将增 1 过的 a 值作为表达式的值；后置操作 a++的意义为：先将 a 值作为表达式的值确定下来，再将 a 增 1。例如：

```
int a=3；
int b=++a；    //相当于 a=a+1；b=a；
int c=a++；    //相当于 c=a；a=a+1；
```

需要注意的是，由于增量和减量操作包含赋值操作，所以操作数不能是常量，必须是一个变量。例如，4++是错误的。

> **说明：**
> （1）C#语言算术表达式的乘号（＊）不能省略。例如，数学式 b^2-4ac 相应的 C++ 表达式应该写成：b＊b-4＊a＊c。
> （2）C#语言表达式中只能出现字符集允许的字符。例如，数学 πr^2 相应的 C++ 表达式应该写成：PI＊r＊r（其中，PI 是已经定义的符号常量）。
> （3）C#语言算术表达式大多使用圆括号改变运算的优先顺序（不使用｛｝或［］），也可以使用多层圆括号，此时左右括号必须配对，运算时从内层括号开始，由内向外依次计算表达式的值。

2. 赋值运算符

赋值运算符包括基本赋值运算符（＝）和复合赋值运算符。复合赋值运算符包括：^=、＊=、/=、+=、-=、<<=、>>=和 &=。例如：

```
int a=12,x=3,y；
a+=a；       //表示   a=(a+a)=(12+12)=24
y*=x+2；     //表示   y=y*(x+2)；而不是 y=y*x+2；
```

> **注意：**
> 赋值运算符、复合赋值运算符的优先级比算术运算符低。

3. 比较运算符

（1）比较数值。有 6 种比较运算符可以用于比较数值，包括：==（等于）、!=（不等于）、<（小于）、<=（小于或等于）、>（大于）、>=（大于或等于）。

（2）is 运算符

is 运算符可以检查对象是否与特定的类型兼容。例如，要检查变量是否与 object 类型兼容：

```
int i = 10;
string m = "china";
if(i is object)
{
    Console.WriteLine("i is an object");
}
if(m is string)
{
    Console.WriteLine("m is an string");
}
```

> **注意：**
> "兼容"表示对象是该类型，或者派生于该类型。

int 和从 object 继承而来的其他 C#数据类型一样，表达式 i is object 将得到 true，并显示" i is an object" 信息。

（3）as 运算符

as 运算符用于执行引用类型的显式类型转换。如果要转换的类型与指定的类型兼容，转换就会成功进行；如果类型不兼容，as 运算符就会返回值 null。如下面的代码所示，如果 object 引用不指向 string 实例，把 object 引用转换为 string 就会返回值 null。

```
object o1 = "Some String";
object o2 = 5;
string s1 = o1 as string;      //s1 = "Some String"
string s2 = o2 as string;      //s1 = null
```

as 运算符允许在一步中进行安全的类型转换，不需要先使用 is 运算符测试类型，再执行转换。

4．字符串连接运算符

对于两个字符串类型的变量，可以使用"＋"运算符实现字符串的连接。例如：

```
string strTemp1, strTemp2;
strTemp1 = "Hello";
strTemp2 = "World.";
MessageBox.Show(strTemp1 + " " + strTemp2);
```

当定义了两个字符串型变量 strTemp1 和 strTemp2 并分别给它们赋值之后，就可以使用第 4 行的"＋"运算符把它们连接起来，并在中间夹了一个空格，形成"Hello World." 字符串。

5．逻辑运算符

C#中常用的逻辑运算符有：&&（与）、||（或）、!（非），计算的结果仍然是布

尔类型的 true 或 false。

(1) 与：在 C# 中的符号为"&&"，表示必须满足两个条件。语法为"表达式 1 && 表达式 2"。

(2) 或：在 C# 中的符号为"||"，表示满足两个条件中的任意一个即可。语法为"表达式 1 || 表达式 2"。

(3) 非：在 C# 中的符号为"!"，表示取当前表达式结果的相反结果。如果当前表达式为"true"，则计算结果为"false"。语法为"! 表达式"。例如：

```
bool test;
test = 12 < 10 && 56 > 43;     // test = false
test = 12 > 10 || 56 < 43;     // test = true
```

6. typeof 运算符

typeof 运算符用于获得系统原型对象的类型，也就是 Type 对象，常与 is 运算符连用，用于判断某个变量是否为某一类型。每一个类都有一个与它功能很相似的 GetType 方法。

【例 2-2】 创建控制台程序，演示 typeof 运算符。

```
using System;
using System.Collections.Generic;
using System.Linq;
using System.Text;
namespace ex02
{
    class Program
    {
        static void Main(string[] args)
        {
            car a = new car();
            car b = new car();
            Type c = a.GetType();
            Console.WriteLine(typeof(car));      //输出 ex02.dog
            Console.WriteLine(a.GetType());      //输出 ex02.dog
            if(a is car)
            {
                Console.WriteLine("true");
            }
            Console.ReadKey();
        }
    }
    class car
    {
```

```
        void run()
        {
            Console.WriteLine("run fast!");
        }
    }
}
```

运行结果如下：

ex02.car

ex02.car

true

> **注意：**
> typedef 不能用于表达式，例如：
> Console.WriteLine(typedef(x));   //错误
> Console.WriteLine(typedef(int));   //正确，输出 System.Int32
> 这里，x 是一个变量，即一个简单的表达式，所以出错。而 int 对应的 .NET Framework 类型是 System.Int32，所以输出 System.Int32。

7. new 运算符

new 运算符用于创建一个新的类型实例，它有 3 种形式：

（1）对象创建表达式，用于创建一个类类型或值类型的实例。

（2）数组创建表达式，用于创建一个数组类型的实例。

（3）委托创建表达式，用于创建一个新的委托类型的实例。

> **说明：**
> new 运算符暗示创建一个类的实例，但不一定必须动态分配内存。

2.4.2 运算符优先级

在一个表达式中出现多种运算时，将按照预先确定的顺序计算并解析各个部分，这个顺序称为运算符优先级。C#中常用的运算符优先级见表 2-7。

表 2-7 常用的运算符优先级

优先级	运 算 符	类　　别
1	()、.、[ ]、x++、x--、new、checked、unchecked、typeof	初级运算符
2	+、-、!（逻辑非）、~、++x、--x	一元运算符

(续表)

优先级	运算符	类别
3	*、/、%	乘/除运算符
4	+、-	加/减运算符
5	<<、>>	移位运算符
6	<、>、<=、>=、is、as	关系运算符
7	== !=（不等于）	比较运算符
8	&	按位 AND 运算符
9	^	按位 XOR 运算符
10	|	按位 OR 运算符
11	&&（逻辑与）	布尔 AND 运算符
12	||（逻辑或）	布尔 OR 运算符
13	?:	三元运算符
14	=、*=、/=、+=、-=、<<=、>>=、&=、^=、|=	赋值运算符

从表 2-7 可以看出：!（逻辑非）的优先级均高于算术运算符；算术运算符的优先级均高于比较运算符、逻辑运算符（&& 和 \|\|）和位运算符；所有比较运算符的优先级均高于逻辑运算符（&& 和 \|\|）和位运算符，但低于算术运算符；逻辑运算符（&& 和 \|\|）的优先级均低于算术运算符和比较运算符。具有相同优先顺序的运算符将按照它们在表达式中出现的顺序从左到右进行计算。

2.4.3 表达式

表达式是一个或多个运算的组合。C#的表达式与其他语言的表达式没有显著的区别，每个符合 C#规则表达式的计算都是一个确定的值。对于常量、变量的运算和对于函数的调用都可以构成最简单的表达式。

通常情况下，表达式涉及的内容包括赋值计算以及真/假判断等。一个赋值表达式至少应有一个变量，以及一个赋给变量的值。这里要求所有的变量在使用前都必须初始化，否则 C#编译器将对未初始化的变量给出错误提示。例如：

```
int c,d;
d=c;        //错误1:使用了未赋值的局部变量"c"
Console.WriteLine("c={0},d={1}", c, d);
```

2.5 控制台应用程序与格式化输出

Console 类属于 System 命名空间，表示控制台应用程序的标准输入流、输出流和错误流。它不仅提供用于从控制台读取单个字符或整行字符串的方法，还提供输出方法将该字符串写入控制台。

2.5.1 控制台输出

Console.WriteLine() 方法将指定的数据（后跟换行符）写入标准输出流（屏幕）。

Console.WriteLine() 方法类似于 C 语言的 printf 函数，可以采用 "{N [，M] [：格式化字符串]}" 的形式来格式化输出项，其中的参数含义如下所示。

(1) 花括号 "{}"：用来在输出中插入变量的值。

(2) N：表示输出变量的序号，变量的序号从 0 开始。

(3) [，M]：可选项，其中 M 表示输出的变量所占宽度和对齐方向。如果 M 为正数是右对齐，负数则是左对齐。例如：

```
Console.WriteLine("{0,5} {1,5}", 123, 456);     // 右对齐
Console.WriteLine("{0,-5} {1,-5}", 123, 456);   // 左对齐
```

运行结果如下：

```
  123   456
123   456  
```

(4) [：格式化字符串]：可选项，在向控制台输出时指定输出项的格式。格式化字符串中字母含义如表 2-8 所示。

表 2-8 格式化字符串中字母含义

字 母	含 义
C 或 c	Currency 货币格式
D 或 d	Decimal 十进制格式（十进制整数）
E 或 e	Exponent 指数格式
F 或 f	Fixed point 固定精度格式
G 或 g	General 常用格式
N 或 n	用逗号分隔千位的数字，如 1234 将会被变成 1,234
P 或 p	Percentage 百分符号格式
X 或 x	Hex 16 进制格式
R 或 r	Round-trip 圆整（只用于浮点数）保证一个数字被转化成字符串以后可以再被转化成同样的数字

例如：

```
int a = 3,b = 4,c;
Console.WriteLine("a + b = {0}", c);                //输出结果 a + b = 7
Console.WriteLine("{0} + {1} = {2}",a,b,c);          //输出结果 3 + 4 = 7
Console.WriteLine("{0} + {1} = {2,5}",a,b,c);        //输出结果 3 + 4 = 7
int i = 123456;
Console.WriteLine("{0:C}", i);        // 输出结果 ￥123,456.00
Console.WriteLine("{0:D}", i);        // 输出结果 123456
Console.WriteLine("{0:E}", i);        // 输出结果 1.234560E + 005
Console.WriteLine("{0:F}", i);        // 输出结果 123456.00
Console.WriteLine("{0:G}", i);        // 输出结果 123456
Console.WriteLine("{0:N}", i);        // 输出结果 123,456.00
Console.WriteLine("{0:P}", i);        // 输出结果 12,345,600.00 %
Console.WriteLine("{0:X}", i);        // 输出结果 1E240
```

另外，Console.Write()方法将指定的数据（不换行）写入标准输出流（屏幕）。

2.5.2 控制台输入

Console.ReadLine()方法从标准输入流（键盘）读取下一行字符。例如：

```
String name = Console.ReadLine();
```

由于 ReadLine 方法只能输入字符串，为了输入数值，需要进行数据类型的转换。C#中的每种数据类型都是一个结构，它们都提供了 Parse 方法，以便用于将数字的字符串表示形式转换为等效数值。例如：

```
intc = int.Parse("12");
int d = int.Parse(Console.ReadLine());
```

2.5.3 字符串的格式化输出

字符串格式 String.Format 的作用是形成格式化的字符串，它和 WriteLine 都遵守同样的格式化规则，采用 "{N [，M] [：格式化字符串]}" 的形式来格式化输出字符串。格式化字符串中字母含义见表 2-8。例如：

```
String s = String.Format("123");
String t = String.Format("{0}",123);
String u = String.Format("{0:D3}",123);
Console.WriteLine(s);
Console.WriteLine(t);
Console.WriteLine(u);
```

运行结果与以下相同：

```
Console.WriteLine(123);
Console.WriteLine("{0}",123);
Console.WriteLine("{0:D3}",123);
```

2.6 C#流程控制语句

掌握C#控制语句，可以更好地控制程序流程，提高程序的灵活性。C#中常用语句包括：选择语句（if-else和switch语句）、循环语句（for、foreach、while和do-while语句）和跳转语句（goto、continue和break语句）。一个C#程序通过这些常用语句的组合实现特定的功能。

2.6.1 选择语句

选择语句（条件语句）主要包括两种类型：if语句和switch语句。

1. if语句

if语句是最常用的选择语句，它的功能是根据所给定的条件（常由关系、布尔表达式表示）来决定是否执行后面的操作。常用的if语句有3种表达形式：

(1) if语句

  if(表达式) {语句块};

功能：如果表达式的值为真（即条件成立），则执行if语句所控制的语句块。

(2) if-else语句

  if(表达式) {语句组1}
  else {语句组2}

功能：如果表达式成立，则执行语句组1；如果表达式不成立，则跳过语句组1，执行语句组2。

例如，将a，b两个数的最大值赋值给x。

```
if(a>b)
  x = a;
else
  x = b;
```

这个语句和C++没有区别。这里，需要注意一个问题，在C#中，if的条件表达式必须为bool型，这样做可以增强代码的安全性。

(3) 嵌套if语句

if语句中，如果内嵌语句又是if语句，就构成了嵌套if语句。if语句可实现二选一分支，而嵌套if语句可以实现多选一的多路分支。

  if(表达式1) {语句组1}
  else if(表达式2){语句组2}

```
else if(表达式 3){语句组 3}
...
else if(表达式 n-1){语句组 n-1}
else  {语句组 n}
```

功能：如果表达式 1 为真时，执行语句组 1，然后跳过整个结构执行下一个语句；如果表达式 1 为假时，跳过语句组 1 去判断表达式 2。如果表达式 2 为真时，执行语句组 2，然后跳过整个结构去执行下一个语句；如果表达式 2 为假时，则跳过语句组 2 去判断表达式 3，依此类推。当表达式 1，表达式 2，…，表达式 n-1 全为假时，则执行语句组 n，再转而执行下一条语句。

【例 2-3】 创建控制台程序：根据输入的学生考试成绩，显示相应的等级（优、良、中、及格和不及格）。

```csharp
using System;
using System.Collections.Generic;
using System.Linq;
using System.Text;
namespace ex03
{
    class Program
    {
        static void Main(string[] args)
        {
            int  score;
            string  grade;
            Console.Write("请输入学生的考试成绩:");
            score = Int32.Parse(Console.ReadLine());
            if(score>=90)
                grade = "优";
            else if(score>=80)
                grade = "良";
            else if(score>=70)
                grade = "中";
            else if(score>=60)
                grade = "及格";
            else
                grade = "不及格";
            Console.WriteLine("该学生的考试成绩等级为:{0}", grade);
            Console.ReadLine();
        }
    }
}
```

运行结果如下：

请输入学生的考试成绩：
86
良

其中，Int32.Parse()表示将数字的字符串转换为32位有符号整数。这里，也可以用Convert.ToInt32（Console.ReadLine()）实现字符串到32位有符号整数的转换。

在这种梯形式的if结构中，最后的else语句经常作为缺省条件。也就是说，如果其他所有测试条件都失败，那么最后的else语句会被执行。这里最后的else语句不能少，否则不论输入的成绩为多少，输出都为"不及格"。另外，该程序在本处没有对输入数据的合法性做出判断，实际应用时应加上容错代码。

2. switch 语句

当分支情况很多时，虽然 if-else-if 语句可以实现，但多层的嵌套使程序变得冗长且可读性降低。针对这种情况，C♯与C/C++一样，也提供了switch语句，用于处理多分支的选择问题。

switch 语句的一般形式：
switch(表达式)
{
    case 常量表达式 1:语句组 1; break;
    case 常量表达式 2:语句组 2; break;
    …
    case 常量表达式 n:语句组 n; break;
    default: 语句组 n+1; break;
}

其中，"常量表达式"是"表达式"的计算结果，可以是整型数值、字符或字符串。

switch 语句的执行过程如下：

（1）首先计算 switch 后面表达式的值。

（2）将上述计算出的表达式的值依次与每一个 case 语句常量表达式的值比较，如果没有找到匹配的值，则进入 default，执行语句组 n+1；如果没有 default，则执行 switch 语句后的语句。如果找到匹配的值，则执行相应的 case 语句组语句，执行完该 case 语句组后，整个 switch 语句也就执行完毕。因此，最多只执行其中的一个 case 语句组，然后执行 switch 语句后的语句。

【例 2-4】 使用 switch 语句，根据输入的学生考试成绩，显示相应的等级（优、良、中、及格和不及格）。

```
using System;
using System.Collections.Generic;
using System.Linq;
using System.Text;
namespace ex04
```

```csharp
{
    class Program
    {
        static void Main(string[] args)
        {
            Console.Write("请输入学生的考试成绩:\n");
            string str = Console.ReadLine();
            int n = Int32.Parse(str.Trim());
            if(n > 100 || n < 0)
                Console.WriteLine("输入的成绩必须在 0~100 之间.");
            else
            {
                switch(n / 10)
                {
                    case 10:
                    case 9:
                        Console.WriteLine("优秀.");
                        break;
                    case 8:
                        Console.WriteLine("良好.");
                        break;
                    case 7:
                        Console.WriteLine("中.");
                        break;
                    case 6:
                        Console.WriteLine("及格.");
                        break;
                    default:
                        Console.WriteLine("不及格.");
                        break;
                }
            }
            Console.ReadLine();
        }
    }
}
```

运行结果如下:

请输入学生的考试成绩:
78
中

使用 switch 语句时需要注意以下几点:

（1）switch 条件表达式的值和每个 case 后面常量表达式的值可以是 string、int、char、enum 或其他类型，特别是常量表达式可以是 string 类型，这样给程序员的开发带来了很大方便。

（2）每个 case 语句的序列可以用大括号括起来，也可以不括起来，但是 case 块的最后一个语句一定是 break 语句，否则在编译时将产生错误。

（3）当找到符合条件表达式值的 case 语句时，如果其后有语句序列，则它只会执行此 case 中的语句序列，不会再对其他的 case 标记进行判断。但是，如果某个 case 块为空，则它会从这个 case 块直接跳到下一个 case 块。

2.6.2 循环语句

使用循环语句能够多次执行同一个任务，直到完成另一个比较大的任务，这是在开发中经常用到的技术。C♯中提供了各种循环语句，用来实现重复性的任务。每一种循环语句都有各自的优点，并用在相应的情况中。没有适用于所有情况的方法，所以一个特定的任务总是可以用很多方法来完成。这里主要介绍 4 种不同的循环语句：while 循环语句、do-while 循环语句、for 循环语句和 foreach 循环语句。

C♯中的 3 种循环语句 for、while、do-while 和 C++中的循环语句是相同的。但是，C♯中添加了一种循环语句 foreach，在对数组输出方面的使用非常灵活。

1. while 语句

while 语句是最常见的、用于执行重复程序代码的语句，在循环次数不固定时使用，效果相当有效。while 语句的一般形式如下：

```
while(表达式)
{
    循环体
}
```

在表达式为 true 的情况下，会重复执行 while 循环体中的程序代码。由于 while 表达式的测试在每次执行循环前发生，因此 while 循环执行零次或更多次，这与执行一次或多次的 do 循环不同。while 循环非常类似于 do 循环，但有一个非常重要的区别：while 循环中的条件测试是在循环开始时进行，而不是最后。如果测试结果为 false，就不会执行循环，程序会直接跳转到循环后面的代码。

【例 2-5】 使用 while 语句求出 1～100 之间所有能被 7 整除的自然数。

```
using System;
using System.Collections.Generic;
using System.Linq;
using System.Text;
namespace ex05
{
    class Program
    {
```

```
static void Main(string[] args)
{
    int n = 1;
    while(n + + <= 100)
    {
        if(n % 7 = = 0)
            Console.WriteLine(n);
    }
    Console.ReadLine();
}
```

运行结果如下:

7
14
21
28
35
42
49
56
63
70
77
84
91
98

2. do-while 语句

do-while 循环与 while 循环类似,只要条件表达式为 true,循环体就会不断地重复执行。但 do-while 语句会先执行一次循环体,然后判断条件表达式是 true 或 false,它对应的循环体执行一次(至少一次)或若干次。

do-while 语句的一般形式如下:

```
do
{
    循环体
while(条件表达式);
}
```

> **注意:**
> while 条件表达式后的分号一定要写,否则会出现语法错误。

【例 2-6】 创建控制台程序，输入两个正整数，求它们的最大公约数。

分析：求最大公约数可以用"辗转相除法"，方法如下所示。

（1）比较两数，并使 m 大于 n。
（2）将 m 作被除数，n 作除数，相除后余数为 r。
（3）将 m←n，n←r。
（4）若 r＝0，则 m 为最大公约数，结束循环。若 r≠0，执行步骤（2）和（3）。

程序如下所示：

```csharp
using System;
using System.Collections.Generic;
using System.Linq;
using System.Text;
namespace ex06
{
    class Program
    {
        static void Main(string[] args)
        {
            int m, n, r, t;
            int m1, n1;
            Console.Write("请输入第 1 个正整数：");
            m = int.Parse(Console.ReadLine());
            Console.Write("请输入第 2 个正整数：");
            n = int.Parse(Console.ReadLine());
            m1 = m; n1 = n;
            //保存原始数据供输出使用
            if(m < n)
            { t = m; m = n; n = t; }//m,n交换值
            do
            {
                r = m % n;
                m = n;
                n = r;
            }while(r != 0);
            Console.Write("{0}和{1}的最大公约数是{2}", m1, n1, m);
            Console.ReadLine();
        }
    }
}
```

程序运行结果如图 2-4 所示。

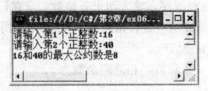

图 2-4　程序运行结果

📖 说明：

（1）由于在求解过程中，m 和 n 已经发生了变化，故可以将其保存在另外两个变量 m1 和 n1 中，以便输出时可以显示这两个原始数据。

（2）求两数的最小公倍数，只需将两数相乘，然后除以最大公约数，即 m1 * n1/m。

3. for 语句

与 while、do - while 语句不同的是，for 语句是按照预定的循环次数执行循环体。
for 语句的一般形式如下：

```
for(初始值;循环条件;更新值)
{
    循环体
}
```

🔊 注意：

可以使用逗号来分隔多于一个的初始迭代变量。如果更新语句多于一个，同样也可以用逗号来分隔。分号用于分隔循环初始值与循环条件、循环条件与更新语句。初始化语句、循环条件和更新语句都是可选的。例如：

```
for( ; ;)
{
}
```

构建了一个有效的 for 循环，值得一提的是，必须包括两个分号。

【例 2-7】　打印九九乘法表。

分析：利用 for 循环控制 100～999 之间的数，每个数分解出个位、十位和百位，然后判断立方和是否等于该数本身。

```
using System;
using System.Collections.Generic;
using System.Linq;
using System.Text;
namespace ex07
{
    class Program
```

```
    {
        static void Main(string[] args)
        {
            int i, j;
            for(i = 1; i <= 9; i++)
            {
                for(j = 1; j <= i; j++)
                {
                    Console.Write(i * j);
                    Console.Write(" ");
                }
                Console.WriteLine();
            }
            Console.ReadLine();
        }
    }
}
```

程序运行结果如图 2-5 所示。

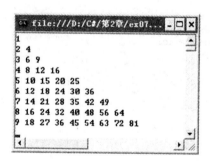

图 2-5 程序运行结果

4. foreach 语句

在 C#中，新引进了一种循环语句结构 foreach 语句，用于对数组或集合中的每一个元素执行循环体语句。

foreach 语句的一般形式如下：

foreach(<变量类型> <循环变量> in <数组或集合>)
{
    循环体；
}

功能：对数组或集合中的每一个元素执行一遍循环体语句，具体使用见 3.1 节。

2.6.3 跳转语句

C#中的跳转语句和 C++中的跳转语句都有 goto、break 和 continue。

1. break 语句

break 语句的一般形式为：

break;

该语句只能用于两种情况：

（1）用在 switch 结构中。当某个 case 子句执行完毕，使用 break 语句跳出 switch 结构。

（2）用在循环结构中，用 break 语句来结束循环。如果是多重循环，break 不是使程序跳出所有循环，而只是使程序跳出 break 本身所在的循环。

2. continue 语句

continue 语句的一般形式为：

continue;

该语句只能用在循环结构中。当在循环结构中遇到 continue 语句时，则跳过 continue 语句后的其他语句结束本次循环，并转去判断循环控制条件，以便决定是否进行下一次循环。

【例2-8】 输出 30~50 之间所有不能被 7 整除的正整数。

```csharp
using System;
using System.Collections.Generic;
using System.Linq;
using System.Text;
namespace ex08
{
    class Program
    {
        static void Main(string[] args)
        {
            int i;
            for(i = 30; i <= 50; i++)
            {
                if(i%7 == 0)
                    continue;
                Console.Write("{0},", i);
            }
            Console.ReadLine();
        }
    }
}
```

程序运行结果如下：

30,31,32,33,34,36,37,38,39,40,41,43,44,45,46,47,48,50

3. goto 语句

goto 语句和标号语句一起使用（所谓标号语句是指用标识符标识的语句），goto 语句控制程序从 goto 语句所在的地方转移到标号语句处。goto 语句会导致程序结构混乱，可读性降低，而且它所完成的功能完全可以用算法的 3 种基本结构实现，因此一般不提倡使用 goto 语句。

goto 语句最大的好处就是可以一次性跳出多重循环，而 break 语句却不能做到这点。

【例 2-9】 使用 goto 语句跳出多重循环。

```
using System;
using System.Collections.Generic;
using System.Linq;
using System.Text;
namespace ex09
{
    class Program
    {
        static void Main(string[] args)
        {
            int i = 0, j = 0, k = 0;
            for(i = 0; i < 10; i++)
            {
                for(j = 0; j < 10; j++)
                {
                    Console.WriteLine(" i,j:{0},{1}", i, j);
                    if(j = = 3)goto stop;        //直接跳转到 stop 语句标号
                }
            }
            stop:Console.WriteLine("stoped!   i,j:{0},{1}", i, j);
            Console.ReadLine();
        }
    }
}
```

程序执行结果如下：

i,j:0,0
i,j:0,1
i,j:0,2
i,j:0,3
stoped! i,j:0,3

2.6.4 异常处理语句

在编写程序时不仅要关心程序的正常操作,还要把握在现实世界中可能发生的各类不可预测的事件,如用户错误的输入、内存不够、磁盘出错、网络资源不可用、数据库无法使用等。在程序中经常采用异常处理方法来解决这类现实问题。

1. C#异常处理语句——try-catch-finally

C#中的异常提供了一种异常处理语句——try-catch-finally。所谓 try-catch 语句,就是由一个 try 块后跟一个或多个 catch 构成,这些 catch 子句指定不同的异常处理程序。try 块包含可能引发异常的程序代码,它一直执行到引发异常或成功完成为止。

2. C#异常处理语句的格式

```
try
{
    可能引发异常的程序代码块;
}
catch(异常类型1  异常类对象1)
{
    异常处理代码块;
}
catch(异常类型n  异常类对象n)
{
    处理异常类型 n 的异常控制代码
}
finally
{
    无论是否发生异常,均要执行的代码块;
}
```

在同一个 try-catch 语句中,可以使用多个特定的 catch 子句。在这种情况下,catch 子句的顺序很重要,因为会按顺序检查 catch 子句。

finally 块,其作用是不管是否发生异常,即使没有 catch 块,都将执行 finally 块中的语句。也就是说,finally 块始终会执行,而与是否引发异常或者是否找到与异常类型匹配的 catch 块无关。finally 块通常用来释放资源,而不用等待由运行库中的垃圾回收器来终结对象。在异常处理中,finally 块是可选的块。

【例 2-10】 创建一个控制台应用程序 P2_12 项目,通过 try-catch 语句捕捉整数除零错误。

```
namespace ex2_10
{
    class Program
    {
```

```csharp
        static void Main(string[] args)
        {
            int x = 5, y = 0;
            try                                         //try-catch 语句
            {
                x = x/y;                                //引发除零错误
            }
            catch(Exception err)                        //捕捉该错误
            {
                Console.WriteLine("{0}",err.Message);   //显示错误提示信息
            }
        }
    }
}
```

运行结果如下：

试图除以零。

【例 2-11】 创建一个控制台应用程序，说明 finally 块的作用。

```csharp
namespace ex2_11
{
    class Program
    {
        static void Main(string[] args)
        {
            int s = 10, i;
            int[] a = new int[5] { 1, 2, 3, 0, 4 };
            try
            {
                for(i = 0; i < a.Length; i++)
                    Console.Write("{0} ", s / a[i]);
                Console.WriteLine();
            }
            catch(Exception err)
            {
                Console.WriteLine("{0}", err.Message);
            }
            finally
            {
                Console.WriteLine("执行 finally 块");
            }
        }
    }
}
```

运行结果如图 2-6 所示。

图 2-6 finally 块的作用

3. throw 语句

throw 语句可以抛出一个异常。throw 语句有两种使用方式：

(1) 直接抛出异常。

(2) 在出现异常时，通过 catch 块对其进行处理并使用 throw 语句重新把这个异常抛出，再让调用这个方法的程序进行捕捉和处理。throw 语句的一般形式如下：

  throw [表达式]；

其中，"表达式"类型必须是 System.Exception 或从 System.Exception 派生的类类型。throw 语句也可以不带"表达式"，此时只能用在 catch 块中。在这种情况下，throw 语句重新抛出当前正在由 catch 块处理的异常。

【例 2-12】 创建一个控制台应用程序，演示 try - catch 语句的使用以及再次抛出异常。

```
using System;
using System.Text;
namespace ex2_12
{
    class Program
    {
        static void F()
        {
            try
            {
                G();
            }
            catch(Exception e)
            {
                Console.WriteLine("Exception in F:" + e.Message);
                e = new Exception("F");
                throw;
            }
```

```
        }
        static void G()
        {
            throw new Exception("G");
        }
        static void Main()
        {
            try
            {
                F();
            }
            catch(Exception e)
            {
                Console.WriteLine("Exception in Main:" + e.Message);
            }
        }
    }
```

F（）方法捕捉到了一个异常，并向控制台写了一些诊断信息，改变异常变量的内容，然后将该异常再次抛出。这个被再次抛出的异常与最初捕捉到的异常是同一个。因此，程序的输出结果如下：

Exception in F:G
Exception in Main:G

4．常用的异常类

C#常用的异常类均包含在 System 命名空间中，下面将分别介绍：

（1）Exception：所有异常类的基类。

（2）DivideByZeroException：当试图用整数类型数据除以零时抛出。

（3）OutOfMemoryException：当试图用 new 来分配内存而失败时抛出。

（4）FormatException：参数的格式不正确时抛出。

（5）IndexOutOfRangeException：索引超出范围时抛出（小于 0 或比最后一个元素的索引还大）。

（6）InvalidCastException：非法强制转换，在显式转换失败时引发。

（7）NotSupportedException：调用的方法在类中没有实现时抛出。

（8）NullReferenceException：引用空引用对象时引发。

（9）OverflowException：溢出时引发。

（10）StackOverflowException：栈溢出时引发。

（11）TypeInitializationException：错误的初始化类型，静态构造函数有问题时引发。

（12）NotFiniteNumberException：数字不合法时引发。

练 习 题

1. Visual C# .NET 中的数据类型有哪些?
2. Visual C# .NET 中循环的语句有哪些?它们之间的区别是什么?
3. 输入一个整数 n,判断其能否同时被 5 和 7 整除,若能则输出 "××能同时被 5 和 7 整除",否则输出 "××不能同时被 5 和 7 整除"(要求 "××" 为输入的具体数据)。
4. 输入一个百分制的成绩,经判断后输出该成绩的对应等级。其中,90 分以上为 "A",80~89 分为 "B",70~79 分为 "C",60~69 分为 "D",60 分以下为 "E"。
5. 某百货公司为了促销,采用购物打折的方法。在 1000 元以上者,按九五折优惠;在 2000 元以上者,按九折优惠;在 3000 元以上者,按八五折优惠;在 5000 元以上者,按八折优惠。编写程序,输入购物款数,计算并输出优惠价(要求用 switch 语句编写)。
6. 编写一个求整数 n 阶乘(n!)的程序,要求显示的格式如下:
   1:1   2:2   3:6
   4:24   5:120 6:720
7. 编写程序,求 1!+3!+5!+7!+9!。
8. 编写程序,计算下列公式中 s 的值(n 是运行程序时输入的一个正整数)。

    $s = 1 + (1+2) + (1+2+3) + \cdots + (1+2+3+\cdots+n)$

    $s = 1^2 + 2^2 + 3^2 + \cdots + (10 \times n + 2)$

    $s = 1 \times 2 - 2 \times 3 + 3 \times 4 - 4 \times 5 + \cdots + (-1)^{(n-1)} \times n \times (n+1)$

    $s = 1 + \dfrac{1}{1+2} + \dfrac{1}{1+2+3} + \cdots + \dfrac{1}{1+2+3+\cdots+n}$

9. 有一个数列,其前三项分别为 1、2、3,从第四项开始,每项均为其相邻前三项之和的 1/2。问:该数列从第几项开始,其数值超过 1200。
10. 找出 1~100 之间的全部 "同构数"。"同构数" 是这样一种数,它出现在它平方数的右端。例如,5 的平方是 25,5 是 25 中右端的数,5 就是同构数,25 也是一个同构数,它的平方是 625。
11. 从键盘输入 10 个数据,求其中的最大值、最小值和平均值。

第3章 常用数据类型的用法

■ 本章导读

在C#语言中,数组是一种非常重要的数据类型,属于引用类型。在需要处理大量相同类型的数据时,数组和循环语句结合使用,使得程序书写简洁。

本章还介绍了C#语言常用的字符串和 .NET 框架中常见的集合(如列表、队列、位数组和哈希表)。最后介绍了常用的数学运算类 System.Math、日期时间类 System.DateTime 及产生随机数的类 System.Random。

■ 学习目标

(1) 掌握数组的概念、声明、初始化及数组元素的访问方法;
(2) 掌握字符串的使用方法;
(3) 掌握 foreach 语句的使用;
(4) 了解并学会使用 C# 中的集合类。

3.1 数 组

前面学到的数据类型,如 int、float、double、char、string 等,都属于基本数据类型。尽管这些类型的数据在内存中占用的内存不同,但都只能表示一个大小或者精度不同的数据,每一个数据都是不能分解的。

在实际编程中,经常遇到要处理成批相同类型相关数据的情况。例如,要处理100个学生某课程的考试成绩,若采用100个简单变量来处理显然是一件十分复杂的事。因此,C#语言提供了一种更有效的类型——数组。

3.1.1 数组的声明与初始化

将一组有序的、个数有限的、数据类型相同的数据组合起来作为一个整体,用一个统一的名字(数组名)来表示,这些有序数据的全体则称为一个数组。简单地说,数组是具有相同数据类型元素的有序集合。用数组名标识这一组数据,用下标来指明数组中各元素的索引号。在C#中，数组元素的索引值是从0开始的。

要访问一个数组中的某一个元素必须给出两个要素，即数组名和下标。

引入数组就不需要在程序中定义大量的变量，从而大大减少了程序中变量的数量，使程序精炼，而且数组含义清楚，使用方便，明确地反映了数据之间的联系。熟练地使用数组，可以快速提高编程和解题的效率，从而加强程序的可读性。

像数列一样，能够用一个下标决定元素位置的数组称为一维数组；能够用两个下标决定元素位置的数组称为二维数组，如矩阵；需要用N个下标才能决定元素在数组中的位置，这样的数组称为N维数组，如N维向量。

二维和二维以上的数组称为多维数组，常用的是一维数组和二维数组。

1. 一维数组的声明

在C#中，声明一个一维数组的一般形式如下：

<数组类型>[ ]<数组名>

> **说明：**
>
> （1）数组类型是指构成数组元素的数据类型，可以是任何基本数据类型或自定义类型，如数值型、字符串型、结构型等。
>
> （2）方括号"[ ]"必须放置在数组类型之后，而不是像其他编程语言那样，将括号放置在数组名之后。声明数组时，不能指定数组的大小（即数组元素的个数）。
>
> （3）数组名跟普通变量一样，必须遵循C#的合法标识符规则。例如，以下语句定义了两个一维数组，即整型一维数组numbers和字符串一维数组strs。
>
> int[] numbers;
> string[] strs;

2. 多维数组的声明

多维数组的声明方法与一维数组类似，只是在数组类型后的方括号中，添加若干个逗号的个数由数组的维数决定。其一般形式为：

<数组类型>[<若干个逗号>]<数组名>

因为一个逗号能分开两个下标，而二维数组有两个下标，所以声明二维数组需要使用一个逗号，三维或三维以上的多维数组的声明方法依次类推。若数组是n维的，声明时就需要使用n-1个逗号。

例如，以下语句定义了两个二维数组，即整型二维数组y和字符串二维数组z。

int[,]y;
string[,] z;

例如，以下语句定义了一个三维数组p。

int[,,] p;

3. 一维数组的初始化

可以在声明一维数组时使用 new 关键字对其实例化,并将其初始化,如前面介绍的 numbers 数组和 strs 数组,可以使用以下语句初始化:

```
int[] numbers = new int[10] { 1, 2, 3, 4, 5, 6, 7, 8, 9, 10 };
string[] strs = new string[7] { "A", "B", "C", "D", "E", "F", "G" };
```

上述初始化的代码可以简写成:

```
int[] numbers = new int[] { 1, 2, 3, 4, 5, 6, 7, 8, 9, 10 };
string[] strs = new string[] { "A", "B", "C", "D", "E", "F", "G" };
```

甚至还可以写成:

```
int[] numbers = { 1, 2, 3, 4, 5, 6, 7, 8, 9, 10 };
string[] strs = { "A", "B", "C", "D", "E", "F", "G" };
```

> **注意:**
> 注意:大括号中值的数量必须与指定的数组大小完全匹配,不能多也不能少。如果给出"数组大小",则初始值的个数应与"数组大小"相等,否则出错。例如:
> ```
> int[] mya = new int[2] {1,2};        //正确
> int[] mya = new int[2] {1,2,3};      //错误
> int[] mya = new int[2] {1};          //错误
> ```

4. 二维数组的初始化

同样的,也可以在声明二维数组时使用 new 关键字对其实例化,并将其初始化,如前面介绍的二维数组 nums,可以使用以下语句初始化:

```
int[,] nums = new int[4, 4] { { 1, 3, 5, 7 }, { 2, 4, 6, 8 }, { 3, 5, 7, 9 }, { 4, 6, 8, 10 } };
```

同样,上述代码可以简写成:

```
int[,] nums = new int[, ]{ { 1, 3, 5, 7 }, { 2, 4, 6, 8 }, { 3, 5, 7, 9 }, { 4, 6, 8, 10 } };
```

或:

```
int[,] nums = { { 1, 3, 5, 7 }, { 2, 4, 6, 8 }, { 3, 5, 7, 9 }, { 4, 6, 8, 10 } };
```

三维或三维以上多维数组的初始化方法类似于二维数组的初始化方法。

3.1.2 创建数组实例

数组是引用类型,数组变量引用的是一个数组实例。第 4 章介绍类时将介绍只有在使用 new 关键字创建类实例时,才会真正分配内存。数组遵循的是同样的原则,声明一个数组时,不需要指定数组的大小,因此在声明数组时并不分配内存,而只有在创建数组实例时,才指定数组的大小,同时给数组分配相应大小的内存。

创建数组实例的方法与创建类实例的方法类似,都需要使用 new 关键字,其一般

形式如下:

<数组名> = new <数据类型>[数组大小]

例如,实例化整型一维数组 numbers。

int[] numbers;
numbers = new int[10];   //实例化整型一维数组

在创建数组实例时,系统会使用不同数据类型的默认值(0、null、false)对数组元素赋初值。如果不给出初始值部分,numbers 数组各元素取默认值。所以,整型一维数组 numbers,该数组各数组元素均取默认值 0。

3.1.3 一维数组

1. 访问一维数组中的元素

访问一维数组中某个元素的格式为:

名称[下标或索引]

所有元素下标从 0 开始,到数组长度减 1 为止。例如,以下语句输出数组 myarr 的所有元素值:

```
for(i = 0;i<5;i++)
        Console.Write("{0} ",a[i]);
```

2. 遍历数组中的元素

C#还提供了 foreach 循环语句,该语句提供一种简单、明了的方法来循环访问数组中的元素。foreach 语句的一般形式如下:

```
foreach(<数据类型> <循环变量> in <数组或集合名>)
{
    //循环体
}
```

> **说明:**
> (1) 数据类型是与数组元素相匹配的数据类型。例如,某数组的数据类型为 int,若要使用 foreach 语句遍历该数组的元素,则在使用 foreach 语句时,应当指明循环变量的数据类型也为 int。
> (2) 循环变量是一个局部变量,它只在 foreach 语句范围内有效,用来依次循环存放要遍历的数组或集合中的各个元素,但是不能给该循环变量另赋一个新值,否则将发生编译错误。

使用 foreach 语句时必须注意以下几点:

(1) 循环体遍历数组或集合中的每个元素。当对数组或集合中的所有元素完成访问后,则跳出 foreach 语句,执行 foreach 块后面的语句。

(2) 可以在 foreach 语句内使用 break 关键字跳出循环,或使用 continue 关键字直接进入下一轮循环。

（3）foreach 循环还可以通过 goto、return 语句跳出。

（4）在 foreach 语句中使用循环体语句遍历某个集合或数组以获得需要的信息，但并不修改它们的内容。对于 foreach 语句，控制循环次数的是集合或数组中元素的个数，而参与循环体运算的变量数值则是数组的每一个元素值。foreach 语句可用于为数组中的每一个元素执行一遍循环体中的语句，以下举例说明使用方法。

例如，以下代码定义一个名称为 mya 的数组，并使用 foreach 语句循环访问该数组。

```
int[] mya = {1,2,3,4,5,6};
foreach(int i in mya)
    System.Console.Write("{0} ",i);
```

输出结果为：

1 2 3 4 5 6

不管是一维数组还是多维数组，操作都一样方便，foreach 语句会自动根据数组的大小并对其进行操作，不需要关心它是否会溢出。注意，foreach 语句只能对数据进行输出，而不能改变任何数组元素的值。

foreach 的使用例子：

```
int [ ]arry = new int[ ]{0,1,2,5,7,8,11,13,123,43,44};   //定义一维整型数组
foreach(int b in arry)
{
    Console.WriteLine("{0}",b1);
    b = 3;                                                //编译错误,原因是迭代变量被修改
}
```

3. 一维数组的越界

若有如下语句定义并初始化数组 ca：

int[] ca = new int[10]{1,2,3,4,5,6,7,8,7,9,10};

数组 ca 的合法下标为 0~9，如果程序中使用 ca[10] 或 ca[50]，则超过了数组规定的下标，因此越界了。C#系统会提示以下出错信息。

未处理的异常：Syatem.IndexOutOfRangeException，索引超出了数组界限。

4. 一维数组的应用

数组是程序设计中最为常用的一种数据类型，离开了数组，许多问题可能会变得较为复杂，甚至难以解决。本节从几个最常用的方面介绍数组的实际应用。

【例 3-1】 编写程序，用冒泡法对 10 个数排序（按从小到大的顺序）。

冒泡法的思路是：对数组作多轮比较调整遍历，每轮遍历是对遍历范围内的相邻两个数作比较和调整，将小的数调整到前边，大的数调整到后边（按从小到大的排序）。定义 int a[10] 存储从键盘输入的 10 个整数。对数组 a 的 10 个整数的冒泡排序算法为：

第一轮遍历的第 1 次是 a[0] 与 a[1] 比较，若 a[0] 比 a[1] 大，则 a[0] 与

a[1]互相交换位置；若a[0]不比a[1]大，则不交换位置；

第2次是a[1]与a[2]比较，若a[1]比a[2]大，则a[1]与a[2]互相交换位置；

第3次是a[2]与a[3]比较，若a[2]比a[3]大，则a[2]与a[3]互相交换位置；

……

第9次是a[8]与a[9]比较，若a[8]比a[9]大，则a[8]与a[9]互相交换位置。第一次遍历结束后，使得数组中最大的数被调整到a[9]中。

第二轮遍历和第一轮遍历类似，因为第一轮遍历已经将最大值调整到了a[9]中，第二轮遍历只需要比较八次。第二轮遍历结束后，使得数组中次大数被调整到a[8]中……直到所有的数按从小到大的顺序排列完毕。

冒泡排序基本思想参见图3-1，黑体数字表示正在比较的两个数，最左列为最初的情况，最右列为完成后的情况。

A[1]	**8**	5	5	5	5	**5**	2	2	**2**	2	2	**2**
A[2]	**5**	**8**	2	2	2	**2**	**5**	4	**4**	**4**	3	3
A[3]	2	**2**	**8**	4	4	4	**4**	**5**	3	3	**3**	4
A[4]	4	4	**4**	**8**	3	3	3	**3**	**5**	5	**5**	5
A[5]	3	3	3	**3**	**8**	8	8	8	8	**8**	**8**	8
		第一轮				第二轮			第三轮		第四轮	

图3-1 冒泡排序示意图

可以推知，如果有n个数，则要进行n-1轮比较（和交换）。在第一轮中要进行n-1次两两比较，在第j轮中要进行n-j次两两比较。

程序如下：

```
using System;
using System.Collections.Generic;
using System.Text;
namespace P3_1
{
    class Program
    {
        static void Main(string[] args)
        {
            int[] nums = new int[10];
            int x;
            bool yes;
            string str = "";
            Random r = new Random();
            for(int i = 0; i <= 9; i++)
            {
```

```csharp
            do
            {
                x = r.Next(10,99);
                yes = false;
                for(int j = 0;j<= i-1;j++)
                {
                    if(x == nums[j])yes = true;
                    break;
                }
            } while(yes == true);
            nums[i] = x;
            str = str + (nums[i].ToString() + " ");
        }
        Console.WriteLine("随机生成的 10 个整数为:{0}",str.Trim());
        int temp;
        str = "";
        for(int i = 0;i<= 8;i++)
        {
            for(int j = 0;j<= 8-i;j++)
            {
                if(nums[j]>nums[j+1])
                {
                    temp = nums[j];
                    nums[j] = nums[j+1];
                    nums[j+1] = temp;
                }
            }
        }
        for(int i = 0;i<= 9;i++)
        {
            str = str + (nums[i].ToString() + " ");
        }
        Console.WriteLine("经过排序的 10 个整数为:{0}",str.Trim());
        Console.Read();
    }
}
}
```

运行结果如下:

随机生成的 10 个整数为:85 12 84 70 41 14 83 19 91 38

经过排序的 10 个整数为:12 14 19 38 41 70 83 84 85 91

【例 3-2】 用数组来求 Fibonacci 数列问题。Fibonacci 数列是 1, 1, 2, 3, 5,

8,13,21,34,…。要求程序每行输出 5 个 Fibonacci 数。

分析：该数列问题的核心是通过前项计算后项,从而将一个复杂的问题转换为一个简单过程的重复执行。由于一个数组本身就包含了一系列变量,因此,利用数组可以简化递推算法。可以用 20 个元素代表数列中的 20 个数,从第 3 个数开始,可以直接用表达式 f[i]=f[i-2]+f[i-1] 求出各数。

程序如下：

```
using System;
using System.Collections.Generic;
using System.Text;
namespace P3_2
{
    class Program
    {
        static void Main(string[] args)
        {
            int i;
            int []f = new int[20];
            f[0] = 1; f[1] = 1;
            for(i = 2;i<20;i + + )
                f[i] = f[i-2] + f[i-1];          //在 i 的值为 2 时,f[2] = f[0] + f[1],
                                                 依此类推
            for(i = 0;i<20;i + + )               //此循环的作用是输出 20 个数
            {
                                                 //控制换行,每行输出 5 个数据
                if(i % 5 = = 0 && i!  = 0)Console.WriteLine();
                Console.Write("{0,-8}",f[i]);    //每个数据输出时占 8 列宽度且左对齐
            }
            Console.Read();
        }
    }
}
```

运行结果如图 3-2 所示。

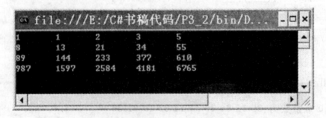

图 3-2 Fibonacci 数列

【例3-3】 设计一个控制台应用程序。在给定的有序数组 a 中，采用二分查找方法查找用户输入的值，并提示相应的查找结果。

```
using System;
namespace P3_3
{
    class Program
    {   static void Main(string[] args)
        {double [] a = new double[10]{0,1.2,2.5,3.1,4.6,5.0,6.7,7.6,8.2,9.8};
            double k;   int low = 0,high = 9,mid;
            Console.Write("k:");
            k = double.Parse(Console.ReadLine());
            while(low <= high)
            {   mid = (low + high)/2;
                if(a[mid] == k)
                {   Console.WriteLine("a[{0}] = {1}", mid, k);
                    return;
                }
                else if(a[mid] > k)   high = mid - 1;
                else   low = mid + 1;
            }
            Console.WriteLine("未找到{0}",k);
        }
    }
}
```

3.1.4 多维数组

二维和二维以上的数组称为多维数组，常用的多维数组是二维数组。

1. 访问二维数组中的元素

为了访问二维数组中的某个元素，需指定数组名称和数组中该元素的行下标和列下标。例如，以下语句输出数组 arry 的所有元素值。

```
for(i = 0;i<2;i++)
    for(j = 0;j<3;j++)
        Console.Write("{0} ", arry[i,j]);
Console.WriteLine();
```

对于多维数组，也可以使用 foreach 语句来循环访问每一个元素。foreach 语句可用于为二维数组中的每一个元素执行一遍循环体中的语句，以下举例说明使用方法。

【例3-4】 创建控制台程序，打印二维数组中各元素及所有元素的和。

```
using System;
using System.Collections.Generic;
```

```csharp
using System.Linq;
using System.Text;
namespace P3_4
{
    class Program
    {
        static void Main(string[] args)
        {
            int sum = 0;                             //定义一个整数类型的二维数组
            int[,] arry = new int[3, 2] { {1, 2}, {3,4}, {5,6} };
            foreach(int elements in arry)   //显示二维数组中各元素
            {
                Console.Write("{0},", elements);
                sum += elements;             //存放数组元素的迭代变量 elements 参与运算
            }
            Console.Write("sum = {0}", sum);
            Console.ReadLine();
        }
    }
}
```

程序输出结果如下：

1,2,3,4,5,6,sum = 21

本程序中，arry 就代表 foreach 语句中的数组，elements 就是循环变量，并且该变量的数据类型必须与数组元素的数据类型一致，为 int 型。根据上述 foreach 语句可知，执行过程是依次从数组 arry 中取出一个元素存放到迭代变量 elements 中显示输出。

2. 二维数组的应用

【例 3-5】 设计一个控制台应用程序，输出九行杨辉三角形。

```csharp
using System;
namespace P3_5
{   class Program
    {   const int N = 10;
        static void Main(string[] args)
        {   int i,j;
            int[,] a = new int[N,N];
            for(i = 1;i<N;i++)                    //1 列和对角线元素均为 1
            {  a[i,i] = 1;   a[i,1] = 1;  }
            for(i = 3;i<N;i++)                    //求第 3～N 行的元素值
                for(j = 2;j<= i-1;j++)
                    a[i,j] = a[i-1,j-1] + a[i-1,j];
            for(i = 1;i<N;i++)                    //输出数序
```

```
        {    for(j = 1;j <= i;j++)
                Console.Write("{0,-2} ",a[i,j]);
             Console.WriteLine();
        }
        Console.Read();
    }
  }
}
```

运行结果如图 3-3 所示。

图 3-3 杨辉三角形

【例 3-6】 设有矩阵：

$$\begin{bmatrix} 1 & 2 & 3 & 4 & 5 \\ 2 & 4 & 6 & 8 & 10 \\ 3 & 6 & 9 & 12 & 15 \\ 4 & 8 & 12 & 16 & 20 \\ 5 & 10 & 15 & 20 & 25 \end{bmatrix}$$

编写程序，计算并输出所有元素的平均值、两对角线元素之和。

分析：处理该矩阵时，假设使用二维数组 numbers 来表示，则各元素的值可以由通式 "numbers [i, j] = (i + 1) * (j + 1)" 得到。

```
using System;
using System.Collections.Generic;
using System.Text;
namespace P3_6
{
    class Program
    {
        static void Main(string[] args)
        {
            int i, j, sum, sum1, sum2;
            sum = 0;
            sum1 = 0;
            sum2 = 0;
```

```
            float average;
            int[,] numbers;
            numbers = new int[5, 5];                              //创建数组实例
            for(i = 0; i < 5; i++)
            {
                for(j = 0; j < 5; j++)
                {
                    numbers[i, j] = (i + 1) * (j + 1);            // 给数组元素赋值
                    sum += numbers[i, j];
                }
            }
            average = (float)(sum / 25.0);
            for(i = 0; i < 5; i++)
            {
                sum2 += (numbers[i, i] + numbers[i, 4 - i]);      //累加两对角线元素
            }
            sum2 -= numbers[2, 2];                                // 减去重加的元素
            Console.WriteLine("所有元素的平均值:{0}", average);
            Console.WriteLine("两对角线的元素之和:{0}", sum2);
            Console.Read();
        }
    }
}
```

运行结果如下：

所有元素的平均值:9

两对角线元素之和:90

3.1.5 交错数组

交错数组是元素为数组的数组，每个元素（又是数组）的维度和大小可以不同。而多维数组是每个元素（又是数组）的维度和大小均相同。

1. 交错数组的定义和初始化

以下语句定义了一个由 3 个元素组成的一维数组 arrj，其中，每个元素都是一个一维整数数组：

```
int[][] arrj = new int[3][];
```

必须初始化 arrj 的元素后才可以使用它，可以如下所示初始化该元素：

```
arrj[0] = new int[5];
arrj[1] = new int[4];
arrj[2] = new int[2];
```

2. 访问交错数组中的元素

交错数组元素与多维数组类的访问方式类似，通常使用 Length 方法返回包含在交错数组中数组的数目。例如，以下程序定义一个交错数组 myarr 并初始化，最后输出所有元素的值。

```
int[][] myarr = new int[3][];
myarr[0] = new int[] {1,2,3,4,5,6};
myarr[1] = new int[] {7,8,9,10};
myarr[2] = new int[] {11,12};
for(int i = 0; i < myarr.Length; i++)
{   Console.Write("myarr({0}): ", i);
    for(int j = 0; j < myarr[i].Length; j++)
        Console.Write("{0} ", myarr[i][j]);
    Console.WriteLine();
}
```

程序运行结果如下：

myarr(0): 1 2 3 4 5 6
myarr(1): 7 8 9 10
myarr(2): 11 12

3.1.6 数组的属性和方法

在 C# 中，数组实际上是对象。System.Array 是所有数组类型的抽象基类型，它提供创建、操作、搜索和排序数组的方法，因而在公共语言运行库中用作所有数组的基类。

1. Length 属性

Length 属性是只读属性，用于返回数组所有维数中元素个数的总数，即数组的大小。Length 属性的一般形式为：

<数组名>.Length

2. Rank 属性

Rank 属性是只读属性，用于返回数组的维数。Rank 属性的一般形式为：

<数组名>.Rank

3. Sort 方法

Sort 方法用于对一维数组排序，它是 Array 类的静态方法。Sort 方法按从小到大的顺序排序，如对于数值型数组，按数值大小排序；对于字符串数组，则按字符编码的大小排序，首先比较字符串的第一个字符，若第一个字符相同则比较第二个字符，依此类推，直到分出大小为止。Sort 方法的语法格式为：

Array.Sort(<数组名>)

4. Reverse 方法

Reverse 方法用于反转一维数组，即第一个元素变成新数组的最后一个元素，第二个元素变成新数组的倒数第二个元素，依此类推。Reverse 方法的语法格式为：

Array.Reverse(<数组名>)

5. GetLowerBound 方法与 GetUpperBound 方法

GetLowerBound 方法和 GetUpperBound 方法用于返回数组指定维度的下限与上限，其中，维度是指数组维的索引号。同样，维度的索引也是从 0 开始，即第一维的维度为 0，第二维的维度为 1，…，依此类推。GetLowerBound 方法和 GetUpperBound 方法的语法格式分别为：

<数组名>.GetLowerBound(<维度>) 和 <数组名>.GetUpperBound(<维度>)

6. Clear 方法

清除数组中所有元素的值，重新初始化数组中所有的元素，即把数组中的所有元素设置为 0、false 或 null，其语法格式为：

Array.Clear(<要清除的数组名>,<要清除的第一个元素的索引>,<要清除元素的个数>)

7. Copy 方法

Copy 方法与 System.Array 类提供了一个静态方法，其作用是将一个数组的部分元素内容复制给另外一个数组，并指定复制元素的个数，其语法格式为：

Array.Copy(<被复制的数组>,<目标数组>,<复制元素的个数>)

8. CopyTo 方法

CopyTo 方法与 Copy 方法一样，其作用是将一个数组的所有元素复制给另外一个数组，并从指定的索引处开始复制，其语法格式为：

<被复制的数组>.CopyTo(<目标数组>,<复制的起始索引>)

9. Clone 方法

Clone 方法是实例方法，使用 Clone 方法，可以在一次调用中创建一个完整的数组实例并完成复制。

【例 3-7】 设计一个控制台应用程序，产生 10 个 0~19 的随机整数，对其递增排序并输出。

```
using System;
namespace P3_7
{
    class Program
    {
        static void Main(string[] args)
        {
```

```
                int i,k;
                int[] myarr = new int[10];         //定义一个一维数组
                Random randobj = new Random();     //定义一个随机对象
                for(i = 0; i <= myarr.GetUpperBound(0); i++)
                {   k = randobj.Next() % 20;       //返回一个0~19的正整数
                    myarr[i] = k;                  //给数组元素赋值
                }
                Console.Write("随机数序:");
                for(i = 0; i <= myarr.GetUpperBound(0); i++)
                    Console.Write("{0} ", myarr.GetValue(i));
                Console.WriteLine();
                Array.Sort(myarr);                 //数组排序
                Console.Write("排序数序:");
                for(i = 0; i <= myarr.GetUpperBound(0); i++)
                    Console.Write("{0} ", myarr.GetValue(i));
                Console.WriteLine();
            }
        }
    }
```

程序运行结果如下:

随机数序:3 14 19 16 2 8 14 9 12 11
排序数序:2 3 8 9 11 12 14 14 16 19

3.1.7 字符和数组串之间的转换

1. 字符串到字符数组的转换

字符串类 System.String 提供了一个 void ToCharArray() 方法,该方法可以实现字符串到字符数组的转换。例如:

```
private void TestStringChars()
{
string str = "mytest";
char[] chars = str.ToCharArray();
Console.WriteLine("Length of str is{0}", str.Length );
Console.WriteLine("Length of char array is{0}" , chars.Length);
Console.WriteLine("char[2] = {0}" , chars[2]);
}
```

例中,对转换得到的字符数组长度和它的一个元素进行了测试,结果如下:

Length of str is 6
Length of char array is 6
char[2] = t

2. 字符数组转换成字符串

使用 System.String 类的构造函数来解决字符数组转换成字符串的问题。

System.String 类有两个构造函数是通过字符数组来构造的，即 String（char []）和 String（char []，int，int）。后者之所以多两个参数，是因为可以指定用字符数组中的哪一部分来构造字符串，而前者则是用字符数组的全部元素来构造字符串。以前者为例，输入如下语句：

```
char[] tcs = {'t','e','s','t',' ','m','e'};
string tstr = new String(tcs);
Console.WriteLine("tstr = <{0}>" , tstr );
```

运行结果输入 tstr=<test me>，说明转换成功。

3.2 字符串

字符串是应用程序和用户交互的主要方式，.NET 提供了 System.String 类和 System.Text.StringBuilder 类来实现字符串的操作。

3.2.1 String 类

并面介绍了 string 类型表示字符串，实际上 string 类型是 .NET Framework 中 String 类的别名。string 类型定义了相等运算符（＝＝和！＝）用于比较两个 string 对象，另外，＋运算符用于连接字符串，[] 运算符可以用来访问 string 中的各个字符。

> **注意：**
> 对于引用类型的数据而言，"＝＝" 一般是指比较两个引用（地址）是否一样，但是对于字符串来说，"＝＝" 则是指比较两个字符串的值是否相等。之所以这样规定，主要是因为字符串的使用场合比较多，用 "＝＝" 书写起来比较方便。

String 字符串类位于 System 命名空间下，是 Unicode 字符的有序集合，用于对字符串的处理。String 对象的值是该有序集合的内容，并且该值是不可变的。例如：

```
String myString = "some text";
```

String 对象是"不可变的"，因为无法直接修改给该字符串分配堆中的字符串。例如：

```
myString + = " and a bit more";
```

其实际操作并不是在原来 myString 所占内存空间的后面直接附加上第二个字符串，而是返回一个新 String 对象，即重新为新字符串分配内存空间。如果需要修改字符串对象的实际内容，请使用 System.Text.StringBuilder 类。

String 字符串类常用的属性如表 3-1 所示，常用的方法如表 3-2 所示，使用这些属性和方法为字符串的处理带来极大的方便。

表 3-1 String 字符串类常用的属性

属 性	说 明
Chars	获取此字符串中位于指定字符位置的字符
Length	获取此字符串中的字符数

表 3-2 String 字符串类常用的方法

方 法	说 明
Compare	静态方法。比较两个指定的 String 对象
CompareTo	非静态方法。将此字符串与指定的 String 进行比较，并返回两者相对值的指示
Concat	静态方法。连接 String 的一个或多个字符串
Contains	非静态方法。返回一个值，该值指示指定的 String 对象是否出现在此字符串中
Equals	非静态方法。确定两个 String 对象是否具有相同的值
Format	静态方法。将指定 String 中的每个格式项替换为相应对象值的文本等效项
IndexOf	非静态方法。返回 String 或一个或多个字符在此字符串中的第一个匹配项的索引
Insert	非静态方法。在该 String 中指定索引位置插入一个指定的 String
Remove	非静态方法。从该 String 中删除指定个数的字符
Replace	非静态方法。将该 String 中指定 String 的所有匹配项替换为其他指定的 String 匹配项
Split	非静态方法。返回包含该 String 中的子字符串（由指定 Char 或 String 数组的元素分隔）的 String 数组
Substring	非静态方法。从此字符串中检索子字符串
ToLower	非静态方法。返回该 String 转换为小写形式的副本
ToUpper	非静态方法。返回该 String 转换为大写形式的副本
Trim	非静态方法。从此字符串的开始位置和末尾位置移除一组指定字符的所有匹配项

📢 注意：

一个类的方法有静态方法和非静态方法之分。对于静态方法，只能通过类名调用，而对于非静态方法，则需通过类的对象来调用。

1. 字符串的建立

(1) 通过直接赋值建立字符串。例如：

String str1 = "abc";

在 C# 中，可以在字符串前边加上字符@表示该字符串中所有字符是其原来的含义，而不是解释为转意字符。例如：

string myString = "C:\\IWindows";   //正确，"\\"转义为"\"
string myString = @C:\IWindows";   //正确

对于使用"@" 开始的字符串标识，编译器将忽略其中的转义符，而将其直接作为字符处理。

string myString = "C:\Windows";   //错误

因为"\" 被认为是转义符的开始，而"\W" 却不是系统内置的转义符，因此编译出错。

(2) 使用字符型数组建立字符串。例如：

char[] ch = {'程','序','设','计'};
string str = new String(ch);

2. 比较字符串

比较字符串是指按照词典排序规则，判断两个字符串的相对大小。使用 Compare、Equals 方法可以进行 String 字符串对象的比较。

(1) Compare 方法

Compare 方法是 String 类的静态方法，通过 String 调用，其基本格式如下：

String. Compare(String str1,String str2)
String. Compare(String str1,String str2,Boolean ignorCase)

其中，str1 和 str2 指出要比较的两个字符串，ignorCase 指出是否考虑大小写。若为 True，表示忽略大小写；若为 False，则表示需要注意大小写。当 str1 小于 str2，返回一个负整数；当 str1 等于 str2，返回 0；当 str1 大于 str2，返回一个正整数。例如：

String str1 = "abc";
String str2 = "xyz";
int m = String.Compare(str1, str2);   //则 m = -1

(2) Equals 方法

Equals 方法可以进行 String 字符串对象相等的比较。例如：

str1.Equals(str2);   //检测字串 str1 是否与字串 str2 相等,返回布尔值。

3. 求子字符串位置

(1) IndexOf 方法

IndexOf (string s) 返回指定子字符串 s 第一个匹配项的位置。例如：

```
String str1 = "子字符串";
str1.IndexOf("字");        //查找"字"在 str1 中的索引值(位置)
str1.IndexOf("字串");       //查找"字串"第一个字符在 str1 中的索引值(位置)
str1.IndexOf("字串",3,2);//从 str1 第 4 个字符起,查找 2 个字符,查找"字串"第一个在 str1 中
                           匹配的索引值(位置)
```

(2) LastIndexOf 方法

LastIndexOf（string s）返回指定子字符串 s 最后一个匹配项的位置。

4. 字符串复制

(1) Copy 方法

使用 Copy（String str）创建一个与指定的 String 字符串具有相同值的新 String 实例。例如：

```
String str1 = "abc";
String str2 = "xyz";
str2 = String.Copy(str1);    //结果为 str2 = "abc";
```

(2) CopyTo 方法

使用 CopyTo（int sourceIndex, char [] destination, int destinationIndex, int count）可将字符串或部分字符串复制到 Char 类型数组的指定位置。例如：

```
string strSource = "changed";
char[] destination = {'T','h','i','s',' ','i','s',' ','a',' ','b','o','o','k'};
Console.WriteLine( destination );      //输出 This is a book
//复制全部源串 strSource 到 destination 数组(第 4 元素位置开始存放)
strSource.CopyTo( 0, destination, 4, strSource.Length );
Console.WriteLine( destination );      //输出 Thischangebook
strSource = "A different string";
//复制部分源串 strSource 到 destination 数组
strSource.CopyTo( 2, destination, 3, 9 );
Console.WriteLine( destination );      // 输出 Thidifferentok
```

5. 分割字符串

使用 Split（char [] separator）方法可以通过将字符串按 separator 指定字符分隔为子字符串，从而将 String 对象拆分为字符串数组。例如：

```
String str = "This is a book";
String[] a = str.Split(' ');    //按空格字符分割
for(int i = 0;i<a.Length ;i++)
    Console.WriteLine(a[i]);
```

输出结果如下：

```
This
is
```

a
book

6. 插入字符串

可以用 Insert 在任意位置插入任意字符。而使用 PadLeft/PadRight 方法，可以在一个字符串的左右两侧进行字符填充。

（1）Insert 方法

Insert 方法用于在一个字符串的指定位置插入另一个字符串，从而构造一个新的字符串。其格式如下：

public string Insert(int start Index, string value)

其中，参数 startlndex 用于指定所要插入的位置，从 0 开始索引；value 指定所要插入的另一个字符串。下例中，在"Hello" 的字符"H" 后面插入"World"，构造一个串"HWorldello"。

```
string newstr = "";
stringstrA = "Hello",strB = "World";
newstr = strA.Insert(1,strB);
Console.WriteLine(newstr);   //输出为:"HWorldello"
```

（2）PadLeft/PadRight 方法

PadLeft 和 PadRight 可以分别在它们字符串的左边和右边填充字符。这两个方法有一个代表总长度的整型数，添加的字符数等于填充的总长度减去字符串的当前长度。

PadLeft(int totalWidth, char paddingChar)

在字符串左边用 paddingChar 填充以达到指定的 totalWidth 总长度。

PadLeft(int totalWidth)

在字符串左边用空格填充以达到指定的 totalWidth 总长度。

PadRight(int totalWidth, char paddingChar)

在字符串右边用 paddingChar 填充以达到指定的 totalWidth 总长度。

PadRight(int totalWidth)

在字符串右边用空格填充以达到指定的 totalWidth 总长度。例如：

```
string aa = "World";
string bb = aa.PadLeft(8);     //右对齐此实例中的字符,bb = "World"
string cc = aa.PadLeft(8,'0');//右对齐此实例中的字符,bb = "000World"
```

> 📢 注意：
> 第二个参数为 char 类型，所以用单引号，也可以用 Convert.ToChar（string value）把字符串转换成 char 类型。如果字符串长度大于 1，则使用 str.ToCharArray()[index]。

7. 删除与替换字符串

String 类包含了删除子字符串的方法，可以用 Remove 方法在任意位置删除任意长度的子字符串，也可以使用 Trim、TrimEnd 和 TrimStart 方法剪切掉字符串中一些特定的字符。

（1）Remove 方法

public stringRemove(int start Index, int count)

删除从 startIndex 开始的 count 个字符。

public stringRemove(int start Index, int count)

删除从 startIndex 到字符串结尾的子字符串。
例如：

```
String str = "This is a book";
Stringnewstr1 = str.Remove(4);      //newstr1 = "This"
Stringnewstr2 = str.Remove(4,5);    //newstr2 = "This book "
```

（2）Trim、TrimEnd 和 TrimStart 方法

使用 Trim 方法可以很方便地从字符串的两端移除空白，TrimEnd 方法从字符串的结尾移除字符，String.TrimStart 方法类似于 String.TrimEnd 方法，不同之处在于：它通过从现有字符串对象的开头移除字符来创建新的字符串。例如：

```
String MyString = " Big";
Console.WriteLine("Hello{0}World!", MyString );
string TrimString = MyString.Trim();
Console.WriteLine("Hello{0}World!", TrimString );
```

以上代码将以下两行显示到控制台：

Hello Big World!
HelloBigWorld!

（3）Replace 方法

可以用另一个指定的字符来替换字符串内的字符。

public stringReplace(char oldChar, char newChar)

将 oldChar 的所有匹配项均替换为 newChar。例如：

```
String s = "This is a book";
String s1 = s.Replace('s','b');//结果为"Thib ib a book"
```

8. 更改字符串大小写

String.ToUpper 方法将字符串中的所有字符转换为大写；String.ToLower 方法将字符串中的所有字符转换为小写。下面的示例将字符串"Hello World!"从混合大小写全部转化为大写。

```csharp
String MyString = "Hello World!";
Console.WriteLine(MyString.ToUpper());
```

9. 字符串合并

String.Join 方法用一个字符串数组和一个分隔符创建一个新的字符串。如果将多个字符串连接在一起,构成一个可以用逗号分隔的列表,则此方法非常有用。下面的示例使用逗号分隔符来连接一个字符串数组,从而产生一个新字符串。

```csharp
string[] MyString = {"Hello", "and", "welcome", "to", "my", "world!"};
Console.WriteLine(String.Join(",", MyString));
```

此代码将 Hello,and,welcome,to,my world! 显示到控制台。

【例3-8】 设计一个控制台程序,求用户输入的子串在主串中的位置。

```csharp
using System;
namespace ex3_8
{
    class Program
    {
        static void Main(string[] args)
        {
            String mstr,sstr;
            Console.Write("输入主串:");
            mstr = Console.ReadLine();
            Console.Write("输入子串:");
            sstr = Console.ReadLine();
            Console.WriteLine("主串长度={0},子串长度={1}",
                mstr.Length, sstr.Length);
            if(String.Compare(mstr, sstr)! = 0)   //使用静态方法
                Console.WriteLine("位置:{0}", mstr.IndexOf(sstr));
            else
                Console.WriteLine("两个字符串相同");
        }
    }
}
```

【例3-9】 设计一个控制台程序,从"{totalpage:21,frompage:1,topage:10}"字符串中取出其中的3个数字。注意3个数字不是固定大小的。

```csharp
using System;
namespace ex3_9
{
    class Program
    {
        static void Main(string[] args)
        {
            string m = "{totalpage:217,fromage:1,topage:15}";
```

```
            m = m.Substring(11);
            int n1 = m.IndexOf(',');
            string m1 = m.Substring(0, n1);
            m = m.Substring(n1 + 10);
            int n2 = m.IndexOf(',');
            string m2 = m.Substring(0, n2);
            m = m.Substring(n2 + 8);
            int n3 = m.IndexOf('}');
            string m3 = m.Substring(0, n3);
            Console.WriteLine(m1);      //217
            Console.WriteLine(m2);      //1
            Console.WriteLine(m3);      //15
            Console.ReadLine();
        }
    }
}
```

3.2.2 StringBuilder 类

StringBuilder 类位于 System.Text 命名空间下，每次使用 StringBuilder 类重新生成新字符串时不是再生成一个新实例，而是直接在原来字符串占用的内存空间上进行处理，而且它可以动态的分配占用内存空间的大小。因此，在字符串处理操作比较多的情况下，使用 StringBuilder 类可以大大提高系统的性能。

例如，当在一个循环中将许多字符串连接在一起时，使用 StringBuilder 类可以提升性能。通过使用一个重载的构造函数方法初始化变量，可以创建 StringBuilder 类的新实例，正如以下示例中所阐释的那样。

```
StringBuilder MyStringBuilder = new StringBuilder("Hello World!");
```

虽然 StringBuilder 类的对象是动态对象，允许扩充它所封装的字符串中字符的数量，也可以为它可容纳的最大字符数指定一个值，此值称为该对象的容量，但是不应该将它与当前 StringBuilder 对象容纳的字符串长度混淆在一起。例如，可以创建 StringBuilder 类带有字符串"Hello"（长度为 5）的一个新实例，同时可以指定该对象的最大容量为 25。当修改 StringBuilder 时，在达到容量之前，它不会为自己重新分配空间；当达到容量时，它将会自动分配新的空间且容量翻倍。可以使用重载的构造函数之一来指定 StringBuilder 类的容量。以下代码示例指定可以将 MyStringBuilder 对象最大扩充到 25 个字符。

```
StringBuilder MyStringBuilder = new StringBuilder("Hello World!", 25);
```

另外，可以使用读/写 Capacity 属性来设置对象的最大长度。以下代码示例使用 Capacity 属性来定义对象的最大长度。

```
MyStringBuilder.Capacity = 25;
```

StringBuilder 类的几个常用方法：

（1）Append 方法可用来将文本或对象的字符串表示形式添加到由当前 StringBuilder 对象表示的字符串的结尾处。以下示例将一个 StringBuilder 对象初始化为 "Hello World"，然后将一些文本追加到该对象的结尾处，根据需要自动分配空间。

```
StringBuilder MyStringBuilder = new StringBuilder("Hello World!");
MyStringBuilder.Append(" What a beautiful day.");
Console.WriteLine(MyStringBuilder);
```

此示例将 "Hello World!"、"What a beautiful day." 显示到控制台。

（2）AppendFormat 方法将文本添加到 StringBuilder 的结尾处，而且实现了 IFormattable 接口，因此可接受格式化部分中描述的标准格式字符串。可以使用此方法来自定义变量的格式并将这些值追加到 StringBuilder 的后面。以下示例使用 AppendFormat 方法，将一个设置为货币值格式的整数值放置到 StringBuilder 的结尾。

```
int MyInt = 25;
StringBuilder MyStringBuilder = new StringBuilder("Your total is ");
MyStringBuilder.AppendFormat("{0:C} ", MyInt);
Console.WriteLine(MyStringBuilder);
```

此示例将 "Your total is ＄25.00" 显示到控制台。

（3）Insert 方法将字符串或对象添加到当前 StringBuilder 中的指定位置。以下示例使用此方法将一个单词插入到 StringBuilder 的第六个位置。

```
StringBuilder MyStringBuilder = new StringBuilder("Hello World!");
MyStringBuilder.Insert(6,"Beautiful ");
Console.WriteLine(MyStringBuilder);
```

此示例将 "Hello Beautiful World!" 显示到控制台。

（4）可以使用 Remove 方法从当前 StringBuilder 中移除指定数量的字符，移除过程以指定的从零开始的索引处开始。以下示例使用 Remove 方法缩短 StringBuilder。

```
StringBuilder MyStringBuilder = new StringBuilder("Hello World!");
MyStringBuilder.Remove(5,7);
Console.WriteLine(MyStringBuilder);
```

此示例将 "Hello" 显示到控制台。

（5）使用 Replace 方法，可以用另一个指定的字符来替换 StringBuilder 对象内的字符。以下示例使用 Replace 方法来搜索 StringBuilder 对象，查找所有的感叹号字符（!），并用问号字符（?）来替换它们。

```
StringBuilder MyStringBuilder = new StringBuilder("Hello World!");
MyStringBuilder.Replace('!', '?');
Console.WriteLine(MyStringBuilder);
```

此示例将 "Hello World?" 显示到控制台。

3.3 集合

集合是指一组组合在一起的、性质相似的类型化对象。将紧密相关的数据组合到一个集合中，可以更有效地对其进行管理，如可以用 foreach 语句来处理一个集合的所有元素等。

对于一般的集合，虽然可以使用 System 命名空间下的 Array 类和 System.Collections 命名空间下的类添加、移除和修改集合中的个别元素或某一范围内的元素，甚至可以将整个集合复制到另一个集合中，但是由于这种方法无法在编译代码前确定数据的类型，运行时很可能需要频繁地装箱和拆箱操作进行数据类型转换，导致运行效率降低，且产生运行错误时，提示的信息让人不明原因。因此，在实际项目中，一般使用 System.Collections.Generic 命名空间下的泛型集合类对集合进行操作。

在 .NET 2.0 以上的版本，集合可以分为泛型集合类和非泛型集合类。泛型集合类一般位于 System.Collections.Generic 命名空间，非泛型集合类位于 System.Collections 命名空间，除此之外，在 System.Collection.Specialized 命名空间中也包含了一些有用的集合类。

System.Collections 命名空间包含接口和类，这些接口和类定义各种集合（如列表、队列、位数组、哈希表和字典），如表 3-3 所示。

表 3-3 System.Collections 命名空间中的集合

集合	说明
ArrayList	使用大小可按需增加的动态数组
BitArray	管理位值的数组，该值表示为布尔值，其 true 表示位是打开（1），false 表示位是关闭（0）
DictionaryBase	键或值对的强类型集合
Hashtable	表示键或值对的集合，这些键或值对根据键的哈希代码进行组织
Queue	表示对象的先进先出集合
SortedList	表示键或值对的集合，这些键或值对按键排序并可按照键和索引访问
Stack	表示对象简单的后进先出非泛型集合

3.3.1 ArrayList 数组列表

数组列表（ArrayList）主要用于对一个数组中的元素进行各种处理。在某些情况下，普通数组可能显得不够灵活。

ArrayList 类可以视作 Array 与 Collection 对象的结合，该类既有数组的特征又有集合的特性。例如，既可以通过下标进行元素访问，对元素排序、搜索，又可以像处理集合一样添加、在指定索引处插入及删除元素。

由于 ArrayList 中元素的类型默认为 object 类型，因此，在获取集合元素时需要进行强制类型转换。并且 object 是引用类型，在与值类型进行转换时，会引起装箱和拆箱的操作，需要付出一些性能损失的代价。

1. 创建列表

为了创建 ArrayList，可以使用 3 种重载构造函数中的一种，还可以使用 ArrayList 的静态方法 Repeat 创建一个新的 ArrayList。这 3 种构造函数的声明如下所示。

（1）public ArrayList（）：使用默认的初始容量创建 ArrayList，该实例并没有任何元素。

（2）public ArrayList（ICollection c）：使用实现了 ICollection 接口的集合类来初始化新创建的 ArrayList，该新实例与参数中的集合具有相同的初始容量。

（3）public ArrayList（int capacity）：由指定一个整数值来初始化 ArrayList 的容量。

2. 添加元素

有两种方法可以用于向 ArrayList 添加元素：Add 方法和 AddRange 方法。

（1）Add 方法

public virtual int Add(Object value)

功能：将单个元素 value 添加到列表的尾部。

（2）AddRange 方法

public virtual void AddRange(ICollection c)

功能：将一个实现 ICollection 接口的集合实例 c（如 Array、Queue、Stack 等），按顺序添加到列表的尾部。

下面的代码演示了如何向 ArrayList 添加元素。

```csharp
using System;
using System.Collections;
using System.Linq;
using System.Text;
namespace test
{
    class Program
    {
        static void Main(string[] args)
        {
            //声明一个接受 20 个元素的 ArrayList
            ArrayList a = new ArrayList(20);
            //使用 ArrayList 的 Add 方法添加集合元素
            a.Add("one");
```

```
            a.Add("two");
            a.Add("three");
            a.Add("four");
            string[] strs = { "five", "six", "seven" };
            a.AddRange(strs);    // AddRange 方法将数组参数 strs 中元素顺序添加
            foreach(string str in a)
            {
                Console.Write(str);
            }
            Console.ReadLine();
        }
    }
}
```

运行结果如下：

onetwothreefourfivesixseven

> **注意：**
> 为了实现上面的例子，必须在 using 区添加 System.Collections 命名空间。

3．插入元素

插入元素也是向集合中增加元素，与添加（Add 或 AddRange）元素不同的是，插入元素可以指定要插入位置的索引，而添加只能在集合的尾部顺序添加。插入元素也有两种方法：Insert 方法和 InsertRange 方法。

（1）Insert 方法

public virtual void Insert(int index, object value);

功能：在指定的索引位置 index 处添加单个元素值 value。

（2）InsertRange

public virtual void InsertRange(int index, ICollection c);

功能：在指定的索引位置 index 处添加实现了 ICollection 接口的集合实例。

4．删除元素

ArrayList 提供了 3 种方法将指定元素从集合中移除，这 3 种方法是 Remove、RemoveAt 和 RemoveRange 方法。

（1）Remove 方法

public virtual void Remove(object obj);

功能：从 ArrayList 实例中删除与 obj 值匹配的第一个元素。

(2) RemoveAt 方法

public virtual void RemoveAt(int index);

功能：删除指定索引位置 index 处的集合元素。

(3) RemoveRange 方法

public virtual void RemoveRange(int index, int count);

功能：RemoveRange 方法从集合中移除指定索引位置 index 处开始的 count 个元素。

下面的示例演示了使用 Remove 方法。

```csharp
using System;
using System.Collections;
using System.Linq;
using System.Text;
class Program
{
    static void Main(string[] args)
    {
        ArrayList a = new ArrayList(20);
        a.AddRange(new string[8] { "one", "two", "three", "four", "five", "six", "seven", "eight" });
        a.Remove("three");         //调用 Remove 方法删除元素
        a.RemoveAt(5);             //调用 RemoveAt 方法删除指定索引位置元素
        a.RemoveRange(3, 2);       //调用 RemoveRange 方法删除指定范围的元素
        foreach(string s in a)
        {
            Console.WriteLine(s);
        }
        Console.ReadLine();
    }
}
```

程序输出结果为：

one
two
four
eight

5. 简单排序

使用 Sort 方法，可以对集合中的元素进行排序。Sort 有 3 种重载方法，声明代码如下所示。

(1)public virtual void Sort();

功能：使用集合元素的比较方式进行排序。

(2)public virtual void Sort(IComparer comparer);

功能：使用自定义比较器进行排序。

(3)public virtual void Sort(int index, int count, IComparer comparer)。

功能：使用自定义比较器进行指定范围的排序。

6. 查找元素

为了在数组列表中查找元素，最常用的是 IndexOf 或 LastIndexOf 方法。另外，还可以使用 BinarySearch 方法执行搜索。

（1）IndexOf 方法

IndexOf 方法从前向后搜索指定的字符串，如果找到，返回匹配的第一项自 0 开始的索引；否则，返回 −1。

（2）LastIndexOf 方法

LastIndexOf 方法从后向前搜索指定的字符串，如果找到，返回匹配的最后一项的自 0 开始的索引；否则，返回 −1。

（3）BinarySearch 方法

BinarySearch 使用二分算法从集合中搜索指定的值，并返回找到从 0 开始的索引；否则，返回 −1。下面的示例代码将演示如何使用这些方法来查找数组中的元素。

```
using System;
using System.Collections;
using System.Linq;
using System.Text;
class Program
{
    static void Main(string[] args)
    {
        string[] str = { "one", "two", "three", "four", "five", "six" };
        ArrayList a = new ArrayList(str);
        int index = a.IndexOf("four");
        Console.WriteLine("four 在集合中的位置是" + index);
        index = a.LastIndexOf("six");
        Console.WriteLine("six 在集合中的位置是" + index);
        index = a.BinarySearch("four");
        if(index > 0)
            Console.WriteLine("four 在集合中的位置是" + index);
        else
            Console.WriteLine("没有找到 four!");
        Console.ReadLine();
```

}
}
```

程序的执行结果如下：

```
four 在集合中的位置是 3
six 在集合中的位置是 5
没有找到 four!
```

3.3.2 Stack 堆栈

堆栈（Stack）用于实现一个后进先出（Last In First Out，LIFO）的机制。元素在堆的顶部进入堆栈（push 或者入栈操作），也从顶部离开堆栈（pop 或者出栈操作）。也就是说，最后一个进入堆栈的数据总是第一个离开堆栈。下面介绍如何创建堆栈，以及如何向堆栈中添加、移除元素。

1. 创建堆栈

为了创建 Stack 类的实例，需要调用 Stack 类提供的构造函数。Statck 类的构造函数提供了 3 种重载形式，声明代码如下所示。

（1）public Stack ()

使用默认的初始容量创建 Stack 类的新实例。

（2）public Stack (ICollection col)

使用从 ICollection 集合复制的元素来创建 Stack 类的实例，并具有与集合元素数目相同的初始容量。

（3）public Stack (int initialCapacity)

通过指定初始容量来创建 Stack 类的实例。

下面的代码示范了这 3 种构造函数的使用方法。

```
Stack sack = new Stack();//使用默认容量
//使用由 string 数组中的集合元素初始化堆栈对象
Stack sack1 = new Stack(new string[5]{ "堆栈元素一","堆栈元素二","堆栈元素三","堆栈元素四","堆栈元素五" });
//创建堆栈对象并指定 20 个元素
Stack sack2 = new Stack(20);
```

2. 元素入栈

为了将元素压入堆栈，可以调用 Stack 类的 Push 方法，这个方法的声明如下所示。

```
public virtual void Push(object obj)
```

这个方法需要一个 object 类型的参数 obj，表示要被压入到堆中的对象。下面的代码演示了压入栈的操作。

```
//声明并实例化一个新的 Stack 类
Stack sk = new Stack();
```
```

```
//调用 Push 方法压入堆栈
sk.Push("one");
sk.Push("two");
sk.Push("three");
```

3. 元素出栈

元素出栈是指移除 Stack 顶部的元素，并返回这个元素的引用。可以通过调用 Pop 方法来实现元素出栈。另外，Stack 还提供了 Peek 方法，用于获取顶部元素对象，这个方法并不移除顶部元素。这两个方法的声明如下所示。

```
public virtual object Peek();
public virtual object Pop();
```

下面将通过示例代码来演示元素出栈的操作。

```
static void Main(string[] args)
{
    Stack sk = new Stack();
    sk.Push("China");     sk.Push("Japan");
    sk.Push("America");   sk.Push("Germany");
    Console.Write("堆栈顶部的元素是:");
    Console.WriteLine(sk.Peek());
    Console.WriteLine("移除顶部的元素:{0}", sk.Pop());
    Console.Write("当前的堆栈中的元素是:");
    Console.WriteLine(sk.Peek());
    foreach(object s in sk)//在控制台窗口中显示堆栈内容
    {
        Console.WriteLine(s);
    }
    Console.ReadLine();
}
```

示例代码的执行结果如下：

```
堆栈顶部的元素是:Germany
移除顶部的元素:Germany
当前的堆栈中的元素是:America
America
Japan
China
```

3.3.3 Queue 队列

队列（Queue）用于实现了一个先进先出（First In First Out，FIFO）的机制。元素将在队列的尾部插入（入队操作），并从队列的头部移除（出队操作）。

1. 创建队列

为了创建 Queue 类的实例,需要调用 Queue 类的构造函数。System.Collections.Queue 类提供了 4 种重载构造函数,声明代码如下所示。

(1) public Queue ()

构造默认容量为 32 个元素,默认等比因子为 2 的 Queue 新实例。

(2) public Queue (ICollection col)

使用实现了 ICollection 接口的集合来初始化,并使用默认等比因子构造 Queue 新实例。

(3) public Queue (int capacity)

使用指定的容量和默认的等比因子构造 Queue 新实例。

(4) public Queue (int capacity, float growFactor)

使用指定的容量和指定的等比因子构造 Queue 新实例。

上面的注释中提到了等比因子,Queue 中的等比因子是指:当需要扩大容量时,以当前容量乘以等比因子的值来自动增加容量。例如,当前容量是 5,如果希望当容量需要扩大时一次性扩大到 10,则设等比因子为 2,那么下一次再扩大容量时,再以当前容量 10 乘以 2,则为 20,以此类推。下面的代码片断演示了如何构造 Queue。

```
Queue qu = new Queue();        //使用默认构造函数构造 Queue
//使用实现了 ICollection 接口的类实例,此处是数组列表,构造 Queue
Queue qu2 = new Queue(new string[5] { "队列元素一", "队列元素二", "队列元素三", "队列元素四", "队列元素五" });
Queue qu3 = new Queue(20);     //使用初始容量为 20 个元素来构造 Queue
Queue qu4 = new Queue(20, 2);  //使用初始容量为 20 个元素,等比因子为 2 来构造 Queue
```

2. 元素入队

通过使用 Enqueue 方法,将指定的对象值添加到队列的尾部。这个方法的声明如下所示。

```
public virtual void Enqueue(object obj);
```

例如,为了添加一些字符串到队列,示例代码如下:

```
//使用默认构造函数构造 Queue
Queue qu = new Queue();
qu.Enqueue("one");
qu.Enqueue("two");
qu.Enqueue(null);
```

也可以向队列中插入一个 null,即空值。

3. 元素出队

元素出队,即移除队列中开始的元素,按先进先出(FIFO)的规则,从前向后移除元素。Queue 类提供了 Dequeue 方法,这个方法的声明如下所示。

```
public virtual object Dequeue();
```

Dequeue 返回一个 object 类型的对象，表示的是第一个被移除的对象。例如：

```
static void Main(string[] args)
{
    //定义一个 Queue 类,并初始化 5 个元素
    Queue qu = new Queue();
    qu.Enqueue("elem1");
    qu.Enqueue("elem2");
    qu.Enqueue("elem3");
    qu.Enqueue("elem4");
    qu.Enqueue("elem5");
    qu.Dequeue();//调用 Dequeue 移除第一个元素
    Console.WriteLine("移除第一个元素后:");
    foreach(object s in qu)
    {
        Console.WriteLine(s);
    }
    Console.ReadLine();
}
```

程序运行结果如下：

移除第一个元素后：
elem2
elem3
elem4
elem5

3.3.4　Hashtable 哈希表和 SortedList 排序列表

哈希表（Hashtable）也称为散列表，它提供了类似于关联数组的功能，在内部维护着两个 object 数组，一个容纳作为映射来源的 key，一个容纳作为映射目标的 value。在一个 Hashtable 中插入一对 key/value 时，它将自动跟踪哪个 key 从属于哪个 value，并允许用户获取与一个指定的 key 关联的 value。

排序列表（SortedList）与 Hashtable 非常相似，两者都允许将 key 与 value 关联起来。它们的主要区别在于：在 SortedList 中，keys 数组总是按一个顺序排列的。在 SortedList 中插入一个 key/value 对时，key 会插入 keys 数组的某个索引位置，目的是确保 keys 数组始终处于有序状态。然后，value 会插入 values 数组的相同索引位置。

【例 3-10】　使用 Hashtable 集合的示例。使用 Add 方法向 Hashtable 集合中添加项目。

```csharp
using System;
using System.Collections;
namespace ex3_10
{
    class Program
    {
        static void Main(string[] args)
        {
            Hashtable ziphash = new Hashtable();    //定义 Hashtable 对象
            ziphash.Add("210000","南京");           //使用 Add()方法添加项目
            ziphash.Add("230000","合肥");
            ziphash.Add("350000","福州");
            ziphash.Add("330000","南昌");
            ziphash.Add("410000","长沙");
            Console.WriteLine("Zip Code\tCity");
            foreach(string zip in ziphash.Keys)
            {
                Console.WriteLine(zip + "\t\t" + ziphash[zip]);
            }
        }
    }
}
```

程序运行结果如下：

Zip Code   City
410000   长沙
210000   南京
350000   福州
230000   合肥
330000   南昌

3.3.5 BitArray 位数组

位数组（BitArray）是一种位值（真或假）集合。在软件开发中，经常需要存储一个真/假列表，而这个列表的长度往往是不确定的。在过去，程序开发人员使用整型数代替 BitArray 来解决这个问题，但这种方式占用内存资源比较严重。而现在要存储真/假列表可以考虑使用 BitArray。

3.4 日期与时间处理

日期与时间处理的常用数据类型是 DataTime 类和 TimeSpan 类。

DateTime 类可以表示范围在 0001 年 1 月 1 日午夜 12：00：00 到 9999 年 12 月

31 日晚上 11：59：59 之间的日期和时间，最小时间单位等于 100 毫微秒。DateTime 类的属性和方法如表 3-4 和表 3-5 所示。

可以通过以下语法格式定义一个日期时间变量：

DateTime 日期时间变量 = new DateTime(年,月,日,时,分,秒);

例如，以下语句定义了两个日期时间变量：

```
DateTime d1 = new DateTime(2011,10,1);
DateTime d2 = new DateTime(2011,10,1,8,15,20);
int     m = d2.Day;              //日期 d2 为该月中的第几天,所以 m 的结果为 1
DateTime d3 = d2.AddDays(20);    //日期 d2 增加 20 天
```

其中，d1 的值为 2011 年 10 月 1 日零点零分零秒，d2 的值为 2011 年 10 月 1 日 8 点 15 分 20 秒，d3 的值为 2011 年 10 月 21 日 8 点 15 分 20 秒。

表 3-4 DateTime 类的属性

属 性	说 明
Date	获取此实例的日期部分
Day	获取此实例所表示的日期为该月中的第几天
DayOfWeek	获取此实例所表示的日期是星期几
DayOfYear	获取此实例所表示的日期是该年中的第几天
Hour	获取此实例所表示日期的小时部分
Millisecond	获取此实例所表示日期的毫秒部分
Minute	获取此实例所表示日期的分钟部分
Month	获取此实例所表示日期的月份部分
Now	获取一个 DateTime 对象，该对象为此计算机上的当前日期和时间
Second	获取此实例所表示日期的秒部分
TimeOfDay	获取此实例的当天时间
Today	获取当前日期
Year	获取此实例所表示日期的年份部分

表 3-5 DateTime 类的方法

方 法	说 明
AddDays	非静态方法。将指定的天数加到此实例的值上
AddHours	非静态方法。将指定的小时数加到此实例的值上
AddMilliseconds	非静态方法。将指定的毫秒数加到此实例的值上
AddMinutes	非静态方法。将指定的分钟数加到此实例的值上
AddMonths	非静态方法。将指定的月份数加到此实例的值上

(续表)

方法	说明
AddSeconds	非静态方法。将指定的秒数加到此实例的值上
AddYears	非静态方法。将指定的年份数加到此实例的值上
Compare	静态方法。比较 DateTime 的两个实例,并返回它们相对值的指示
DaysInMonth	静态方法。返回指定年和月中的天数
IsLeapYear	静态方法。返回指定的年份是否为闰年的指示
Parse	静态方法。将日期和时间的指定字符串表示转换成其等效的 DateTime

TimeSpan 类可以表示一个时间间隔,其范围可以在 Int64.MinValue 到 Int64.MaxValue 之间。TimeSpan 类的属性和方法见表 3-6 所示。

表 3-6 TimeSpan 类的属性和方法

属性和方法	说明
Add 方法	与另一个 TimeSpan 值相加
Days	返回用天数计算的 TimeSpan 值
Duration 方法	获取 TimeSpan 的绝对值
Hours	返回用小时计算的 TimeSpan 值
Milliseconds	返回用毫秒计算的 TimeSpan 值
Minutes	返回用分钟计算的 TimeSpan 值
Negate	返回当前实例的相反数
Seconds	返回用秒计算的 TimeSpan 值
Subtract 方法	从中减去另一个 TimeSpan 值
Ticks	返回 TimeSpan 值的 tick 数
TotalDays	返回 TimeSpan 值表示的天数
TotalHours	返回 TimeSpan 值表示的小时数
TotalMilliseconds	返回 TimeSpan 值表示的毫秒数
TotalMinutes	返回 TimeSpan 值表示的分钟数
TotalSeconds	返回 TimeSpan 值表示的秒数

简单示例:

DateTime d1 = new DateTime(2004,1,1,15,36,05);

DateTime d2 = new DateTime(2004,3,1,20,16,35);

TimeSpan d3 = d2.Subtract(d1);   // d2 和 d1 的时间差

String s1 = "相差:" + d3.Days.ToString() + "天" + d3.Hours.ToString() + "小时"

```
           + d3.Minutes.ToString() + "分钟" + d3.Seconds.ToString() + "秒";
```

【例 3 - 11】 求 2006 年 1 月 1 日到今天已经过了多少天。

```
using System;
public class ex3_11
{
    public static void Main()
    {
        string[] weekDays = {"星期日","星期一","星期二","星期三",
                             "星期四","星期五","星期六"};
        DateTime now = DateTime.Now;
        Console.WriteLine("{0:现在是 yyyy 年 M 月 d 日,H 点 m},{1}",
                          now,weekDays[(int)now.DayOfWeek]);
        DateTime start = new DateTime(2006,1,1);
        TimeSpan times = now - start;
        Console.WriteLine("从 2006 年 1 月 1 日起到现在已经过了{0}天!",
                          times.Days);
        Console.Read();
    }
}
```

3.5 数学运算

Math 类位于 System 命名空间下，提供常数、三角函数、对数函数和其他通用数学函数方法。Math 类的方法在使用时的格式为：

Math.方法名(参数)

Math 类的几个常用方法：

(1) Math.Abs（x）方法：返回指定数字的绝对值。
(2) Math.Ceiling（x）方法：返回大于或等于指定数字的最小整数。
例如：Ceiling（1.10）返回 2
(3) Math.Log（Double）方法：返回指定数字的自然对数（底为 e）。
(4) Math.Log10（Double）方法：返回指定数字以 10 为底的对数。
(5) Math.Sqrt（Double）方法：返回指定数字的平方根。

3.6 随机数

3.6.1 产生随机数的类 System.Random

.NET Framework 提供了一个专门产生随机数的类 System.Random，它是最常用的伪随机数生成器。计算机并不能产生完全随机的数字，所以它生成的数字被称为伪随机数。System.Random 类在默认情况下已被导入，在编程过程中可以直接使用。

初始化一个随机数发生器有两种方法：第一种方法是不指定随机种子，系统自动选取当前时间作为随机种子；第二种方法是指定一个 int 型的参数作为随机种子。

Random 类可以产生一个随机数，它有 3 个方法：Next、NextBytes 和 NextDouble 方法。

（1）Next 方法：用在已经生成的随机类初始化后，产生随机数。

调用 Next 有如下所示的 3 种方法。

① 不带任何参数；

② 带一个整数参数，这个参数是返回随机数的最大值；

③ 带两个整数参数，前一个参数是返回随机数的最小值，后一个参数是返回随机数的最大值。示例代码如下：

```
Random Rnd1 = new Random();
int num1 = Rnd1.Next();         //num1 每次是不同的,因为它的种子是系统时间
int num2 = Rnd1.Next(100);      //返回的是 0~99 间的整数
int num3 = Rnd1.Next(10, 100);  //返回的是 10~99 间的整数
```

（2）NextBytes 方法：需要一个 byte 数组参数并用随机数填充这个数组。

```
Random Rnd1 = new Random();
byte[] bArray = new byte[10];
Rnd1.NextBytes(bArray);
```

（3）NextDouble 方法：没有参数，返回一个 double 精度的浮点数。

```
Random Rnd1 = new Random();
double dbl = Rnd1.NextDouble();
```

3.6.2 随机数方法 Next 的应用

1. 随机字符产生的技巧

System.Random 类用于产生随机整数，如果产生随机字符可以用以下技巧：

（1）产生 '0' ~ '9' 随机字符：

```
char c = (char)new System.Random().Next(48,58)
```

（2）产生 'A' ~ 'Z' 随机字符：

```
int t = new System.Random().Next(65,91);
char c = (char)t;
```

（3）产生 'a' ~ 'z' 随机字符：

```
int t = new System.Random().Next(97, 123);
char c = (char) t;
```

> **注意**：
> int t=new System.Random().Next(97,123);产生 97~122 之间的随机整数。

2. 随机字符串产生的技巧

产生随机仅含字母或数字的字符串，可用以下技巧：

```csharp
public static string getRandom(int iCnt)    // iCnt 字符串个数
{
    string allChar = "a,b,c,d,e,f,g,h,i,j,k,l,m,n,o
                    ,p,q,r,s,t,u,v,w,x,y,z,A,B,C,D,E,F,G,H,I,J,K,L,M,N,O,
                    P,Q,R,S,T,U,V,W,X,Y,Z,0,1,2,3,4,5,6,7,8,9";
    string[] allCharArray = allChar.Split(',');
    string randomCode = "";
    int temp = -1;
    Random random = new Random();;
    for(int i = 0; i < iCnt; i++)
    {
        int t = random.Next(62);
        randomCode += allCharArray[t];
    }
    return randomCode;
}
```

3. 生成随机不含相同数据的整形数组的技巧

产生 10 个元素数组 arr1，要求数组元素的数据（100 以内）不能重复并且是有序的，可以借助 ArrayList 类：

```csharp
class Program
{
    static void Main(string[] args)
    {
        Random rdm = new Random();
        ArrayList al = new ArrayList(30);
        int t = 0;
        while(al.Count < 10)
        {
            t = rdm.Next(1, 100);
            if(!al.Contains(t))
            {
                al.Add(t);
            }
```

```
        }
        al.Sort();
        int[] arr1 = new int[al.Count];
        arr1 = (int[])al.ToArray(typeof(int));
        foreach(int x in arr1)
            Console.Write("{0} ",x);
    }
}
```

运行结果如下：

6 39 41 56 62 66 67 71 82 90

> **说明：**
> ArrayList.Add 方法将对象添加到 ArrayList 的结尾处，ArrayList.ToArray 方法将 ArrayList 的元素复制到指定类型的新数组中。

练 习 题

1. C#语言中的数据类型有何特点？
2. 泛型和非泛型的主要区别是什么？
3. 如何用 For Each 循环遍历一个数组？
4. 如何使用 ArrayList 数组列表，它与数组的区别主要表现在哪里？
5. 有一个已经排好序的数组，现输入一个数，要求按原来排序的规律将它插入数组中。
6. Visual C# .NET 中，String 与 StringBuilder 的区别有哪些？
7. 设有一个 5×5 的方阵，分别计算两条对角线上的元素之和。
8. 从键盘输入 10 个数据，找出其中的最大值、最小值和平均值，并输出高于平均值的数据及其个数。
9. 编写控制台程序，将一个数组中的值按逆序重新存放并输出。例如，原来的顺序为 8，6，5，4，1，要求改为 1，4，5，6，8。
10. 随机产生 20 个学生计算机课程的成绩（0~100），按照从大到小的顺序排序，分别显示排序前和排序后的结果。

第4章 面向对象编程基础

■ **本章导读**

C#是一种面向对象程序设计语言,类是构成实现面向对象程序设计的基础,也是C#封装的基本单元,对象是类的实例。本章主要介绍类和对象的基本概念、类和结构的声明及使用,最后介绍了属性和索引器。

■ **学习目标**

(1) 了解面向对象的一些基本概念;
(2) 熟练掌握类的声明与类的可访问性控制;
(3) 熟练掌握对象的概念、创建对象的方法及方法的重载;
(4) 掌握属性和索引器的用法;
(5) 初步达到使用类的思想编写面向对象程序的能力。

4.1 类

在面向对象程序设计中,类是面向对象程序设计的核心。在面向对象的概念中,现实世界个体的数据抽象化为对象的数据成员(字段),个体的特性抽象化为对象的属性,个体的行为及处理问题的方法抽象化为对象的方法或事件。类是某一类对象的抽象,而对象是某一种类的实例。C#与C++不同的是,C#不支持多重继承,但通过接口(interface)可以实现多重继承。

4.1.1 类的声明

C#类声明的一般格式如下:

[访问修饰符] class <类名>
{
　　字段变量声明
　　构造函数

        方法
        ...
};

其中，class 是定义类的关键字，访问修饰符用于控制类中数据和方法的访问权限。C#语言的访问权限有以下几种：

（1）public：任何外部的类都可以不受限制的存取这个类的方法和数据成员。
（2）private：类中的所有方法和数据成员只能在此类中使用，外部无法存取。
（3）protected：除了让本身的类可以使用之外，任何继承此类的子类都可以存取。
（4）internal：在当前项目中都可以存取。该访问权限一般用于基于组件的开发，因为它可以使组件以私有的方式工作，而该项目外的其他代码无法访问。
（5）protected internal：只限于当前项目，或者从该项目类继承的类才可以存取。

【例 4-1】 类的声明程序清单。

```
using System;
using System.Text;
namespace ex4_1
{
    public class employee    // 声明 employee 类
    {
        private int no;
        private string name;
        private char sex;
        private string address;
        public employee(int n, string na, char s, string addr)
        {
            no = n;
            name = na;
            sex = s;
            address = addr;
        }
        public void disp_employee()
        {
            Console.WriteLine("职工号:{0} 职工姓名:{1}", no, name);
            Console.WriteLine("性别:{0} 住址:{1}", sex, address);
        }
    }
    class Program
    {
        static void Main(string[] args)
        {
            employee a = new employee(2012001, "杨柯", '男', "西安市长安区西北大学信息学
```

院");
            a.disp_employee();
        }
    }
}

声明类 employee 后，需要通过 new 关键字创建类的实例（也就是对象）。类的实例相当于一个引用类型的变量，创建类实例的格式如下：

类名 实例名 = new 类名(参数);

new 关键字调用类的构造函数来完成实例的初始化工作。例如：

employeea = new employee(2012001,"杨柯",'男',"西安市长安区西北大学信息学院");

以上语句与下面的两条语句等价：

employeea;
a = new employee(9901,"王海",'男',"广州市中山大道西109号");

4.1.2 类的成员

类的成员可以分为数据成员（常量、字段）和函数成员（方法、属性、事件、构造函数、析构函数等）。

（1）常量：代表了与类相关的常数数据。

（2）字段：与对象或类关联的变量，如"例 4-1"中 employee 类中的 No、name、sex 和 address。

（3）方法：一组代码的集合，用来完成一定的功能，如"例 4-1"中 employee 类中的 disp_employee( )、Main( ) 方法。

（4）属性：对象或类的特性。与字段不同，属性有访问器，这些访问器指定要在它们的值被读取或写入时执行的语句。这些语句可以对字段属性进行计算，并将计算结果返回给相关字段。

（5）事件：定义了由类产生的通知，用于说明发生什么事情。

（6）构造函数：完成对类的实例初始化的工作。

（7）析构函数：释放类的实例所占用的资源。

对类中的成员有 5 种访问权限，如下所示。

① public：可以被所有代码访问；

② protected：只可以被继承类访问；

③ internal：只可以被同一个项目的代码访问；

④ protected internal：只可以被同一个项目的代码或继承类访问；

⑤ private：只可以被本类中的代码访问。

> 📢 注意：
> 类成员的缺省访问权限是 private。

4.1.3 构造函数和析构函数

构造函数和析构函数是类中两种特殊的成员函数。构造函数的功能是在创建实例（也就是对象）时，使用给定的值来将对象的成员初始化。析构函数的功能是用来从内存中释放一个对象占用的内存空间，它与构造函数的功能正好相反。

1. 构造函数的特点

(1) 构造函数是成员函数，该函数的名字与类名相同。

(2) 构造函数是一个特殊的函数，该函数无数据类型，也没有返回值。构造函数可以重载，即可以定义多个参数个数、类型不同的函数。

(3) 在默认情况下，构造函数的访问权限是 public。如果访问权限被定义为 private，则表示该类不能被实例化，这通常出现在只含有静态成员的类中。

(4) 程序中不能直接调用构造函数，在创建实例时系统自动调用构造函数。

(5) 如果类中没有构造函数，则 C# 将创建一个默认的构造函数并将所有成员变量设置为相应的默认值。

2. 析构函数的特点

(1) 析构函数是成员函数，函数体可以写在类体内，也可以写在类体外。

(2) 析构函数也是一个特殊的函数，它的名字与类名相同，并在前面加"~"字符，从而与构造函数加以区别。析构函数没有参数，也没有数据类型。

(3) 一个类中只能有一个析构函数。当撤销对象时，析构函数自动被调用。

(4) 析构函数不能被继承和重载。

【例 4-2】 设计一个坐标点 MyPoint 类的控制台应用程序，并说明调用构造函数和析构函数的过程。

```
using System;
using System.Collections.Generic;
using System.Linq;
using System.Text;
namespace ex4_2
{
    public class MyPoint                          //声明 MyPoint 类
    {
        int x, y;                                 //类的私有变量
        public MyPoint()                          //默认的构造函数
        {
        }
        public MyPoint(int x1, int y1)            //带参数的构造函数
        {
            x = x1;
            y = y1;
        }
```

```csharp
        public void dispoint()
        {
            Console.WriteLine("({0},{1})", x, y);
        }
        ~MyPoint()                              //析构函数
        {
            Console.WriteLine("点 =>({0},{1})", x, y);
        }
    }
    class Program
    {
        static void Main(string[] args)
        {
            MyPoint p1 = new MyPoint();         //调用默认的构造函数
            Console.Write("第 1 个点 =>");
            p1.dispoint();
            MyPoint p2 = new MyPoint(5, 8);     //调用带参数的构造函数
            Console.Write("第 2 个点 =>");
            p2.dispoint();
        }
    }
}
```

运行结果如下：

第 1 个点 =>(0,0)
第 2 个点 =>(5,8)
点 =>(5,8)
点 =>(0,0)

程序 Main() 中创建类实例 p1 对象，p1 调用 dispoint() 方法显示出第 1 行信息；创建类实例 p2 对象，p2 调用 dispoint() 方法显示出第 2 行信息。Main() 结束运行时，对象 p1、p2 被系统销毁，所以自动调用类的析构函数显示出第 3、4 行信息。

4.1.4 静态成员和实例成员

类的成员要么是静态成员，要么是实例成员（非静态成员）。当用 static 修饰符声明后，则该成员是静态成员。如果没有 static 修饰符，则该成员是实例成员。两者的不同在于：静态成员属于类所有，为这个类的所有实例共享；而实例成员属于类的实例所有。

在 C#语言中，通过指定类名来调用静态成员，通过指定实例名来调用实例成员。如果是静态成员，可以使用下面的形式：

类名.成员名

如果是实例成员,则使用下面的形式:

this. 成员名

这里的 this 指的是当前实例。

【例 4-3】 实例成员和静态成员示例。

```csharp
using System;
using System.Collections.Generic;
using System.Linq;
using System.Text;
namespace ex4_3
{
    public class Myclass
    {
        private int a, b;              //实例成员
        private static int sum;        //静态成员
        public Myclass(int a, int b)
        {
            this.a = a;
            this.b = b;
            sum += a + b;
        }
        public Myclass()
        {
        }
        public void GetNumber()
        {
            Console.WriteLine("number = {0},{1} ",a,b);
        }
        public void GetSum()
        {
            Console.WriteLine("sum = {0} ", sum);
        }
    }
    class Program
    {
        static void Main(string[] args)
        {
            Myclass M = new Myclass(7, 5);
            Myclass N = new Myclass(6, 4);
            M.GetNumber();
            N.GetNumber();
            M.GetSum();
```

```
        N.GetSum();
        Console.Read();
    }
  }
}
```

运行结果如下：

number = 7,5
number = 6,4
sum = 22
sum = 22

从运行结果可以看出，M 对象和 N 对象的 sum 值是相等的。这是因为，sum 是静态成员，属于 Myclass 类，在初始化 M 实例时，将 M 实例的两个 int 型数据成员的值求和后赋给了 sum，于是 sum 保存了该值；在初始化 N 实例时，将 N 对象的两个 int 型数据成员的值求和后又加到 sum 已有的值上，于是 sum 将保存相加后的值 22。所以，不论是通过实例 M 还是通过实例 N 来引用的值都是一样的，即值为 22。

4.2 结构类型

像 int、double 这些简单的值类型都是在 .NET 类库中预定义的。很多情况下，人们需要将不同的简单类型组合在一起来使用，这时就可以使用结构类型。

结构类型是一种用户自己定义类型，它是由一组类型的变量组织在一起而构成的数据表示形式。

形式上，结构与类非常相似。结构和类的区别就是结构不能继承，并且结构是值类型，类是引用类型，结构是在栈中创建的空间。

4.2.1 结构类型的声明

结构类型声明的一般格式如下：

```
struct 结构类型名
{
    成员声明;
}
```

例如，考虑"复数"的概念，.NET 类库中并没有这种类型的定义，那么就可以利用 struct 关键字在 double 类型的基础上定义该类型。复数由两个 double 类型的字段构成，其中，a 表示复数的实部，b 表示复数的虚部，如下所示：

```
structComplexNumber
{
    public double a;
    public double b;
```

}

4.2.2 结构变量

声明了一个结构类型后，就可以像使用值类型（如 int、double、bool 等）一样定义结构变量了。

1. 定义结构变量

结构变量的一般形式如下：

结构类型名 <结构变量名> [= new 结构类型名(参数列表)]

> **说明：**
> (1) 结构类型名是指声明的结构类型名称，而不是"struct"。
> (2) 结构变量名遵循 Visual C# 的合法标识符规则。
> (3) "new 结构类型名（参数列表）"为可选项，但根据结构类型的规则，如果要调用构造函数，则必须使用该项。例如：
> ComplexNumber c1;   //创建结构类型的变量

2. 使用结构变量

定义了结构变量后，就可以访问其中的字段和方法成员，访问结构成员的一般形式如下：

```
<结构变量名>.<字段>          // 访问字段成员
<结构变量名>.<方法名()>      // 访问方法成员
<结构变量名>.<属性名>        // 访问属性成员
```

例如：

c1.a = 3.5;
c1.b = 8;

结构类型的变量是通过"."来访问其成员的。

【例 4-4】 使用结构类型表示一个复数，并输出该复数。

```
using System;
using System.Collections.Generic;
using System.Linq;
using System.Text;
namespace ex4_4
{
    struct ComplexNumber
    {
        public double a;
        public double b;
```

```
            public void Write()
            {
                Console.WriteLine("{0} + {1}i", a, b);
            }
        }
        class Program
        {
            public static void Main()
            {
                ComplexNumber c1;
                c1.a = 3.6;
                c1.b = 5;
                ComplexNumber c2 = c1;
                c2.a = c2.b;
                Console.Write("c1 = ");
                c1.Write();
                Console.Write("c2 = ");
                c2.Write();
            }
        }
```

程序运行结果如下：

c1 = 3.6 + 5i
c2 = 5 + 5i

4.3 方 法

方法（Method）是一组程序代码的集合，用于完成特定的功能。方法必须放在类定义中，它同样遵循先声明后使用的规则。C♯语言中的方法相当于其他编程语言（如 VB .NET）中的通用过程（Sub 过程）或函数过程（Function 过程）。

4.3.1 方法的定义与调用

定义方法的一般格式如下：

```
方法修饰符 返回类型 方法名(形式参数列表)
{
    方法实现部分;
}
```

在定义方法时，需要注意以下几点：

（1）方法名称后面的小括号中可以有参数，也可以没有参数。但是不论是否有参数，方法名后面的小括号都不能省略。如果有多个参数，则使用逗号分隔开。

（2）可以用 return 语句结束某个方法的执行。程序遇到 return 语句后，会将执行流程交还给调用此方法的程序代码段。此外，还可以利用 return 语句返回一个值。需要注意的是，return 语句只能返回一个值。

（3）如果声明一个 void 类型的方法，return 语句可以省略不写；如果声明一个非 void 类型的方法，则方法中必须至少有一个 return 语句。

【例 4-5】 方法的定义和调用。

```
using System;
using System.Collections.Generic;
using System.Linq;
using System.Text;
namespace ex4_5
{
    class A
    {
        public int MyMethod()
        {
            Console.WriteLine("this is a MyMethod.");
            int m = 10;
            return m;
        }
        static void Main(string[] args)
        {
            A A1 = new A();
            int n = 8;
            n = A1.MyMethod();
            Console.WriteLine("the value is {0}",n);
            Console.ReadLine();
        }
    }
}
```

输出结果如下：

this is a MyMethod.
the value is10

4.3.2 方法的参数传递

在类或结构中定义方法时，可以将参数传递给方法对其进行处理，也可以将方法中处理的结果返回给调用者。传递变量参数到方法的方式有下面几种：

1. 值类型参数

值类型参数的格式如下：

参数类型 参数名

定义值类型的方式很简单，只要注明参数类型和参数名即可。当该方法被调用时，就会为每个值类型参数分配一个新的内存空间，然后将对应表达式运算的值复制到内存空间。在方法中修改参数的值不会影响到这个方法之外的变量。

【例4-6】 方法中值类型参数的传递。

```
using System;
using System.Collections.Generic;
using System.Linq;
using System.Text;
namespace ex4_6
{
    class Program
    {
        public static void AddOne(int s)
        {
            s++;
        }
        static void Main(string[] args)
        {
            int s = 5;
            Console.WriteLine("调用 AddOne 之前,s = {0}",s);
            AddOne(s);
            Console.WriteLine("调用 AddOne 之后,s = {0}", s);
            Console.ReadLine();
        }
    }
}
```

程序运行结果如下：

调用 AddOne 之前,s = 5
调用 AddOne 之后,s = 5

> 说明：
> 调用函数 AddOne (s) 中的参数 s 称为实际参数，简称实参；被调用函数 public static void AddOne (int s) 中的参数 s 被称为形式参数，简称形参。

2. 引用类型参数

引用类型参数的格式如下：

ref 参数类型 参数名

与传递值类型的参数不同,引用类型的参数并没有再分配内存空间,实际上传递的是指向原变量的引用,即引用参数和原变量保存的是同一个地址。为了与传递值类型的参数区分,需要在参数前加上 ref 关键字,在方法中修改引用参数的值实际上就是修改被引用的变量的值。

在调用方法前,引用参数对应的实参必须被初始化,同时对应引用参数的实参也必须使用 ref 修饰。

【例 4-7】 引用类型参数的传递。

```
using System;
using System.Collections.Generic;
using System.Linq;
using System.Text;
namespace ex4_7
{
    class Program
    {
        public static void AddOne(ref int s)
        {
            s++;
        }
        static void Main(string[] args)
        {
            int s = 5;
            Console.WriteLine("调用 AddOne 之前,s = {0}", s);
            AddOne(ref s);
            Console.WriteLine("调用 AddOne 之后,s = {0}", s);
            Console.ReadLine();
        }
    }
}
```

输出结果如下:

调用 AddOne 之前,s = 5
调用 AddOne 之后,s = 6

3. 输出类型参数

有时,一个方法需要返回多个值,而 return 语句一次只能返回一个结果,这就用到了 out 关键字,使用 out 表明该引用参数是用于输出的。

输出类型参数的一般格式如下:

out 参数类型 参数名

【例 4-8】 输出类型参数的传递。

```csharp
using System;
using System.Collections.Generic;
using System.Linq;
using System.Text;
namespace ex4_8
{
    class Program
    {
        static void SplitPath(string path, out string dir, out string name)
        {
            int i = path.Length;
            while(i > 0)
            {
                char ch = path[i - 1];
                if(ch == '\\')break;
                i--;
            }
            dir = path.Substring(0, i);
            name = path.Substring(i);
        }
        static void Main()
        {
            string dir, name;
            SplitPath("d:\\Program files\\Tecent\\QQ.exe", out dir, out name);
            Console.WriteLine(dir);
            Console.WriteLine(name);
        }
    }
}
```

输出结果如下：

d:\Program files\Tecent\
QQ.exe

4. 参数数组

用 params 修饰符声明的参数是参数数组。一个参数数组必须是形式参数列表中的最后一个，而且参数数组必须是一维数组类型。例如，类型 int [] 和 int [] [] 可以被用作参数数组，但是类型 int [,] 不能被用作参数数值。另外，不能将 params 修饰符与 ref 和 out 修饰符组合起来使用。

与参数数组对应的实参可以是同类型的数组名，也可以是任意多个与该数组的元素属于同一类型的简单变量。如果实参是数组，则按引用传递数值；如果实参是变量或表达式，则按值传递。

【例 4-9】 方法中不定个数参数的传递。

```csharp
using System;
using System.Collections.Generic;
using System.Linq;
using System.Text;
namespace ex4_9
{
    class Program
    {
        static void Fun(params int[] a)
        {
            Console.WriteLine("容器包含{0}个元素:", a.Length);
            for(int i = 0; i < a.Length; i++)
            {
                a[i] = a[i] + 1;
                Console.Write("a[{0}] = {1}   ", i, a[i]);
            }
            Console.WriteLine();
        }
        static void Main()
        {
            int i = 6, j = 7, k = 8;
            int[] v = { 10, 20, 30, 40, 50 };
            Fun(v);
            for(int m = 0; m < v.Length; m++)
            {
                Console.Write("v[{0}] = {1}   ", m, v[m]);
            }
            Console.WriteLine();
            Fun(i, j, k);//值传递
            Console.Write("i = {0}   j = {1}   k = {2} ", i, j, k);
            Console.ReadLine();
        }
    }
}
```

输出结果如下:

容器包含 5 个元素:
a[0] = 10   a[1] = 20   a[2] = 30   a[3] = 40   a[4] = 50
v[0] = 10   v[1] = 20   v[2] = 30   v[3] = 40   v[4] = 50
容器包含 3 个元素:
a[0] = 6   a[1] = 7   a[2] = 8

i = 6   j = 7   k = 8

方法 Fun 中，有一个类型为 int [ ] 的参数数组。在方法 Main 中，两次调用方法 Fun。在第 1 个调用中，实参是一个 int 类型的数组参数；在第 2 个调用中，Fun 被 3 个 int 类型的变量参数调用。由于实参是变量，则按值传递，所以 i，j，k 的值不发生变化。

4.3.3 方法的重载

方法的重载是指有相同的方法名，但是参数类型或参数个数不完全相同的多个方法可以同时出现在一个类中。这种技术的实用性很好，在项目开发过程中，很多情况都需要使用重载技术。具体地讲，定义方法重载时要求方法的参数至少有一个类型不同，或者个数不同，而对于返回值的类型没有要求，即可以相同，也可以不同。如果仅仅是参数个数和类型都相同，返回值不同，则重载定义是非法的。因为编译程序在选择相同名字的重载定义时仅考虑参数表，这就是说要依赖方法参数表中参数个数或参数类型的差异进行选择。在定义类时，构造函数重载给初始化带来了多种方式，为用户的使用提供更大的灵活性。

【例 4 - 10】 方法重载的用法。

```
using System;
using System;
using System.Collections.Generic;
using System.Linq;
using System.Text;
namespace ex4_10
{
    public class A
    {
        private double Area(double a, double b)        //长方形的面积
        {
            return a * b;
        }
        private double Area(double r)                   //圆的面积
        {
            return Math.PI * r * r;
        }
        private double Area(double a, double b, double c)  //三角形的面积
        {
            double s;
            if(a + b > c || a + c > b || b + c > a)
            {
                double p = 1.0 / 2 * (a + b + c);
                s = p * (p - a) * (p - b) * (p - c);
                s = Math.Sqrt(s);
```

```
                    return s;
                }
                else
                {
                    Console.WriteLine("输入的边长有误,不能构成三角形!");
                    return -1;
                }
            }
            public static void Main()
            {
                A a1 = new A();
                Console.WriteLine("圆的面积:{0}", a1.Area(3));
                Console.WriteLine("长方形的面积:{0}", a1.Area(4,8));
                Console.WriteLine("三角形的面积:{0}", a1.Area(3,4,5));
                Console.ReadLine();
            }
        }
```

输出结果如下:

圆的面积:28.2743338823081
长方形的面积:32
三角形的面积:6

4.4 属性与索引器

一个设计良好的类不仅要将类的实现部分隐藏起来,还会限制外部对类中成员的访问权限。在C#语言中,可以通过属性来实现。

索引器则简化了对集合和数组的访问形式,使程序员能够更直观地理解类及其用途。

4.4.1 属 性

在类中,属性是按照以下方式来声明的:指定访问字段级别,接下来指定属性的类型和名称,然后声明get访问器和set访问器的代码块。

属性通过get访问器和set访问器给外部提供对私有字段成员的访问。根据使用情况不同,可以只提供get访问器或者只提供set访问器,也可以同时提供get访问器和set访问器。

get访问器用于返回字段值,或用于计算并返回字段值。

声明属性的语法格式为:

访问修饰符 类型 <属性名>

```
{
    get { … }      // get 访问器
    set { … }      // set 访问器
}
```

例如:

```
class Student              //类名为 Student
{
    private string name;   // 声明字段
    public string Name     // 对应 name 的属性
    {
    get
    {   return name; }
    set
    {   name = value; }
    }
}
```

属性充分体现了对象的封装性,把要访问的字段设为 private,不直接操作类的字段,而是通过访问器进行访问,即借助 get 访问器和 set 访问器对属性的值进行设置或访问(即读写)。

get 访问器没有参数,它是通过 return 来读取属性的值;set 访问器类似于返回类型为 void 的方法,它是通过一个隐含的参数 value 来设置属性的值,该参数的类型是属性的类型。

当读取属性时,执行 get 访问器的代码块;当向属性分配一个新值时,执行 set 访问器的代码块。不具有 set 访问器的属性称为只读属性,不具有 get 访问器的属性称为只写属性,同时具有这两个访问器的属性称为读写属性。

C♯提供了属性(property)这种更好的方法,把字段和访问的方法相结合。C♯中的属性更充分地体现了对象的封装性,属性不直接操作类的字段,而是通过访问器进行访问。

当属性的访问器中不需要其他逻辑时,也可以用简单的声明方式声明属性,这种方式称为自动实现的属性。自动实现的属性必须同时声明 get 访问器和 set 访问器。如果希望声明只读属性,必须将 set 访问器声明为 private;如果希望声明只写属性,必须将 get 访问器声明为 private。

使用自动实现的属性可以使属性的声明变得更加简单,因为这种方式不再需要声明对应的私有字段。例如:

```
class Student
{
    public int No{get;private set;}
    public string Name{get;set;}
}
```

在上面的代码中，No 是只读属性，Name 是读写属性。

访问对象的属性（间接调用 get、set）的方式如下：

对象.属性 = 值 （调用 set）
变量 = 对象.属性（调用 get）

【例 4 - 11】 通过属性访问器访问类的属性。

```csharp
using System;
using System.Collections.Generic;
using System.Linq;
using System.Text;
namespace ex4_11
{
    public class MyClass
    {
        public string Name
        {
            get;
            set;
        }
        public string ID
        {
            get;
            set;
        }
        private int grade = 0;
        public int Grade
        {
            get
            {
                return grade;
            }
            set
            {
                if(value >= 0 && value <= 100)
                    grade = value;
            }
        }
        public MyClass()
        {
            ID = "2012001";
            Name = "王五";
        }
```

```csharp
    }
    class Program
    {
        static void Main(string[] args)
        {
            MyClass m = new MyClass();
            Console.WriteLine("ID:{0},原姓名 Name:{1}",m.ID,m.Name);
            m.Name = "李四";
            Console.WriteLine("ID:{0},新姓名 Name:{1}", m.ID, m.Name);
            Console.WriteLine("原成绩:{0}",m.Grade);
            m.Grade = 89;
            Console.WriteLine("新成绩:{0}",m.Grade);
            Console.ReadLine();
        }
    }
}
```

输出结果如下：

ID:2012001,原姓名 Name:王五
ID:2012001,新姓名 Name:李四
原成绩:0
新成绩:89

4.4.2 索引器

1. 索引器简介

索引器（indexer）允许类或结构的实例按照与数组相同的方式进行索引。索引器类似于属性，不同之处在于，它们的访问器采用的参数不同。

在类或结构中声明索引器要使用 this 关键字，其一般形式如下：

```
访问修饰符 数据类型 this[索引类型 <索引形参>]
{
get
    {
    // 返回值语句组
    }
set
    {
    // 分配值语句组
    }
}
```

> **说明:**
> (1) 访问修饰符表示索引器的可访问性,如 public 等。
> (2) this 关键字用于定义索引器。
> (3) get 访问器用于返回值,set 访问器用于分配值。set 访问器中必须有 value 关键字,它用于定义由 set 访问器所分配的值,这与属性的 value 是一致的。
> (4) 索引器不一定要根据整数值进行索引,可以由用户决定如何定义特定的查找机制。
> (5) 索引器可以被重载,可以有多个形参。
> (6) 一个类中可以声明多个索引器,如果在同一类中声明两个或者两个以上的索引器,则它们必须具有不同的签名。索引器的签名由其形参的数量和类型组成,它不包括索引器类型或形参名。
> (7) 索引器值不归类为变量,因此,不能将索引器值作为 ref 或 out 参数来传递。

2. 使用整数索引

通过索引器可以存取类的实例数组成员,操作方法和数组相似,一般形式如下:

对象名[<索引>]

其中,索引的数据类型必须与索引器的索引类型相同。

【例 4-12】 使用整数索引访问对象。

本示例说明如何声明索引器,使用索引器可直接访问类的实例的数组成员 a。本示例提供的方法效果类似于将数组 a 声明为 public 成员并直接使用下标访问数组元素。

```
using System;
namespace ex4_12
{
    class IndexerArr
    {
        private int[] a = new int[5];
        public int this[int index]     // 声明索引器
        {
            get
            {
                if(index < 0 || index >= 5)
                {
                    return 0;
                }
                else
                {
                    return a[index];
                }
            }
            set
```

```
            {
                if(index > 0 && index <= 4)
                {
                    a[index] = value;
                }
            }
        }
    }
    class Program
    {
        public static void Main()
        {
            string strShow = "";
            IndexerArr n = new IndexerArr();
            n[2] = 8;      // 使用索引器访问对象
            n[4] = 64;     // 使用索引器访问对象
            for(int i = 0; i <= 4; i++)
            {
                strShow = strShow + n[i] + " ";
            }
            Console.WriteLine(strShow.Trim());
            Console.Read();
        }
    }
}
```

运行结果如下:

0 0 0 0 64

3. 使用其他值索引

Visual C#并不将索引类型限制为整数。例如，对索引器使用字符串类型的索引，通过搜索集合内的字符串并返回相应的值，从而实现相应的功能。

【例4-13】 使用字符串索引访问对象。

```
using System;
namespace ex4_13
{
    class SeasonCollection
    {
        string[] seasons = { "spring", "summer", "autumn", "winter" };
        private int GetSeason(string testSeason)
        {
            int i = 0;
```

```
            foreach(string season in seasons)
        {
            if(season = = testSeason)
            {
                return i;
            }
            i + + ;
        }
        return -1;
    }
    public int this[string season]      // 定义索引器
    {
    get
    {
    return(GetSeason(season));
    }
    }
}
    class Program
    {
    static void Main(string[] args)
    {
    string season;
        season = Console.ReadLine();
        SeasonCollection year = new SeasonCollection();
        Console.WriteLine(year[season].ToString());
        Console.Read();
    }
}
```

程序运行结果如下：

summer<回车>

1

练 习 题

1. 结构和类的区别是什么？
2. 创建一个类，用无参数的构造函数输出该类的类名。
3. 设计一个 CStudent 类，完成以下功能：
   (1) 学生有姓名、籍贯、学号、年龄、成绩五个成员数据；
   (2) 编写构造函数，同时编写 Display () 方法显示学生的信息；

(3) 编写测试 CStudent 类的 Main（）方法，其中定义两个 CStudent 类对象（初始化值任定），分别调用成员 Display（）显示两个对象的学生信息。

4. 设计一个矩形类 Crectangle，要求用下述成员方法：

(1) Move（）：改变矩形位置，使其从一个位置移动到另一个位置。

(2) Size（）：改变矩形的大小。

(3) Where（）：返回矩形左上角的坐标值。

(4) Area（）：计算矩形的面积。

5. 创建一个类，包含 protected 数据。在相同的文件里创建第二个类，用同一种方法操纵第一个类中的 protected 数据。

6. 设计一个立方体类 Curb，它能计算并输出立方体的体积和表面积。

7. 创建一个职工类（Employee）。类中有分别表示姓名、年龄和工资的三个字段 name、age 和 pay，其中 pay 为私有（private）字段；类中还有一个用于访问工资 pay 的属性 Pay 和一个用于返回工资的方法 ShowPay（）。其中，工资大于 1600 且小于或等于 5000 的需要扣 5％的个人所得税，工资大于 5000 的扣 10％的个人所得税。设计应用程序，输入员工的姓名和工资，输出计税后的工资。

第 5 章 面向对象高级编程

■ **本章导读**

本章首先介绍继承的概念和使用继承的方法，然后介绍多态性、接口的概念和使用方法，最后介绍委托和事件、反射和序列化等的概念。每一个知识点都给出了相应的实例。

■ **学习目标**

(1) 熟练掌握继承、基类和派生类的概念；
(2) 了解并学会使用接口创建程序；
(3) 掌握委托和事件的概念、使用方法；
(4) 理解并掌握面向对象程序设计。

5.1 类的继承

继承是面向对象程序设计重要的特性，它是指建立一个新的类，新类从一个或多个已定义的父类（基类）中继承已有的成员，并可以重新定义或添加新的成员，从而建立类的层次结构。例如，交通工具的层次结构如图 5-1 所示。

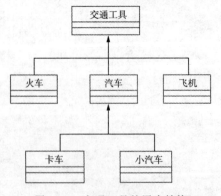

图 5-1 交通工具的层次结构

交通工具类是一个基类（也称父类），它包括速度、额定载人数量和驾驶等交通工具所共同具备的基本特征。给交通工具细分类的时候，有汽车类、火车类和飞机类等。汽车类、火车类和飞机类同样具备速度和额定载人数量这样的特性，而这些特性是所有交通工具所共有的。那么，当建立汽车类、火车类和飞机类时，我们无需再定义基类已经有的数据成员，只需要描述汽车类、火车类和飞机类独具的特性即可。例如，汽车还有自己的特性，比如刹车、离合、油门、发动机等。飞机类、火车类和汽车类是在交通工具类原有基础上增加自己的特性而来的，即交通工具类的派生类（也称子类）。以此类推，层层递增，这种子类获得父类特性的概念就是继承。此外，继承是实现软件重用的一种方法。

5.1.1 继 承

一个类的成员可以从它的父类（基类）继承，继承意味着这个类隐含地包含除了构造函数和析构函数父类的所有成员。继承常用于在一个现有父类基础上的功能扩展，往往是我们将几个类中相同的成员提取出来放在父类中实现，然后在各个子类（派生类）中加以继承。

1. 继承的特点

继承的重要性质如下：

（1）C#的继承是单一继承，即只能有一个父类。

（2）C#的继承是可传递的。如果C类从B类派生，并且B类从A类派生，那么C类继承在B类中声明的成员同时也继承在A类中声明的成员。

（3）派生类可以对父类的功能进行扩展，即一个派生类可以添加自己的新成员，但是不能删除从父类继承的成员，只能不予使用或隐藏。

（4）构造函数和析构函数不能被继承，但是其他所有成员可以，不考虑它们的可访问性。

（5）一个派生类可以通过用同名新成员的方法隐藏继承的父类成员，父类该成员在派生类中就不能被直接访问，只能通过"base.基类方法名"来访问。

2. 继承的定义格式

继承的定义格式如下：

```
[访问修饰符] class  派生类名  [:父类类名]
{
    <派生类新定义成员>
}
```

C#中，派生类可以从它的基类中继承字段、属性、方法、事件、索引器等。实际上，除了构造函数和析构函数，派生类隐式地继承了基类的所有成员。

【例5-1】 编写一个学生信息和教师信息输入和显示的管理程序。其中，学生信息有编号、姓名、性别、生日和各门（5门）课程的成绩；教师信息有编号、姓名、性别、生日、职称和部门。要求将学生和教师信息的共同特性设计成一个类（CPerson

类),作为学生 CStudent 类和教师 CTeacher 类的基类。

分析:根据题目要求,可以将编号、姓名、性别、生日作为基类 CPerson 类的数据成员,为实现输入和显示这些信息,在基类 CPerson 类中设计 Input()和 PrintCPersonInfo()这两个成员函数来实现,在派生类 CStudent 类和 CTeacher 类中主要考虑信息输入和显示即可。

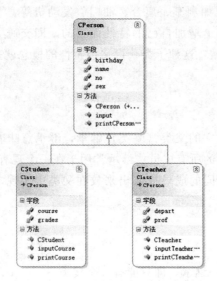

图 5-2 CPerson 基类、CStudent 类和 CTeacher 类的类图及关系

```csharp
using System;
namespace P5_1
{
//基类 CPerson
    class CPerson
    {
        private long no;
        private String name;
        private String sex;
        private DateTime birthday;
        public CPerson()
        { }
        public CPerson(long no ,String name ,String sex ,DateTime birthday)
        {
            this. no = no;
            this. name = name;
            this. sex = sex;
            this. birthday = birthday;
        }
        public void input()
```

```csharp
        {
            Console.Write("请输入编号:");
            no = long.Parse(Console.ReadLine());
            Console.Write("姓名:");
            name = Console.ReadLine();
            Console.Write("性别:");
            sex = Console.ReadLine();
            Console.Write("生日:");
            birthday = DateTime.Parse(Console.ReadLine().Trim());
        }
        public void printCPersonInfo()
        {
            Console.WriteLine("编号:{0};姓名:{1};性别:{2};生日:{3}", no, name, sex, birthday);
        }
}
//派生类 CStudent
    class CStudent:CPerson
    {
        private String[] course = {"数学","语文","政治","体育","自然" };
        private int[] grades = new int[5];
        public CStudent()
        {
        }
        public void inputCourse()
        {
            Console.WriteLine("input your scores: ");
            for(int i = 0; i < course.Length; i++)
            {
                Console.Write(course[i] + ":");
                grades[i] = int.Parse(Console.ReadLine());
            }
        }
        public void printCourse()
        {
            Console.WriteLine("student's courses score are: ");
            for(int i = 0; i < course.Length; i++)
            {
                Console.Write(course[i]);
                Console.WriteLine(" is :{0}", grades[i]);
            }
        }
```

```csharp
    }
//派生类 CTeacher
    class CTeacher : CPerson
    {
        private String depart;
        private String prof;
        public CTeacher()
        {
        }
        public void inputTeacherInfo()
        {
            Console.Write("请输入部门：  ");
            depart = Console.ReadLine();
            Console.Write("职称： ");
            prof = Console.ReadLine();
            Console.WriteLine();
        }
        public void printCTeacherInfo()
        {
            Console.WriteLine("所在部门:{0};职称是:{1}", depart, prof);
        }
    }
    class Program
    {
        static void Main(string[] args)
        {
            CStudent s1 = new CStudent();
            s1.input();                          //调用基类的 input 成员函数
            s1.inputCourse();
            s1.printCPersonInfo();               //调用基类的 printCPersonInfo()
            s1.printCourse();
            CTeacher t1 = new CTeacher();
            t1.input();                          //调用基类的 input 成员函数
            t1.inputTeacherInfo();
            t1.printCPersonInfo();               //调用基类的 printCPersonInfo()
            t1.printCTeacherInfo();
            Console.ReadLine();
        }
    }
}
```

运行结果如图 5-3 所示。

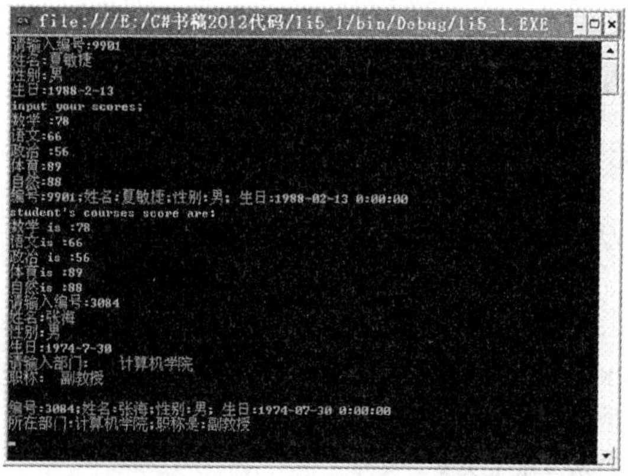

图 5-3 从 Box 类派生 ColorBox 类

在软件实际开发中，往往需要用户从键盘输入具体数据。在 CStudent 类 input（）成员函数中，为实现从基类继承的编号、姓名、性别、生日这些数据成员的输入，直接调用基类的 input（）方法实现。同理，为显示这些信息调用基类的 printCPersonInfo（），这样可以简化程序的开发复杂度。

派生类将获取基类的所有非私有数据和行为。如果希望在派生类中不可访问（不可见）某些基类的成员，可以在基类中将这些成员设为 private 访问成员。表 5-1 列出基类成员在派生类中的可访问性。

表 5-1 基类成员在派生类的可访问性

访问修饰符	基类内部	子 类	其他类
public 成员	可以访问	可以访问	可以访问
private 成员	可以访问	不可访问	不可访问
protected 成员	可以访问	可以访问	不可访问

3．按次序调用构造函数和析构函数

前面介绍过，构造函数的作用是对类中的成员进行初始化。派生类的数据成员是由基类中的数据成员和派生类中新增的数据成员共同构成，而在继承机制下，构造函数不能够被继承。因此，对继承过来的基类成员的初始化工作也要由派生类的构造函数完成。也就是说，在定义派生类的构造函数时，既要初始化派生类新增数据，又要初始化基类的成员。与一般非派生类相同，系统会为派生类定义一个默认（无参数、无数据成员初始化代码）构造函数，用于完成派生类对象创建时的内存分配操作。

如果类是从一个基类派生出来的，那么在调用这个派生类的默认构造函数之前会调用基类的默认构造函数，调用的次序将从最远的基类开始。

当销毁对象时，它会按照相反的顺序来调用析构函数。首先调用派生类的析构函数，然后调用最近基类的析构函数，最后调用那个最远的析构函数。例如：

```csharp
class A//基类
{
    public A(){    Console.WriteLine("调用类 A 的构造函数");}
    ~A(){    Console.WriteLine("调用类 A 的析构函数");}
}
class B : A         //从 A 派生类 B
{
    public B(){ Console.WriteLine("调用类 B 的构造函数"); }
    ~B(){ Console.WriteLine("调用类 B 的析构函数"); }
}
class C:B           //从 B 派生类 C
{
    public C(){ Console.WriteLine("调用类 C 的构造函数"); }
    ~C(){ Console.WriteLine("调用类 C 的析构函数"); }
}
```

在 Main ( ) 中仅执行以下一条语句:

```csharp
C b = new C();     //定义对象并实例化
```

运行结果如下:

调用类 A 的构造函数
调用类 B 的构造函数
调用类 C 的构造函数
调用类 C 的析构函数
调用类 B 的析构函数
调用类 A 的析构函数

从结果可以看到,当创建类 C 的实例对象时,先调用最远类 A 的默认构造函数,再调用类 B 的默认构造函数,最后调用类 C 的默认构造函数。按照这种调用顺序,C# 能够保证在调用派生类的构造函数之前,把派生类所需的资源全部准备好。当执行派生类构造函数的时候,基类的所有字段都被初始化了。

创建类 C 的实例对象后,当它被销毁时,先调用类 C 的析构函数,再调用类 B 的析构函数,最后调用类 A 的析构函数。按照这种调用顺序,C# 能够保证任何被派生类使用的基类资源,只有在派生类销毁之后才会被释放。但如果在派生类对象创建时,需要调用基类的重载构造函数(非默认构造函数)使基类数据成员得以初始化,则需要使用 base 关键字。base 关键字主要是为派生类调用基类成员提供一个简写的方法,可以在子类中使用 base 关键字访问基类成员。

调用基类中重载构造函数的方法是将派生类的重载构造函数作如下设计:

```csharp
public 派生类名(参数列表 1):base(参数列表 2)
{
}
```

其中,"参数列表 1"中包括基类构造函数所需要的参数和派生类新增的数据成员初始化所需要的参数;"参数列表 2"中包括基类构造函数所需要的参数。"参数列表 2"和"参数列表 1"存在着对应关系。

在通过"参数列表 1"创建派生类的实例对象时,先以"参数列表 2"调用基类的构造函数,再调用派生类的构造函数。

【例 5-2】 演示派生类的构造函数执行顺序。

```
using System.Text;
namespace P5_2
{
    class Parent
    {
        private int x, y;
        public Parent(int a,int b)                    //基类构造函数
        {
            x = a;
            y = b;
            Console.WriteLine("调用基类的重载构造函数 Parent()");
        }
        public void print()
        {
            Console.WriteLine("基类的 x = {0},y = {1}", x, y);
        }
    };
    class Child: Parent
    {
        private int z;
        public Child(int a,int b,int c): base(a,b)    //派生类的构造函数
        {
            z = c;                                    //初始化派生类新增数据成员
            Console.WriteLine("执行派生类的构造函数 child()");
        }
        public void print_1()
        {
            print();
            Console.WriteLine("派生类新增数据成员 z = {0}",z);
        }
    };
    class Program
    {
        static void Main(string[] args)
        {
```

```
            Child ob = new Child(1,2,3);
            ob.print_1();
            Console.ReadLine();
        }
    }
}
```

程序运行结果如下:

调用基类的重载构造函数 Parent()
执行派生类构造函数 child()
基类的 x = 1, y = 2
派生类新增数据成员 z = 3

由上例派生类构造函数的首行可以看出，派生类构造函数名（child）后面括号内的参数名表中包括参数类型和参数名（如 int a），而冒号后 base 括号内的参数只有名而不包括类型（如 a），这说明在这里不是定义基类的构造函数而是调用基类的构造函数，请读者注意。在 Main () 方法中定义派生类对象 child ob (1, 2, 3) 将调用派生类的构造函数，那么应该是先调用基类的构造函数还是先调用派生类的构造函数呢？由程序运行结果可以看出：在 C# 中，简单派生类构造函数的执行次序为：先调用基类构造函数，再调用派生类的构造函数。

5.1.2 抽象类和密封类

我们可以用类修饰关键字 abstract 和 sealed 来控制类继承时的行为。

1. 抽象类

一般用于为子类提供公共接口。在声明类时，使用 abstract 修饰符则表示该类为抽象类，使得该类只能被子类继承，而不能被实例化。抽象类可以被抽象类所继承，结果仍是抽象类。

【例 5-3】 演示抽象类。

```
using System;
namespace P5_3
{
    public abstract class shape          //形状类
    {
        public double area()             //公共接口,求面积
        {return(0);}
    }
    public class circle:shape            //圆类
    {
        private double a;
        public  circle(double r)
        {a = r;}
```

```csharp
        public new double area()        //求面积
        { return Math.PI * a * a; }
    }
    public class rectangle:shape        //长方形类
    {
        private double a,b,c;
        public   rectangle(double a1,double b1,double c1)
        {a = a1;b = b1;c = c1; }
        public new double area()        //求面积
        { return a * b * c; }
    }
    classProgram
        {
        static void Main()
        {
            circle c1 = new circle(5);
            rectangle r2 = new rectangle(2,3,4);
            Console.WriteLine("circle area = {0}" , c1.area());
            Console.WriteLine("rectangle area = {0}" , r2.area());
        }
    }
}
```

shape 形状类中的 area() 仅起到为派生类提供一个一致的接口的作用。由于在 shape 形状类中不能对面积计算做出决定,派生类中重定义的 area() 用于决定以什么样的方式计算面积。

抽象类可以包含抽象方法和非抽象方法。从抽象类派生的非抽象类必须包括继承的所有抽象方法的实现。

在方法声明中使用 abstract 修饰符以指示方法不包含实现,即为抽象方法。因为抽象方法声明不提供实际的实现,所以没有方法体;方法声明只是以一个分号结束,并且在签名后没有大括号 "{}"。

抽象方法具有以下特性:

(1) 只允许在抽象类中使用抽象方法声明,一个类中可以包含一个或多个抽象方法。

(2) 声明一个抽象方法时使用 abstract 关键字。抽象方法是隐式的虚方法。

(3) 抽象方法实现在非抽象派生类提供的一个重写方法,实现重写抽象方法用 override 关键字。

(4) 在抽象方法声明中使用 static 或 virtual 修饰符是错误的。

【例 5-4】 演示抽象类可以包含抽象方法。

```csharp
using System;
namespace P5_4
{
```

```csharp
    abstract class A                        //抽象类声明
    {
        abstract public int fun();          //抽象方法声明
    }
    class B : A
    {
        int x, y;
        public B(int x1, int y1)
        {
            x = x1; y = y1;
        }
        public override int fun()           //抽象方法实现
        {
            return x * y;
        }
    }
    class Program
    {
        static void Main(string[] args)
        {
            B b = new B(2, 3);
            Console.WriteLine("{0}", b.fun());
            Console.ReadLine();
        }
    }
```

程序运行结果为：6

2. 密封类

在声明类时，使用 sealed 修饰符则表示该类为密封类。sealed 不允许该类被继承，使得继承"到此为止"。例如：

```
sealed class 类名
{
    …
}
```

这样，就不能从该类派生任何子类。

5.2 多 态

在类的继承中，C#允许在基类与派生类中的声明具有同名方法，而且同名方法可以有不同的代码。也就是说，在基类与派生类的相同功能中可以有不同的具体实现，从而为解决同一问题提供多种途径。

多态性就是指在程序运行时,虽然执行的是一个调用方法的语句,却可以根据派生类对象的类型不同、完成方法的不同来具体实现。C♯中的多态性是通过继承和虚方法来实现的。本节介绍采用虚方法实现多态性。

5.2.1 隐藏基类方法

C♯中,可以为每个类的每个方法给出特定的代码,而且还需要让程序能够调用正确的方法。当派生类从基类继承时,它会获得基类的所有方法、字段、属性和事件。若要更改基类的数据和行为(在基类与派生类中声明具有同名方法),有两种选择:可以使用新的派生成员替换基成员或者可以重写虚拟的基类成员。本小节介绍前一种方法,在下一小节将介绍后一种方法。

在使用新的派生方法替换基方法时,应使用 new 关键字。在派生类中用 new 关键字声明与基类同名方法的格式如下:

new public 方法名称(参数列表){ }

new 关键字可以使子类在继承的时候屏蔽同名的父类成员,下面的例子说明了这一点:

```
public class Box                //基类
{
    private int width, height;
    public void SetWidth(int w)
    {
        width = w;
    }
    public void SetHeight(int h)
    {
        height = h;
    }
    public void print()
    {
        Console.WriteLine("Box Width:{0},Height:{1}", width, height);
    }
}
public class ColorBox: Box      //子类
{
    private int color;
    public void SetColor(int c)
    {
        color = c;
    }
```

```
    new public void print( )
    {
        Console.WriteLine("ColorBox Width:{0},Height{1}", width,height);
        Console.WriteLine("ColorBox color:{0}", color);
    }
}
```

new 关键字可以使子类在继承的时候屏蔽同名的父类成员，注意，这里屏蔽的意思同样是"不可见"，而非"删除"。在子类 ColorBox 类中，屏蔽了父类成员 print 方法。如果确实需要在子类中调用父类成员，可以使用 base 关键字访问父类成员。

下面的例子说明了在子类中，print（ ）方法调用父类方法 print 成员：

```
public  class ColorBox: Box
{
    private int color;
    public void SetColor(int c)
    {
        color = c;
    }
    new public void print( )
    {
        base.print();              //在子类中调用父类方法 print
        Console.WriteLine("ColorBox color:{0}", color);
    }
}
```

5.2.2 声明虚方法

虚方法在基类中的声明格式：

public virtual 方法名称(参数列表){ }

虚方法在派生类中的声明格式：

public override 方法名称(参数列表){ }

一般要求基类中说明了虚方法后，子类中重载的虚方法应该与父类中虚函数的参数个数相等，对应参数的类型完全相同。在子类中重载虚方法时，要在方法名前加 override 修饰符。注意，virtual 修饰符不能与 static、abstract 和 override 修饰符一起使用。

【例 5-5】 分析以下程序的运行结果。

```
using System;
namespace P5_5
{   class Student
    {   protected int no;                    //学号
```

```
        protected string name;              //姓名
        protected string tname;              //班主任或指导教师
        public void setdata(int no1, string name1,string tname1)
        {
            no = no1; name = name1;tname = tname1;
        }
        public virtual void dispdata()  //虚方法
        {   Console.WriteLine("本科生  学号:{0} 姓名:{1} 班主任:{2}",
            no,name,tname);
        }
    }
    class Graduate : Student
    {  public override void dispdata()   //重写方法
        {   Console.WriteLine("研究生  学号:{0} 姓名:{1} 指导教师:{2}",
            no, name, tname);
        }
    }
    class Program
    {  static void Main(string[] args)
        {   Student s = new Student();
            s.setdata(101,"王华","李量");
            s.dispdata();
            Graduate g = new Graduate();
            g.setdata(201,"张华","陈军");
            g.dispdata();
        }
    }
}
```

可见，Student 对象实例 s 调用的是 Student 的 dispdata () 方法，Graduate 对象实例 g 调用的是 Graduate 的 dispdata () 方法，而不是基类的 dispdata () 方法。运行结果如图 5-4 所示。

图 5-4 运行结果

5.2.3 实现多态性

要实现多态性，通常是在基类与派生类定义之外再定义一个含基类对象形参的方法。多态性的关键在于，该方法中的形参对象在程序运行前根本就不知道是什么类型的对象，要一直到程序运行时，该方法被调用，接受了对象参数，才会知道是什么类型的对象。因为基类对象不仅可以接受本类型的对象实参，还可以接受其派生类类型或派生类的派生类类型的实参，并且可以根据接受对象类型的不同调用相应类定义中的方法，从而实现多态性。

【例5-6】 通过虚方法实现运行时的多态性。比如我们现在有一个 Vehicle 的车辆类需要调用 Drive 方法，不管我们有什么样的车，如 Bike, Car, Jeep, 尽管它们的 Drive 方式不同，但如果它们传递给我们的 Vehicle 类实例通过运行时的多态性，就可以调用它们自己的 Drive 方法。

```csharp
using System;
namespace P5_6
{
    public class Vehicle
    {
        protected float speed;
        public Vehicle(float s)
        {
            speed = s;
        }
        public Vehicle()
        {
        }
        public void ShowSpeed()       //定义基类的非虚方法
        {
            Console.WriteLine("Vehicle speed:{0} ", speed);
        }
        public virtual void Drive()   //定义基类的虚方法
        {
            Console.WriteLine("drive ");
        }
    }
    public class Car : Vehicle
    {
        public Car(int s)
        {
            speed = s;
        }
```

```csharp
        public override void Drive()//定义子类的虚方法
        {
            Console.WriteLine("car drive by four wheel");
        }
        new public void ShowSpeed()
        {
            Console.WriteLine("car speed:{0} ", speed);
        }
    }
    class Bike : Vehicle
    {
        new public void Drive()    //定义子类的虚方法
        {
            Console.WriteLine("car drive by two wheel ");
        }
    }
    public class Program
    {
        public static void test(Vehicle c)
        {
            c.Drive();              //调用虚方法
            c.ShowSpeed();          //调用 Vehicle 类自身的非虚方法
        }
        public static void Main()
        {
            Vehicle a = new Vehicle(120);
            Car b = new Car(140);
            test(a);
            test(b);
            string a1 = Console.ReadLine();
        }
    }
}
```

编译程序并运行可以得到下面的输出结果：

drive
Vehicle speed:120
car drive by fourwheel
Vehicle speed:140

子类 car 的实例 b 赋给了父类 Vehicle 的实例 c，由于 Drive () 是虚方法，那么 c.Drive () 究竟是调用父类还是子类的 drive () 方法不是在编译时确定的，故不同的实例调用它们自己的 Drive 方法。而 ShowSpeed 是非虚方法，则 c.ShowSpeed () 总是调用父类的 ShowSpeed 方法。

> **注意：**
> C#中派生类对象也是基类的对象，但基类对象却不一定是基派生类的对象。也就是说，基类的变量可以引用派生类对象，而派生类的变量不可以引用基类对象。
> 例如：如果 C 从 B 派生，并且 B 从 A 派生，注意以下程序的正误。
>
> A a1 = new A();
> B b1 = new B();
> C c1 = new C();
> a1 = b1;   //ok；基类的变量可以引用派生类对象
> b1 = c1;   //ok；基类的变量可以引用派生类对象
> b1 = a1;   //error；派生类的变量不可以引用基类对象

5.3 接 口

接口（interface）用来定义一种程序的协定，它定义了从基类概括出来的必不可少的行为，如车辆的行为包括点火、熄火、左转、右转、加速和减速等。小汽车、卡车、公共汽车和摩托车都属于车辆的范畴，它们必须封装代表所有车辆的基准行为，车辆接口定义了这些基准行为。特定的车辆类型对这些基准行为有不同的实现，如小汽车和摩托车的加速是不同的，摩托车和公共汽车的转向是不同的。

一个接口要求制定一个行为集合，但是并不实现它。派生类型（类或结构）可以以一种恰当的方式自由地实现接口。实现接口的类要与接口的定义一致，它可以从多个基接口继承。接口可以包含方法、属性、事件和索引器声明。接口本身不提供它所定义的成员的实现，这也是接口中为什么不能包含字段成员变量的原因。

5.3.1 定义接口

定义接口语法格式为：

[访问修饰符] interface 接口名称 [基接口1,基接口2,…]
{
    //接口体
}

例如，定义一个接口，封装车辆的基准行为，车辆的行为包括点火、熄火、左转、右转等。

```
public interface IVehicle
{
    void IgnitionOn();      //点火
    void IgnitionOff();     //熄火
```

```
        void TurnLeft();        //左转
        void TurnRight();       //右转
}
```

代码定义了一个名为 IVehicle 表示车辆行为的接口，在接口中定义了 IgnitionOn、IgnitionOff、TurnLeft 和 TurnRight 四种行为，但没有定义具体的实现。

一般情况下，以大写的"I"开头指定接口名，表明这是一个接口。interface 为定义接口的关键字，就像定义类时使用的 class 关键字一样。

接口可以从多个基接口继承。在接口中，可以定义方法、属性、事件和索引器，但接口本身不提供它所定义的成员的实现，而只指定实现该接口的类必须提供的成员。

5.3.2 实现接口

任何继承了一个接口的类都要负责实现该接口所定义的成员。一个接口是一批需要在派生类中实现的相关方法。接口的成员隐式地被定义成公共的，它在类中的实现也必须是公共类型。例如，定义一个类 Car，继承前面定义的 IVehicle 接口。按要求，IVehicle 接口的成员必须在 Car 类中加以实现，如下面的代码所示：

```
public class Car : IVehicle      //类 Car 继承了 IVehicle 接口
{
    public void IgnitionOn()
    {
        //实现接口成员 IgnitionOn()
    }
    public void IgnitionOff()
    {
        //实现接口成员 IgnicionOff()
    }
    public void TurnLeft()
    {
        //实现接口成员 TurnLeft()
    }
    public void TurnRight()
    {
        //实现接口成员 TurnRight()
    }
}
```

【例 5-7】 设计一个简单的计算器。其中，定义一个计算类"Calculate"和一个接口"ICalculateA"，用于计算的类"Calculate"继承接口"ICalculateA"。

```
using System;
namespace P5_7
{
```

```csharp
        public interface ICalculateA                           //定义接口 ICalculateA
        {
            string GetResult(double a, string o, double b);    //接口方法
        }
        //定义类 Calculate 继承接口 ICalculateA
        public class Calculate : ICalculateA
        {
            //实现接口 ICalculateA 的方法 GetResult
            public string GetResult(double a, string o, double b)
            {
                string r = null;                               //计算结果
                switch(o)
                {
                    case "+":
                        r = (a + b).ToString();
                        break;
                    case "--":
                        r = (a - b).ToString();
                        break;
                    case "*":
                        r = (a * b).ToString();
                        break;
                    case "/":
                        r = (a / b).ToString();
                        break;
                    default:
                        r = "没有结果";
                        break;
                }
                return r;
            }
        }
        class Program
        {
            static void Main(string[] args)
            {
                Console.Write("请输入第一个数:");
                double _a = Convert.ToDouble(Console.ReadLine());   //类型转换
                Console.Write("请输入第二个数:");
                double _b = Convert.ToDouble(Console.ReadLine());
                Console.Write("请输入运算类型:");
                string _o = Console.ReadLine();
```

```
            Calculate C = new Calculate();                    //实例化类 Calculate
            Console.Write( C.GetResult(_a, _o, _b));          //调用 GetResult 计算
            Console.ReadLine();
        }
    }
}
```

运行结果如下：

请输入第一个数:2

请输入第二个数:3

请输入运算类型:+

5

> **说明**：
> （1）C#中的接口和类都可以继承多个接口，一个类可以实现多个接口。也就是说，通过实现多个接口，就可以间接地实现类多继承的功能。
> （2）类可以继承一个基类，接口根本不能继承类。这种模型避免了C++的多继承问题，C++中不同基类中的实现可能出现冲突。因此，也不再需要诸如虚拟继承这类复杂机制。C#的简化接口模型有助于加快应用程序的开发。
> （3）C#中一个接口实际所做的，只存在着方法说明，根本就没有执行代码。这就暗示了不能实例化一个接口，只能实例化一个派生自该接口的类。

5.3.3 显式接口成员实现

当类实现接口时，若给出了接口成员的完整名称，即带有接口名前缀，则称这样实现的成员为显式接口成员，其实现被称为显式接口成员实现。

显式接口成员实现中使用访问修饰符属于编译时错误，即不能包含 public、abstract、virtual、override 或 static 等修饰符。

显式接口成员实现具有与其他成员不同的可访问性特征，不能直接访问"显式接口成员实现"的成员，即使用它的完全限定名也不行。"显式接口成员实现"的成员只能通过接口实例访问，并且在通过接口实例访问时，只能用该接口成员的简单名称来引用。

【例 5-8】 接口成员显式实现示例。

```
using System;
namespace P5_8
{
    interface Ia                                  //声明接口 Ia
    {
        float getarea();                          //接口成员声明
    }
```

```
    public class Rectangle : Ia                    //类 Rectangle 继承接口 Ia
    {   float x,y;
        public Rectangle(float x1, float y1)        //构造函数
        {
            x = x1; y = y1;
        }
        float Ia.getarea()                          //显式接口成员实现,带有接口名
                                                    //  前缀,不能使用 public
        {
            return x * y;
        }
    }
    class Program
    {
        static void Main(string[] args)
        {   Rectangle box1 = new Rectangle(2.5f, 3.0f);   //定义一个类实例
            Ia ia = (Ia)box1;                             //定义一个接口实例
            Console.WriteLine("长方形面积:{0}", Ia.getarea());
        }
    }
```

运行结果如下:

长方形的面积:7.5

5.4 委托与事件

5.4.1 委 托

1. 定义和使用委托

委托(delegate),顾名思义就是中间代理人的意思。C#中的委托允许将一个类中的方法传递给另一个能调用该方法类的某个对象。程序员可以将类 A 中的一个方法 m(被包含在某个委托中)传递给一个类 B,这样类 B 就能调用类 A 中的方法 m 了。所以,这个概念和 C++ 中的以函数指针为参数形式调用其他类中方法的概念十分类似。

简单地说,委托(delegate)类型就是面向对象函数指针。与函数指针不同的是,委托是面向对象的,类型安全并且可靠。

委托是引用类型,一个委托声明定义了一个从类 System.Delegate 延伸的类。委托除了可以指向静态的方法之外,还可以指向对象实例的方法。一个委托实例封装一个方法及可调用的实体。

定义和使用委托分为 4 步:声明委托类型、定义所要调用的方法、实例化委托和调用。

具体步骤如下:

(1) 声明一个委托类型,其参数形式一定要和要包含方法的参数形式一致。

在声明委托时,只需要指定委托指向方法(函数)的参数类型和返回类型。委托类型的定义格式如下:

delegate 数据类型 委托类型名(参数);

例如,若要声明一个委托 MyDelegate 指向无返回值且一个 string 类型参数的方法,可以使用如下语句:

delegate void MyDelegate(string input);

(2) 定义所要调用的方法,其参数形式和第一步中声明委托类型的参数形式必须相同。

例如,定义一个无返回值且 string 类型参数的方法 delegateMethod1()。

```
void delegateMethod1(string input)
{ Console.WriteLine("This is delegateMethod1 and input is {0}",input);
}
```

(3) 定义一个委托类型的实例变量(委托对象),让该实例变量指向某一个要调用的具体方法。其一般格式如下:

委托类型名 委托对象名 = new 委托类型名(要调用方法名);

例如,定义一个委托对象 d1:

MyDelegate d1 = new MyDelegate(delegateMethod1);

其中,d1 指向 delegateMethod1 方法的程序代码段。

(4) 通过委托对象调用委托类型变量指向的方法。其一般格式如下:

委托对象名(实参列表);
d1("hello");

实际上是执行 delegateMethod1 方法的程序代码段。

【例 5-9】 实现委托机制的 C#例子。

```
using System;
using System.Collections.Generic;
using System.Text;
namespace P5_9
{
    //步骤 1:声明一个委托 mydelegate
    delegate double mydelegate(double x,double y);
    class MyDeClass
    {
        //步骤 2:定义 4 个方法,其参数形式和步骤 1 中声明委托的参数必须相同
        public double add(double x, double y)
        {
```

```csharp
            return x + y;
        }
        public double sub(double x,double y)
        {
            return x - y;
        }
        public double mul(double x,double y)
        {
            return x * y;
        }
        public double div(double x,double y)
        {
            return x/y;
        }
    }
    class Program
    {
        static void Main(string[] args)
        {
            MyDeClass obj = new MyDeClass();
            //步骤3:创建一个委托对象p并将上面的方法包含其中
            mydelegate p = new mydelegate(obj.add);
            //步骤4:通过委托对象p调用包含在其中的方法
            Console.WriteLine("5 + 8 = {0}",p(5,8));
            p = new mydelegate(obj.sub);
            Console.WriteLine("5 - 8 = {0}",p(5,8));
            p = new mydelegate(obj.mul);
            Console.WriteLine("5 * 8 = {0}",p(5,8));
            p = new mydelegate(obj.div);
            Console.WriteLine("5/8 = {0}",p(5,8));
        }
    }
}
```

在上述程序中，先声明委托类型 mydelegate，定义一个包含委托方法的类 MyDeClass，其中含有 4 个方法，分别实现两个参数的加法、减法、乘法和除法功能。然后在主函数中定义 MyDeClass 类的一个对象 obj 并实例化，定义一个 mydelegate 委托对象 p，将其实例化并分别关联到 obj 的 4 个方法，每次实例化后都调用该委托对象 p。程序运行结果如图 5-5 所示。

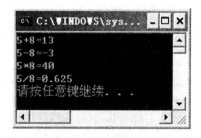

图 5-5 演示委托对象同时调用方法

2. 委托对象调用多个方法

委托对象可以调用多个方法,这些方法的集合称为调用列表。委托使用"＋"、"－"、"＋＝"和"－＝"等运算符向调用列表中增加或移除事件处理方法。

【例 5-10】 设计一个控制台应用程序,说明委托对象同时调用多个方法的使用。

```csharp
using System;
namespace P5_10
{
    delegate void mydelegate(double x, double y);    //声明委托类型
    class MyDeClass
    {
        public void add(double x, double y)
        {
            Console.WriteLine("{0} + {1} = {2}", x, y, x + y);
        }
        public void sub(double x, double y)
        {
            Console.WriteLine("{0} - {1} = {2}", x, y, x - y);
        }
        public void mul(double x, double y)
        {
            Console.WriteLine("{0} * {1} = {2}", x, y, x * y);
        }
        public void div(double x, double y)
        {
            Console.WriteLine("{0}/{1} = {2}", x, y, x / y);
        }
    }
    class Program
    {
        static void Main(string[] args)
        {
```

```
            MyDeClass obj = new MyDeClass();
            mydelegate p, a;
            a = obj.add;    //或者 a = new mydelegate(obj.add);
            p = a;          //将 add 方法添加到调用列表中
            a = obj.sub;    //或者 a = new mydelegate(obj.sub);
            p + = a;        //将 sub 方法添加到调用列表中
            a = obj.mul;    //或者 a = new mydelegate(obj.mul);
            p + = a;        //将 mul 方法添加到调用列表中
            a = obj.div;    //或者 a = new mydelegate(obj.div);
            p + = a;        //将 div 方法添加到调用列表中
    p(5,8);
            Console.ReadLine();
        }
    }
}
```

运行结果如图 5-6 所示。

图 5-6 演示委托对象同时调用多个方法

在 Main() 主方法中，将与 4 个方法关联的委托对象添加到调用列表 p 中，通过调用 p(5,8) 执行其中所有的委托。

p(5,8) 语句的执行过程是：p 是一个委托对象，它指向 obj 对象的 4 个方法，然后将参数 5 和 8 传递给这 4 个方法，分别执行这些方法，相当于执行 obj.add(5,8)、obj.sub(5,8)、obj.mul(5,8) 和 obj.div(5,8)。

5.4.2 事 件

事件有很多，比如说鼠标的事件：MouserMove，MouserDown 等；键盘的事件：KeyUp，KeyDown，KeyPress 等。有事件，就会有对事件进行处理的方法，而事件和处理方法之间是怎么联系起来的呢？委托就是它们之间的桥梁。事件发生时，委托会知道，然后将事件传递给处理方法，处理方法进行相应处理。

1. 为事件创建一个委托类型

所有事件都是通过委托来激活的，其返回值类型一般为 void 型。为事件创建一个委托类型的语法格式如下：

delegate void 委托类型名([触发事件的对象名,事件参数]);

C#中的 EventHandler 以及其他系统定义的事件委托（如鼠标事件委托 MouseEventHandler）都是一类特殊的委托，它们有相同的形式：

publicdelegate void 事件委托名(object sender,EventArgs e);

例如：

public delegate void MyEventHandler(object sender, EventArgs e);

定义一个委托类型 MyEventHandler，其中，第一个参数 sender 指明了触发该事件的对象，第二个参数 e 包含了在事件处理函数中可以被运用的一些数据。EventArgs 类是一个运用广泛的类，它是 MouseEventArgs 类、ListChangedEventArgs 类等的基类。对于基于 GUI 的事件，可以运用这些已经被定义好了的类来完成处理；而对于那些基于非 GUI 的事件，必须要从 EventArgs 类派生出自己的类，并将所要包含的数据传递给委托对象。

例如，以下语句创建一个委托类型 mydelegate，其委托的事件处理方法返回类型为 void，不带任何参数：

public delegate void mydelegate();

2. 事件的声明

事件的声明，必须用关键字 event，定义格式如下：

访问修饰符 event 委托类型 事件名；

例如：

public event MyEventHandler MyEvent;

一般在声明事件的类中包含触发事件的方法。例如，以下 EventClass 类包含 CustomEvent 声明事件和触发该事件的方法 InvokeEvent()。

```
public class EventClass
{
    //首先声明一个委托类型 CustomEventHandler
    public delegate void CustomEventHandler(object sender, EventArgs e);
    //用委托类型声明事件 CustomEvent
    public event CustomEventHandler CustomEvent;
    public void InvokeEvent()          //调用这个方法来触发事件 CustomEvent
    {
        if(CustomEvent！= null)       //判断事件与事件处理方法是否联系起来
            CustomEvent(this, EventArgs.Empty);//调用事件
    }
}
```

3. 事件与相应的事件处理方法联系起来

事件与相应的事件处理方法联系起来，是通过向事件中添加事件处理方法的一个委托实现的，称为订阅事件，这个过程通常是在主程序中进行的。

首先必须声明一个事件所在类的对象,然后将事件处理方法和该对象关联起来,其格式如下:

事件所在类的对象名.事件名 + = new 委托类型名(事件处理方法);

其中,还可以使用"-="、"+"、"-"等运算符添加或删除事件处理方法。最后调用触发事件的方法便可触发事件。

例如,在窗体中最常见的是按钮的 Click 事件,它是这样委托的:

button1.Click + = new System.EventHandler(button1_Click);

单击按钮后就会触发 button1 _ Click 方法进行处理,EventHandler 就是系统类库里已经声明的一个委托。上述代码实现按钮 button1 的 Click 事件与 button1 _ Click()联系起来。

例如,以下语句就是触发前面创建的事件 CustomEvent:

EventClass my = new EventClass();
//将事件 CustomEvent 与事件处理方法 CustomEvent1 联系起来
my.CustomEvent + = new EventClass.CustomEventHandler(CustomEvent1);
my.InvokeEvent();   //调用触发事件的方法触发 CustomEvent 事件

【例 5 - 11】 使用 C♯ 事件机制实现在屏幕上显示当前时间。

```
using System;
namespace P5_11
{
    public class EventClass
    {
        //首先声明一个委托类型 CustomEventHandler
        public delegate void CustomEventHandler(object sender, EventArgs e);
        //用委托类型声明事件 CustomEvent
        public event CustomEventHandler CustomEvent;
        public void InvokeEvent()
        {
            if(CustomEvent ! = null)//判断事件与事件处理方法是否联系起来
                CustomEvent(this, EventArgs.Empty);//调用事件
        }
    }
    class TestClass
    {
        //创建事件处理方法,即事件要完成的功能
        private static void CustomEvent1(object sender, EventArgs e)
        {
            Console.WriteLine("Fire Event1 is{0}", DateTime.Now);
        }
```

```csharp
        static void Main(string[] args)
        {
            EventClass my = new EventClass();
            //将事件 CustomEvent 与事件处理方法 CustomEvent1 联系起来
            my.CustomEvent + = new EventClass.CustomEventHandler(CustomEvent1);
            my.InvokeEvent();/    /引发事件
            Console.ReadLine();
        }
    }
}
```

运行结果如下：

```
Fire Event1 is 2012 - 5 - 25 18:47:48
```

在包含事件声明的类 EventClass 中，声明一个委托类型 CustomEventHandler，它有两个参数（sender 和 e）；在类 TestClass 中应当根据委托类型的签名来生成相应事件的方法签名，如两者都有哪些类型的参数、返回值的类型。也就是说，事件处理函数的参数形式必须和委托的参数形式一致。

5.5 反 射

反射（Reflection）是 .NET 中获取运行时类型信息的方式。通过这种反射机制，我们可以知道一个未知类型对象的类型信息。

例如，有一个对象 a，这个对象不是我们定义的，也许是通过网络捕捉到的，或者是使用泛型定义的。但我们想知道这个对象的类型信息以及它有哪些方法或者属性，甚至我们想进一步调用这个对象的方法。问题是现在我们只知道它是一个对象，不知道它的类型（class），也不知道它有哪些方法等信息。针对这种情况，反射机制就是解决这种问题的。通过反射机制，我们可以知道未知类型对象的类型信息。

再比如，我们有一个 DLL 类库文件，想调用里面的类。现在假设这个 DLL 文件中类的定义、类的数量等是不固定的。现在关键是我们在另一个程序集里面要调用这个 DLL，我们的程序必须能够适应这个 DLL 的变化，也就是说，即使改变了 DLL 文件的定义，也不需要改变我们的程序集。这时候我们就会使用一个未知 DLL，同样，可以通过反射来实现。

5.5.1 System.Reflection 命名空间

.NET 的应用程序由程序集（Assembly）、模块（Module）、类型（class）组成，而反射提供一种编程的方式，让程序员可以在程序运行时获得这几个组成部分的相关信息。例如：

（1）Assembly 类可以获得正在运行的装配件信息，也可以动态的加载装配件，以及在装配件中查找类型信息，并创建该类型的实例。

(2) Type 类可以获得对象的类型信息，此信息包含对象的所有要素：方法、构造器、属性等等，通过 Type 类可以得到这些要素的信息，并且可以调用之。

(3) MethodInfo 类包含方法的信息，通过这个类可以得到方法的名称、参数、返回值等，并且调用之。诸如此类，还有 FieldInfo、EventInfo 等等，这些类都包含在 System.Reflection 命名空间下。

5.5.2 如何使用反射获取类型

System.Type 类可以获取类型，它在反射中起着核心的作用。当反射请求加载的类型时，公共语言运行库将为它创建一个 Type。可以使用 Type 对象的方法、字段、属性来查找有关该类型的所有信息。

获得类型有两种方法：

(1) 通过实例对象获取类型信息。这个时侯仅仅是得到这个实例对象，得到的方式也许是一个 object 的引用，但是并不知道它的确切类型，那么就可以通过调用 System.Object 的方法 GetType 来获取实例对象的 Type 类型对象。

例如，在某个方法内，需要判断传递进来的参数对象是否实现了"Itest"接口，如果实现了，则调用该接口的一个方法：

```
public void Process(object processObj)
{
    Type t = processsObj.GetType();
    if(t.GetInterface("ITest")! = null)
    {
        //调用 ITest 接口的一个方法…
    }
}
```

(2) 以类名为参数，通过 Type.GetType 以及 Assembly.GetType 方法获取。例如：

```
Type  t = Type.GetType("System.String");
```

【例 5-12】 创建控制台程序，获取 MyClass 类型信息。

```
namespace 反射练习
{
    class Program
    {
        static void Main(string[] args)
        {
            MyClass m = new MyClass();
            Type type = m.GetType();      //通过实例对象获取类型
            Console.WriteLine("类型名:" + type.Name);
            Console.WriteLine("类全名:" + type.FullName);
            Console.WriteLine("命名空间名:" + type.Namespace);
```

```
            Console.WriteLine("程序集名:" + type.Assembly);
            Console.WriteLine("基类名:" + type.BaseType);
            Console.WriteLine("是否类:" + type.IsClass);
            Console.WriteLine("MyClass类的公共成员:");
            MemberInfo[] memberInfos = type.GetMembers();//得到所有公共成员
            foreach(var item in memberInfos)
            {
                Console.WriteLine("{0}:{1}",item.MemberType,item);
            }
        }
    }
    class MyClass
    {
        private string m;
        public void test(){ }
        public int MyProperty { get; set; }
    }
}
```

运行结果如下：

类型名:MyClass
类全名:反射练习.MyClass
命名空间名:反射练习
程序集名:反射练习, Version=1.0.0.0, Culture=neutral, PublicKeyToken=null
基类名:System.Object
是否类:True
MyClass类的公共成员:
Method:Void test()
Method:Int32 get_MyProperty()
Method:Void set_MyProperty(Int32)
Method:System.String ToString()
Method:Boolean Equals(System.Object)
Method:Int32 GetHashCode()
Method:System.Type GetType()
Property:Int32 MyProperty

5.5.3 获取程序集元数据

Assembly类主要获得一个程序集的信息，因为程序集中是使用元数据进行自我描述的，所以我们就能通过其元数据得到程序集内部的构成。结合Assembly和反射，能够获取程序集的元数据，但是首先要将程序集装入内存中。

【例5-13】 创建控制台程序，显示程序集的信息。

将上例中的 Main() 改成如下代码：

```csharp
public static void Main()
{
    //获取当前执行代码的程序集
    Assembly assem = Assembly.GetExecutingAssembly();
    Console.WriteLine("程序集全名:" + assem.FullName);
    Console.WriteLine("程序集版本:" + assem.GetName().Version);
    Console.WriteLine("程序集初始位置:" + assem.CodeBase);
    Console.WriteLine("程序集位置:" + assem.Location);
    Console.WriteLine("程序集入口:" + assem.EntryPoint);
    Type[] types = assem.GetTypes();
    Console.WriteLine("程序集下包含的类型:");
    foreach(var item in types)
    {
        Console.WriteLine("类:" + item.Name);
    }
}
```

运行结果如下：

程序集全名:反射练习, Version = 1.0.0.0, Culture = neutral, PublicKeyToken = null
程序集的版本:1.0.0.0
程序集初始位置:file:///E:/C#书稿代码/反射练习/bin/Debug/反射练习.exe
程序集位置:E:\C#书稿代码\反射练习\bin\Debug\反射练习.exe
程序集入口:Void Main()
程序集下包含的类型:
类:Program
类:MyClass

5.6 序列化与反序列化

序列化是将对象状态转换为可保持或传输格式的过程。与序列化相对的是反序列化，它将序列化后的内容再转换为对象。两个过程结合，可以存储和传输数据。通俗一点的解释，序列化就是把一个对象保存到一个文件中，反序列化就是在适当的时候把这个文件再转化成原来的对象使用。

对象存储、远程服务，甚至网络数据流都运用了序列化技术。本节对序列化技术的相关内容进行了说明，并探讨如何运用类库所提供的序列化类来完成对象的分解和重组等操作。

.NET 框架提供了两种格式的序列化，二进制序列化和 XML 序列化。

5.6.1 二进制序列化与反序列化

二进制序列化的相应类为 BinaryFormatter，它将对象的状态分解成简单的二进制格式。在此过程中,对象的公共字段和私有字段以及类的名称(包括包含该类的程序集)都被转换为字节流,然后写入数据流、磁盘或内存。这种类型的序列化并不会遗失原来的对象数据。

BinaryFormatter 类用 Serialize() 方法将对象进行二进制序列化,并将二进制格式用 Deserialize() 方法反序列化来组合还原对象。方法格式如下:

(1) public void Serialize(Stream,object);

功能:将 object 类型对象序列化后,传递到 Stream 的数据流对象。

(2) public object Deserialize(Stream serializationStream)

功能:将 serializationStream 数据流对象重新组合还原被序列化分解的对象。

使用上述方法需要引入命名空间:

using System.Runtime.Serialization;
using System.Runtime.Serialization.Formatters.Binary;

【例 5-14】 把一个 Book 对象进行二进制序列化和反序列化。

```csharp
using System;
using System.Collections;
using System.Text;
using System.IO;
using System.Runtime.Serialization;
using System.Runtime.Serialization.Formatters.Binary;
namespace 序列化
{
    [Serializable]
    public class Book                //Book 类
    {
        public string strBookName;
        [NonSerialized]
        private string bookID;   //_bookID 不被序列化
        public string BookID
        {
            get { return bookID; }
            set { bookID = value; }
        }
        private string bookPrice;
        public void SetBookPrice(string price)
        {
            bookPrice = price;
        }
        public void Write()
        {
```

```csharp
                Console.WriteLine("Book ID:" + BookID);
                Console.WriteLine("Book Name:" + strBookName);
                Console.WriteLine("Book Price:" + bookPrice);
                Console.Read();
            }
        }
        class Program
        {
            static void Main(string[] args)
            {
                //给 Book 类赋值
                Book book = new Book();
                book.BookID = "1";
                book.strBookName = "C#应用编程";
                book.SetBookPrice("50.00");
                string strFile = "c:\\book.data";
                FileStream fs = new FileStream(strFile, FileMode.Create);
                BinaryFormatter formatter = new BinaryFormatter();
                formatter.Serialize(fs, book);              //进行序列化到一个文件中
                fs.Close();
                fs = new FileStream(strFile, FileMode.Open);
                Book book2 = (Book)formatter.Deserialize(fs);   //反序列化
                fs.Close();
                book2.Write();
            }
        }
```

Book 类定义了一些字段和一个可读写的属性 BookID，一个标记为"NonSerialized"的字段 bookID 将不会被序列化。当要将一个类的实例对象进行序列化之前，首先要确认是否可以进行序列化，一个类通常通过属性"Serializable"将其标注为可序列化。所以，Book 类使用"Serializable"特性方式声明 book 类可以序列化。

1. 二进制序列化

```csharp
string strFile = "c:\\book.data";
FileStream fs = new FileStream(strFile, FileMode.Create);
//进行序列化到一个文件中
BinaryFormatter formatter = new BinaryFormatter();
formatter.Serialize(fs, book);
fs.Close();
```

主要就是调用 System.Runtime.Serialization.Formatters.Binary 空间下的 BinaryFormatter 类进行序列化，以二进制格式写到一个 C 盘"book.data"文件中，速度比

较快,而且写入后的文件以二进制保存有一定的保密效果。

2. 二进制反序列化

fs = new FileStream(strFile, FileMode.Open);

Book book2 = (Book)formatter.Deserialize(fs); //反序列化

fs.Close();   //文件关闭

调用反序列化后的运行结果如下:

Book ID:

Book Name:C#应用编程

Book Price:50.00

可见,除了标记为 NonSerialized 的成员 BookID 没有被序列化,所以没有 BookID 信息,而其他所有成员都能被序列化。

5.6.2 XML 序列化与反序列化

XML(eXtensible Markup Language,可扩展标记语言)是一种能定义各种数据结构的文本表示形式。XML 最初设计的目的是弥补 HTML 的不足,以强大的扩展性满足网络信息发布的需要,后来逐渐用于网络数据的转换和描述。

XML 序列化中最主要的类是 Xml Serializer 类,它用于将对象序列化为 XML 格式以及还原序列化对象。这种格式的序列化,只会序列化对象中的公有(public)属性和字段内容。该类同样提供了 Serialize() 及 Deserialize() 方法。

【例 5-15】 把一个 Book 对象进行 XML 序列化和反序列化。

将上例引入的命名空间改为:

using System.IO;

using System.Xml.Serialization;

Main 方法如下修改:

```
static void Main(string[] args)
{
    //给 Book 类赋值
    Book book = new Book();
    //Book book2 = new Book();
    book.BookID = "1";
    book.strBookName = "C#应用编程";
    book.SetBookPrice("50.00");
    string strFile = "c:\\book.xml";
    FileStream fs = new FileStream(strFile, FileMode.Create);
    //构造 XmlSerializer 对象
    XmlSerializer mySerializer = new XmlSerializer(typeof(Book));
    //调用 serialize 方法实现序列化
```

```
    mySerializer.Serialize(fs, book);
    fs.Close();
    fs = new FileStream(strFile, FileMode.Open);
    //构造 XmlSerializer 对象
    mySerializer = new XmlSerializer(typeof(Book));
    //调用 serialize 方法实现反序列化
    Book book2 = (Book)mySerializer.Deserialize(fs);
    fs.Close();
    book2.Write();
}
```

1. 序列化 XML 对象

首先，创建要序列化的对象并设置它的公共属性和字段，而且必须确定用以存储 XML 流的传输格式（作为流，或者作为文件）。例如，如果 XML 流必须以永久形式保存，则创建 FileStream 对象。当反序列化对象时，传输格式将确定创建流还是文件对象。确定了传输格式后，就可以根据需要调用 Serialize 方法或 Deserialize 方法。其次，使用该对象的类型构造 XmlSerializer。最后，调用 Serialize 方法以生成对象的公共属性和字段的 XML 流表示形式或文件表示形式。

在本例中是使用文件永久形式保存要序列化的对象 book，所以创建 FileStream 对象完成对文件的操作。

```
string strFile = "c:\\book.xml";
FileStream fs = new FileStream(strFile, FileMode.Create);
//构造 XmlSerializer 对象
XmlSerializer mySerializer = new XmlSerializer(typeof(Book));
//调用 serialize 方法实现序列化
mySerializer.Serialize(fs, book);
fs.Close();
```

2. 反序列化 XML 对象

首先，构造反序列化的对象 XmlSerializer。其次，调用 Deserialize 方法以产生该对象的副本。在反序列化时，必须将返回的对象强制转换为原始对象的类型。

```
fs = new FileStream(strFile, FileMode.Open);
//构造 XmlSerializer 对象
mySerializer = new XmlSerializer(typeof(Book));
//调用 serialize 方法实现反序列化
Book book2 = (Book)mySerializer.Deserialize(fs);
```

程序运行后 C 盘产生 book.xml 文件，内容如下：

```
<? xml version = "1.0"? >
<Book xmlns:xsi = " http://www.w3.org/2001/XMLSchema - instance" xmlns:xsd = " http://www.w3.org/2001/XMLSchema">
```

```
            <strBookName>C#应用编程</strBookName>
            <BookID>1</BookID>
        </Book>
```

该文件保存的就是 book 对象的值，bookPrice 成员没有被存储。可见 XML 序列化仅将对象的公共字段和属性值序列化为 XML 流，而不转换方法、索引器、私有字段或只读属性（只读集合除外）。

5.7 .NET 泛型编程

在编写程序时，经常遇到两个模块的功能非常相似，只是一个是处理 int 数据类型，另一个是处理 string 数据类型，或者是处理其他自定义的数据类型。因为方法的参数类型不同，只能写多个方法分别处理每个数据类型。如果在方法中传入通用的数据类型，那么，就可以合并代码。泛型的出现就是专门解决这个问题的。

5.7.1 泛型的使用

看下面的代码，代码省略了一些内容，但功能是实现一个栈，这个栈只能处理 int 数据类型：

```
public class stack
{
    private int[] m_item;
    private int top = 0;
    public int Pop(){top - - ; int m = m_item[top];return m; }
    public void Push(int item){ m_item[top] = item; top + + ; }
    public stack(int i)
    {
        this.m_item = new int[i];
    }
}
```

上面代码运行得很好，但是，当需要一个栈来保存 string 类型时，很多人都会想到把上面的代码复制一份，把 int 改成 string 就可以了。当然，这样做本身没有任何问题，但一个优秀的程序员是不会这样做的。因为以后还会遇到类似的问题，如 long、Nole 类型需要一个找来保存时，该如何处理。.NET Framework 2.0 中引入泛型 （Generics）解决这些问题。泛型用一个可替代的数据类型 T，在类实例化时指定 T 的类型，运行时（Runtime）自动编译为本地代码，运行效率和代码质量都有很大提高，并且保证数据类型安全。.NET Framework 2.0 提供了很多泛型类供编程使用。

泛型基本概念是定义一个方法或类，并指定可替代的数据类型作为"类型参数"。通常情况下，都使用大写字符 T。最后，当使用该方法或类时，指明一种具体数据类型给"类型参数" T。泛型的典型用法是把数据类型与通用算法分离开来。

5.7.2 定义泛型方法

要定义一个泛型方法需要有尖括号"< >"以及一个或多个描述泛型的"类型参数"。一般以 T (Type parameter) 来代表类型参数。类型参数可以让开发人员自由设计类和方法,这些类和方法将一个或多个类型的指定推迟到代码声明并实例化该类或方法。

【例 5 - 16】 演示定义和调用泛型 Swap 方法的控制台应用程序。泛型 Swap 方法可交换两种任何类型的参数。

建立控制台程序,添加如下代码:

```
Module Module1
using System;
using System.Collections.Generic;
using System.Linq;
using System.Text;
namespace P5_16
{
    class Program
    {
        static void Main(string[] args)
        {
            int I = 5;
            int J = 7;
            Swap<int>(ref I, ref J);
            Console.WriteLine("I = " + I);
            Console.WriteLine("J = " + J);
            string S = "Paul";
            string R = "Lori";
            Swap<string>(ref S, ref R);
            Console.WriteLine("S = " + S);
            Console.WriteLine("R = " + R);
            Console.ReadLine();
        }
        public static void Swap<T>(ref T a, ref T b)
        {
            //泛型 Swap 方法
            T temp;
            temp = a;
            a = b;
            b = temp;
        }
    }
```

}

运行结果如下：

I = 7
J = 5
S = Lori
R = Paul

在方法名 Swap 后面的＜T＞中描述泛型的类型参数是 T。调用泛型 Swap 方法 Swap＜int＞（ref I，ref J）可以实现有两个整数参数的 Swap 方法。

5.7.3 定义泛型类

要创建泛型类，只需要在类定义中包含尖括号语法，例如：

```
class MyGenericClass<T>
{
    ...
}
```

其中，T 可以是任意标识符，只要遵循通常的 C#命名规则即可，如不以数字开头等。

泛型类可以在其定义中包含任意多个类型，它们用逗号分隔开，例如：

```
class MyGenericClass<T1,T2>
{
    ...
}
```

定义了这些类型之后，就可以在类定义中像使用其他类型那样使用它们。可以把它们用作成员变量的类型、属性或方法等成员的返回类型，方法的参数类型等。

下面的代码是用泛型来重写上面的栈，用一个通用的数据类型 T 来作为一个占位符，等待在实例化时用一个实际的类型来代替。例如：

```
public class Stack<T>
{
    private T[] m_item;
    private int top = 0;
        public int Pop()
        {
            top--; T m = m_item[top]; return m;
        }
        public void Push(T item)
        {
            m_item[top] = item; top++;
        }
        public Stack(int i)
```

```
        {
            this.m_item = new T[i];
        }
}
```

类的写法不变，只是引入了通用数据类型 T 就可以适用于任何数据类型，并且类型安全。这个类的调用方法如下：

```
Stack<int> a = new Stack<int>(100);      //实例化只能保存 int 类型的类
a.Push(10);
a.Push("8888");                          //这一行编译不通过，因为类 a 只接收 int 类
                                           型的数据
int x = a.Pop();
Stack<string> b = new Stack<string>(100); //实例化只能保存 string 类型的类
b.Push(10);                              //这一行编译不通过，因为类 b 只接收 string
                                           类型的数据
b.Push("8888");
string y = b.Pop();
```

这个类和 object 实现的类有截然不同的区别：

（1）类型安全。实例化了 int 类型的栈，就不能处理 string 类型的数据，其他数据类型也一样。

（2）无需装箱和拆箱。这个类在实例化时，按照所传入的数据类型生成本地代码，本地代码数据类型已确定，所以无需装箱和拆箱。

（3）无需类型转换。

5.7.4 使用泛型集合类

实际上不需要程序员自己定义泛型类，System.Collections.Generic 命名空间已经定义好了许多典型数据结构的泛型类，如 List、Queue 和 Stack 泛型类。使用时只需要简单地导入该命名空间，并声明一个需要的类型实例即可。与 3.3 节的集合类相对应的泛型集合类如表 5-2 所示。

表 5-2 泛型集合类与非泛型集合类的对比

非泛型类（System.Collections）	对应的泛型类（System.Collections.Generic）
ArrayList	List
Hashtable	Dictionary
Queue	Queue
Stack	Stack
SortedList	SortedList

泛型集合类与对应的非泛型集合类在构造或者使用方法上有一些变化，下面对每种泛型集合类都单独举一个例子进行说明，请读者注意泛型集合类与非泛型集合类使用之间的区别。

示例一：使用 List<T> 替换 ArrayList，代码如下所示。

```
static void Main(string[] args)
{
    List<string> ls = new List<string>();
    ls.Add("泛型集合元素一");
    ls.Add("泛型集合元素二");
    ls.Add("泛型集合元素三");
    foreach(string s in ls)
    {
        Console.WriteLine(s);
    }
    Console.ReadLine();
}
```

示例二：使用 Dictionary<Tkey, Tvalue>，代码如下所示。

```
Console.WriteLine("Dictinary泛型集合类举例");
Dictionary<string, string> dct = new Dictionary<string, string>();
dct.Add("键一","值一");
dct.Add("键二","值二");
dct.Add("键三","值三");
foreach(KeyValuePair<string, string> kvp in dct)
{
    Console.WriteLine("{0}:{1}",kvp.Key, kvp.Value);
}
```

示例三：使用 Queue<T>，代码如下所示。

```
Console.WriteLine("Queue泛型集合类举例");
Queue<string> que = new Queue<string>();
que.Enqueue("这是队列元素值一");
que.Enqueue("这是队列元素值二");  //Enqueue()往队列中加入一项
que.Dequeue();                    //Dequeue()从队列首删除一项
foreach(string s in que)
{
    Console.WriteLine(s);
}
```

示例四：使用 Stack<T>，代码如下所示。

```
Console.WriteLine("Stack 泛型集合类举例");
Stack<string> stack = new Stack<string>();
stack.Push("这是堆栈元素值一");
stack.Push("这是堆栈元素值二");
foreach(string s in stack)
{
    Console.WriteLine(s);
}
```

示例五：使用 SortedList<Tkey, Tvalue>，代码如下所示。

```
Console.WriteLine("SortedList 泛型集合类举例");
SortedList<string, string> sl = new SortedList<string, string>();
sl.Add("key1", "value1");
sl.Add("key4", "value4");
sl.Add("key3", "value3");
sl.Add("key2", "value2");
foreach(KeyValuePair<string, string> kv in sl)
{
    Console.WriteLine("{0}:{1}", kv.Key, kv.Value);
}
```

上面示例的输出结果如下：

SortedList 泛型集合举例
key1:value1
key2:value2
key3:value3
key4:value4

泛型技术提供了很多好处。首先，泛型类是强类型的，这就确保了所有的错误在编译时能够被发现；强类型还可以为智能感知提供更多方便。然后，泛型能简化代码，使算法可以作用于多种类型。最后，泛型集合要比以 Object 为基础的集合快得多，特别是用于值类型时，使用泛型可以避免装箱和拆箱带来的性能开销。

练 习 题

1. 简述面向对象程序设计中，继承与多态性的作用。
2. 设计一个圆类 circle 和一个桌子类 table，另设计一个圆桌类 roundtable，它是从前两个类派生的，要求输出一个圆桌的高度、面积和颜色等数据。
3. 定义一个 shape 抽象类，利用它作为基类派生出 Rectangle、Circle 等具体形状类，已知具体形状类均具有两个方法 GetArea 和 GetColor，分别用来得到形状的面积和颜色。最后，编写一个测试程序对产生类的功能进行验证。

4. 定义描述矩形的类 Rectangle，其数据成员为矩形的长（Length）与宽（Width）。成员函数为计算矩形面积的函数 Area()与构造函数。再由矩形类派生出长方体类 Cuboid，其数据成员为长方体的高（High）与体积（Volume）。成员函数为：构造函数、计算体积的函数 Vol()、显示长、宽、高与体积的函数 Show()。主函数中用长方体类定义长方体对象 cub，并赋初始值（10，20，30），最后显示长方体的长、宽、高和体积。

5. 定义一个车（vehicle）基类，具有 MaxSpeed、Weight 等成员变量，Run、Stop 等成员函数，由此派生出自行车（bicycle）类、汽车（motorcar）类。自行车（bicycle）类有高度（Height）等属性，汽车（motorcar）类有座位数（SeatNum）等属性。从 bicycle 和 motorcar 派生出摩托车（motorcycle）类。

第 6 章
Windows 窗体应用程序

■ 本章导读

本章主要讲解 Windows 窗体应用程序的创建。介绍 VS 2008 中控件的使用，包括公共控件（Label、Button、TextBox、ListBox、ComboBox、RadioButton、CheckBox、DataTimePicker）、容器控件（GroupBox、Panel、TabControl、SplitContainer）、菜单和工具栏控件（MenuStrip、ContextMenuStrip、ToolStrip、StatusStrip）、对话框控件（OpenFileDialog、SaveFileDialog、FontDialog、ColorDialog）等等。

■ 学习目标

（1）熟练掌握 Windows 应用程序中的常见窗体、控件和组件的属性、方法与事件；

（2）熟练利用 C#语言中的各种控件和组件开发程序。

6.1 窗体应用程序

6.1.1 窗体应用程序的创建、组成和运行

本小节通过一个实例讲解 Windows 窗体应用程序的创建过程。

（1）在 VS 2008 中，选择"文件"→"新建"→"项目"，在"新建项目"对话框的"模版"中选择"Windows 窗体应用程序"，在"名称"处输入 Windows 应用程序的名称"E01－HelloWinApp"，在"位置"处通过"浏览"选择 Windows 应用程序要存放的位置，单击"确定"按钮，如图 6－1 所示。

（2）此时在项目"E01-HelloWinApp"中，会自动创建一个窗体 Form1，在"解决方案管理器"中可以看到该窗体有两个文件："Form1.cs"和"Form1.Designer.cs"，还有一个程序启动文件"Program.cs"，如图 6－2 所示。

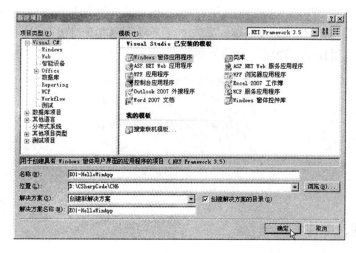

图 6-1 创建 "E01-HelloWinApp" Windows 窗体应用程序

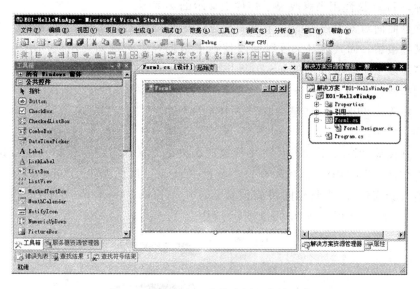

图 6-2 Windows 窗体应用程序的组成

"Form1.cs"是 Form1 窗体对应的代码文件，与窗体及控件有关的事件、方法等代码都可以写在这个文件中或者在这个文件中调用。

"Form1.Designer.cs"文件是与 Form1 窗体和控件显示有关的代码文件，一般不要修改此文件，主要包含 InitializeComponent（）方法。

"Program.cs"中包含程序的入口函数 "Main（）主函数"。

（3）窗体创建后，在其设计状态下可以通过从工具箱中拖放控件的方式来布局、设计界面。

（4）从工具箱中拖放一个标签（Label）控件到 "Form1.cs［设计］"中，将标签的 "Text" 属性设置为 "Hello，Windows 窗体应用程序"，设置 "Font" 属性修改文字的字体，并设置其位于窗体的中间。

(5) 要想运行 Windows 窗体应用程序，单击"调试"菜单项，选择"开始执行（不调试）"或者按 Ctrl+F5 快捷键。VS 2008 将对 Windows 应用程序进行调试，检查语法，并执行应用程序。程序运行结果如图 6-3 所示。

图 6-3　程序运行结果

6.1.2　属性、事件和方法

Form 窗体和控件提供了大量的属性用来修改、改观。例如，Name 属性用来修改控件名称，Text 属性用来修改显示控件上显示的文字等。

事件是面向对象编程中的一个重要概念。通俗地理解，事件是指在某个对象内部发生了某些事情，而其他对象可以引发这些事情的发生。例如，用鼠标单击窗体，可以引发窗体发生一些事情，在 VS 2008 中，叫做窗体的 Click 事件。

应用举例：本小节通过一个实例使读者掌握属性、事件和方法的使用。

（1）在 VS 2008 中，创建"E02-窗体的属性、事件和方法"，点击 Windows 窗体应用程序。

（2）在窗体"Form1 [设计]"中拖放两个按钮。鼠标右键单击第一个按钮，在菜单中选择"属性"，打开"属性"窗口，设置"Name"属性为"btnOpen"，"Text"属性为"打开新窗口"。按照相同步骤设置第二个按钮的"Name"属性为"btnClose"，"Text"属性为"关闭"，如图 6-4 所示。

图 6-4　设置 Button 控件属性

（3）鼠标右键单击 Form1 窗体，在菜单中选择"属性"，打开"属性"窗口。单击属性窗口上方的闪电图标 ，打开 Form1 窗体所拥有的事件列表。找到"Load"事件后，双击鼠标为 Form1 的定义加载事件，如图 6-5 所示。该事件当窗体被打开始自动执行，一般将窗体初始化的代码写在 Form1_Load 方法中。

图 6-5 为 Form1 订阅 Load 事件

在 Form1.cs 文件中自动生成方法如下所示。

```
private void Form1_Load(object sender, EventArgs e)
{
}
```

在 From1.Designer.cs 文件的 InitializeComponent( ) 方法中，自动订阅 Load 事件。代码如下所示。

```
private void InitializeComponent()
{
    ...
    this.Load + = new System.EventHandler(this.Form1_Load);
    ...
}
```

说明：
也可以双击"Form1 [设计]"的空白位置，为 Form1 窗体订阅 Load 事件。

（4）参考第 3 步，为两个按钮分别订阅单击 Click 事件。在 Form1.cs 文件中自动生成方法如下所示。

```
private void btnOpen_Click(object sender, EventArgs e)
{
}
private void btnClose_Click(object sender, EventArgs e)
{
}
```

在 From1.Designer.cs 文件的 InitializeComponent( ) 方法中，自动订阅 Click 事件。代码如下所示。

```
private void InitializeComponent()
{
```

```
    ...
    this.btnClose.Click += new System.EventHandler(this.btnClose_Click);
    this.btnOpen.Click += new System.EventHandler(this.btnOpen_Click);
    ...
}
```

> **说明：**
> 也可以双击 "Form1 [设计]" 中的两个按钮，直接订阅 Click 事件。

（5）打开 Form1.cs 文件，书写程序代码如下所示。

```
namespace E02_窗体的属性和方法
{
    public partial class Form1 : Form
    {
        public Form1()
        {
            InitializeComponent();
        }
        private void Form1_Load(object sender, EventArgs e)
        {
            this.Text = "新窗体";
            this.BackColor = Color.Cyan;
            this.FormBorderStyle = FormBorderStyle.Fixed3D;
            this.StartPosition = FormStartPosition.CenterScreen;
        }
        private void btnOpen_Click(object sender, EventArgs e)
        {
            Form1 form2 = new Form1();      //创建一个新窗体，并显示
            form2.ShowDialog();
        }
        private void btnClose_Click(object sender, EventArgs e)
        {
            this.Close();
        }
    }
}
```

（6）当单击 "打开新窗口" 按钮时，创建一个新窗体，其标题为 "新窗体"。当单击 "关闭" 按钮时，关闭当前窗体。程序运行结果如图 6-6 所示。

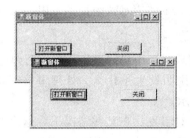

图 6-6 窗体运行图

> **说明：**
> （1）Form1 类继承与 .NET Framework 提供 Form 类，因此具有了 Form 类的相关属性和方法。
> （2）在 Form_Load（）方法中，使用关键字 this 表示当前类。因为当前类继承与 Form 类，所以可以使用 Text、BackColor、FormBorderStyle 和 StartPosition 等属性设置 Form 窗体的显示外观。
> （3）在 btnOpen_Click（）方法中，使用 ShowDialog（）方法显示新创建的窗体。当单击"打开新窗口"按钮时，原先窗体 Form1 的标题栏始终是灰色的，无法被激活，只有关闭新建的 form2 对象后才能单击 Form1 的按钮。实际上这两个窗体之间存在着关系，称 form2 对象按"模式"方式显示。如果把代码改为 form2.Show（），运行程序后可以随意用鼠标激活任意窗体，这种情况称 Form2 按"非模式"显示。要使用"模式"还是"非模式"显示窗体，按照程序的需要而定。
> （4）在 btnClose_Click（）方法中，使用 Close（）方法关闭窗体。

6.2 控件的共有操作

6.2.1 控件常用属性和事件

一个空白的窗体并没有多大用处，它只是作为一个容器，只有放上各种各样的控件以后，才能完成不同的功能。Windows Form 控件有其共有的基本操作，本小节将统一介绍常用控件共有的一些属性和事件。

1．控件常用属性

Windows 应用程序中的所有控件都会有共同常用的属性：Name 和 Text。Name 就是这个控件的名字，而 Text 就是这个控件上显示的信息。拖放好控件后要做的第一件事就是设置该控件的 Name 属性和 Text 属性，还有 Visible 属性（表示这个控件是显示还是隐藏）和 Enabled 属性（可用还是不可用），这两个属性也是每个控件都有而且经常用到的。

（1）当 Visible 属性为 True，表示这个控件在程序运行时显示出来；为 False，则表示程序运行时该控件不显示。

(2) 当 Enabled 属性为 True，表示这个控件可用，该控件为灰色则表示不可用。

2. 控件的事件

Windows 窗体控件事件通常与用户的操作相关。例如，在用户单击或按下按钮时，该按钮就会生成一个事件，说明发生了什么。处理事件就是程序员为该按钮提供功能的方式。常见的事件如下所示。

(1) Click：在单击控件时引发。在某些情况下，这个事件也会在用户按下回车键时引发。

(2) DoubleClick：在双击控件时引发。处理某些控件上的 Click 事件，如 Button 控件，就永远不会调用 DoubleClick 事件。

(3) DragDrop：在完成拖放操作时引发。也就是说，当一个对象被拖到控件上，然后用户释放鼠标按钮后，引发该事件。

(4) DragEnter：在被拖动的对象进入控件的边界时引发。

(5) DragLeave：在被拖动的对象移出控件的边界时引发。

(6) DragOver：在被拖动的对象放在控件上时引发。

(7) KeyDown：当控件有焦点时，按下一个键时引发该事件，这个事件总是在 KeyPress 和 KeyUp 之前引发。

(8) KeyPress：当控件有焦点时，按下一个键时发生该事件，这个事件总是在 KeyDown 之后、KeyUp 之前引发。KeyDown 和 KeyPress 的区别是 KeyDown 传送被按下键的键盘码，而 KeyPress 传送被按下键的 char 值。

(9) KeyUp：当控件有焦点时，释放一个键时发生该事件，这个事件总是在 KeyDown 和 KeyPress 之后引发。

(10) MouseDown：在鼠标指针指向一个控件，且鼠标按钮被按下时引发。这与 Click 事件不同，因为在按钮被按下之后，且未被释放之前引发 MouseDown。

(11) MouseMove：在鼠标滑过控件时引发。

(12) MouseUp：在鼠标指针位于控件上，且鼠标按钮被释放时引发。

(13) Paint：在绘制控件时引发。

(14) Validated：当控件的 CausesValidation 属性设置为 true，且该控件获得焦点时，引发该事件。它在 Validating 事件之后发生，表示有效性验证已经完成。

(15) Validating：当控件的 CausesValidation 属性设置为 true，且该控件获得焦点时，引发该事件。注意，被验证有效性的控件是失去焦点的控件，而不是获得焦点的控件。

添加事件处理程序有两种基本方式：

(1) 双击控件，进入控件默认事件的处理程序。这个事件对不同的控件来说是不同的。如果该事件是我们需要的事件，就可以开始编写代码；如果需要的事件与默认事件不同，则使用第二种方法来处理这种情况。

(2) 使用 Properties 窗口（属性窗口）中的 Events 列表，单击 Properties 窗口的闪电图标按钮 ，就会显示 Events 列表。其中，灰色的事件就是控件的默认事件。要给事件添加处理程序，只需在 Events 列表中双击该事件，就会生成给控件订阅该事件的代码，以及处理该事件的方法签名。

6.2.2 控件的锚定和停靠

锚定用于指定控件与窗体边缘保持固定的距离。当窗体大小和方向更改时，控件调整它的位置以便与窗体的边缘保持相同距离。开发人员可以将控件锚定到一个或多个边缘。停靠控件可以指定该控件直接针对该窗体的边缘确定自身的位置，并且该控件占据整个边缘。

控件的锚定和停靠是通过 Anchor 和 Dock 属性实现的。

（1）Anchor 属性用于指定在用户重新设置窗口的大小时控件该如何响应。如果控件重新设置了大小，就根据控件的边界锁定它，或者其大小不变，但根据窗口的边界来锚定它的位置。

（2）Dock 属性用于指定控件应停放在容器的边框上。如果用户重新设置了窗口的大小，该控件将继续停放在窗口的边框上。例如，如果指定控件停放在容器的底部边界上，则无论窗口的大小如何改变，该控件都将改变大小，或移动其位置，确保总是位于屏幕的底部。

6.3 公共控件

6.3.1 标签控件（Label、LinkLabel）

Label 控件是最常用的控件之一，在任何 Windows 应用程序中都可以在对话框中见到它们，其用途只有一个：在窗体上显示文本。.NET Framework 包含两个标签控件，它们可以用两种截然不同的方式来显示：

（1）Label 是标准的 Windows 标签。

（2）LinkLabel 类似于标准标签，但以 Internet 链接的方式显示（即超链接形式）。

在图 6-7 中有这两种类型的标签。标准的 Label 控件通常不需要添加任何事件处理代码，但它也像其他所有控件一样支持事件。对于 LinkLabel 控件，如果希望用户可以单击它，进入文本中显示的网页，就需要添加其他代码。

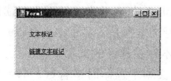

图 6-7 标签控件在窗体上的效果

Label 控件有很多属性，其中大多数属性都派生于 Control 类，但有一些属性是新增的。如下所示。

（1）BorderStyle：可以指定标签边框的样式，默认为无边框。

（2）FlatStyle：控制显示控件的方式。把这个属性设置为 PopUp，表示控件一直显示为平面样式，直到用户把鼠标指针移动到该控件上面。此时，控件显示为弹起样式。

(3) Image：可以指定要在标签上显示的图像（位图，图标等）。

(4) ImageAlign：图像的对齐方式。

(5) LinkArea：文本中显示为链接的部分（只用于 LinkLabel）。

(6) LinkColor：链接的颜色（只用于 LinkLabel）。

(7) Links：LinkLabel 可以包含多个链接。利用这个属性可以查找需要的链接。控件会跟踪显示文本中的链接，不能在设计期间使用（只用于 LinkLabel）。

(8) LinkVisited：把它设置为 true，单击控件链接就会显示为另一种颜色（只用于 LinkLabel）。

(9) TextAlign：文本显示在控件的什么地方。

(10) VisitedLinkColor：用户单击 LinkLabel 后控件的颜色（只用于 LinkLabel）。

6.3.2 文本框控件（TextBox、RichTextBox）

文本框的主要用途是让用户输入文本。用户可以输入任何字符，也可以限制用户只输入数值。.NET Framework 内置了两个基本控件来提取用户输入的文本，即 TextBox 和 RichTextBox。这两个控件都派生于基类 TextBoxBase。TextBoxBase 类提供了在文本框中处理文本的基本功能，如选择文本、剪切和从剪切板上粘贴以及许多其他事件。

1. TextBox 控件

TextBox 控件最常见的属性如下所示。

(1) Text：文本。

(2) MaxLength：指定输入到 TextBox 中文本的最大字符长度。把这个值设置为 0，表示最大字符长度仅受限于可用的内存。

(3) Multiline：表示该控件是否是一个多行控件。多行控件可以显示多行文本。如果把 Multiline 属性设置为 true，通常也把 WordWrap 属性设置为 true。

(4) PasswordChar：指定是否用密码字符替换在单行文本框中输入的字符。如果 Multiline 属性为 true，这个属性就不起作用。

(5) ReadOnly：这个 Boolean 值表示文本是否为只读。

(6) ScrollBars：指定多行文本框是否显示滚动条。

(7) SelectedText：在文本框中选择的文本。

(8) SelectionLength：在文本中选择的字符数。如果这个值设置的比文本中的总字符数大，则控件会把它重新设置为字符总数减去 SelectionStart 的值。

(9) SelectionStart：文本框中被选中文本的开头。

(10) WordWrap：指定在多行文本框中，如果一行的宽度超出了控件的宽度，其文本是否应自动换行。

TextBox 控件常见事件如下所示。

(1) Enter、Leave、Validating、Validated：这 4 个事件按照列出的顺序引发，它

们统称为"焦点事件",当控件的焦点发生改变时引发。但有两个例外,Validating 和 Validated 仅在控件接收了焦点,且其 CausesValidation 属性设置为 true 时引发。接收焦点的控件引发事件的原因是焦点即使有时改变了,我们也不希望验证控件的有效性。

(2) KeyDown、KeyPress、KeyUp:这 3 个事件称为"键盘事件",它们可以监视和改变输入到控件中的内容。KeyDown 和 KeyUp 接收与所按下键对应的键码,这样就可以确定是否按下了特殊的键 Shift 或 Control 和 F1。另一方面,KeyPress 接收与键对应的字符,这表示字母 a 的值与字母 A 的值不同。如果要排除某个范围内的字符,如只允许输入数值,这是很有用的。

(3) TextChange:只要文本框中的文本发生了改变,无论发生什么改变,都会引发该事件。

2. RichTextBox 控件

与常用的 TextBox 一样,RichTextBox 控件派生于 TextBoxBase。所以,它与 TextBox 共享许多功能,但这些功能是不同的。TextBox 常用于从用户处获取短文本字符串,而 RichTextBox 用于显示和输入格式化的文本(如黑体、下划线和斜体),它使用标准的格式化文本,称为 Rich Text Format(富文本格式)或 RTF。

RichTextBox 控件常用属性如下所示。

(1) CanRedo:如果上一个被撤销的操作可以使用 Redo 重复,这个属性就是 true。

(2) CanUndo:如果可以在 RichTextBox 上撤销上一个操作,这个属性就是 true。注意,CanUndo 在 TextBoxBase 中定义,所以也可以用于 TextBox 控件。

(3) RedoActionName:包含通过 Redo 方法执行的操作名称。

(4) Rtf:对应于 Text 属性,但包含 RTF 格式的文本。

(5) SelectedRtf:使用这个属性可以获取或设置控件中被选中的 RTF 格式文本。如果把这些文本复制到另一个应用程序中,如 Word,该文本会保留所有的格式化信息。

(6) SelectedText:与 SelectedRtf 一样,可以使用这个属性获取或设置被选中的文本。但与该属性的 RTF 版本不同,所有的格式化信息都会丢失。

(7) SelectionAlignment:表示选中文本的对齐方式,可以是 Center,Left 或 Right。

(8) SelectionBullet:使用这个属性可以确定选中的文本是否格式化为项目符号的格式,以及使用它插入或删除项目符号。

(9) BulletIndent:使用这个属性可以指定项目符号的缩进像素值。

(10) SelectionColor:使用可以修改选中文本的颜色。

(11) SelectionFont:使用可以修改选中文本的字体。

(12) SelectionLength:使用这个属性可以设置或获取选中文本的长度。

(13) SelectionType:包含了选中文本的信息,它可以确定是选择了一个或多个 OLE 对象,还是仅选择了文本。

(14) ShowSelectionMargin:如果把这个属性设置为 true,在 RichTextBox 的左边就会出现一个页边距,这将使用户更易于选择文本。

(15) UndoActionName：如果用户选择撤销某个动作，该属性将获取该动作的名称。

(16) SelectionProtected：把这个属性设置为 true，可以指定不修改文本的某些部分。

从上面的列表可以看出，大多数新属性都与选中的文本有关。这是因为在用户处理文本时，任何格式化操作都是对用户选择出来的文本进行应用的。如果没有选择出文本，格式化操作就从光标所在的位置开始应用，该位置称为插入点。

RichTextBox 使用的大多数事件与 TextBox 使用的事件相同，新事件如下所示。

(1) LinkedClick：用户在单击文本中的链接时，引发该事件。

(2) Protected：用户在尝试修改已经标记为受保护的文本时，引发该事件。

(3) SelectionChanged：在选中文本发生变化时，引发该事件。如果因为某些原因不希望用户修改选中的文本，就可以在该事件中禁止修改。

3. 应用举例

在下面的示例中，将创建一个最基本的文本编辑器，它说明了如何修改文本的基本格式，如何加载和保存 RichTextBox 中的文本。为了简单起见，这个示例被加载和保存到固定的文件中。

(1) 创建名为 "E03-文本框控件" 的 Windows 窗体应用程序。

(2) 在窗体上放置 TextBox 控件框命，名称为 txtFileName；RichTextBox 控件 rtxtText；按钮控件 btnBold；按钮控件 btnUnderLine；按钮控件 btnLoad；按钮控件 btnSave 和 Text 属性为 "请输入文件名" 的标签控件。如图 6-8 所示。

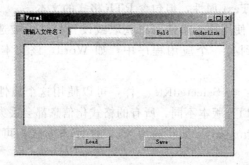

图 6-8 窗体设计界面

(3) 双击 btnBold 按钮，订阅单击事件，代码如下所示。

```
private void btnBold_Click(object sender, EventArgs e)
{
    Font oldFont;
    Font newFont;
    oldFont = this.rtxtText.SelectionFont;
    if(oldFont.Bold)
        newFont = new Font(oldFont, oldFont.Style & ~FontStyle.Bold);
    else
```

```csharp
        newFont = new Font(oldFont, oldFont.Style | FontStyle.Bold);
    this.rtxtText.SelectionFont = newFont;
    this.rtxtText.Focus();
}
```

> **说明：**
> 首先获取当前选中文本使用的字体，并把它赋给一个局部变量。然后检查选中的文本是否为粗体，如果是，就去除粗体设置；否则就设置黑体。使用 oldFont 作为原型，创建一个新字体，但根据需要添加或删除粗体格式。最后，把新字体赋给选中的文本，把焦点返回给 RichTextBox。

（4）双击 btnUnderLine 按钮，订阅单击事件，代码如下所示。

```csharp
private void btnUnderLine_Click(object sender, EventArgs e)
{
    Font oldFont;
    Font newFont;
    oldFont = this.rtxtText.SelectionFont;
    if(oldFont.Underline)
        newFont = new Font(oldFont, oldFont.Style & ~FontStyle.Underline);
    else
        newFont = new Font(oldFont, oldFont.Style | FontStyle.Underline);
    this.rtxtText.SelectionFont = newFont;
    this.rtxtText.Focus();
}
```

（5）双击 btnLoad 按钮，订阅单击事件，代码如下所示。

```csharp
private void btnLoad_Click(object sender, EventArgs e)
{
    try
    {
        rtxtText.LoadFile(txtFileName.Text);
    }
    catch(System.IO.FileNotFoundException)
    {
        MessageBox.Show("该文件不存在");
    }
}
```

（6）双击 btnSave 按钮，订阅单击事件，代码如下所示。

```csharp
private void btnSave_Click(object sender, EventArgs e)
{
```

```
try
{
    rtxtText.SaveFile(txtFileName.Text);
    MessageBox.Show("保存成功");
}
catch(System.Exception err)
{
    MessageBox.Show(err.Message);
}
}
```

(7) 程序运算结果如图 6-9 所示。

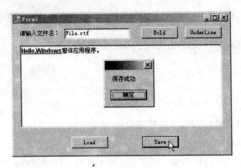

图 6-9 窗体运行图

6.3.3 单选控件 (RadioButton)

RadioButton 又称单选钮，其在工具箱中的图标为 ⊙ RadioButton，单选按钮通常成组出现，用于提供两个或多个互斥选项，即在一组单选按钮中只能选择一个。

1. RadioButton 常用属性如下所示。

(1) Checked：用来设置或返回单选按钮是否被选中。选中时值为 true，没有选中时值为 false。

(2) AutoCheck：如果 AutoCheck 属性被设置为 true（默认），那么当选择该单选按钮时，将自动清除该组中其他所有单选按钮。对一般用户来说，不需要改变该属性，采用默认值（true）即可。

(3) Text：用来设置或返回单选按钮控件内显示的文本。该属性也可以包含访问键，即前面带有 "&" 符号的字母，这样用户就可以通过同时按 Alt 键和访问键来选中控件。

2. RadioButton 常用事件如下所示。

(1) Click：当单击单选按钮时，将把单选按钮的 Checked 属性值设置为 true，同时发生 Click 事件。

(2) CheckedChanged：当 Checked 属性值更改时，将触发 CheckedChanged 事件。

3. 应用举例

(1) 创建名为"E04-单选控件"的 Windows 窗体应用程序。

(2) 创建窗体,在窗体中添加两个 RadioButton 控件,名称为 rbtnMale 和 rbtnFemale。

(3) 为两个 RadioButton 控件分别订阅 Click 事件,代码如下所示。

```
private void rbtnMale_Click(object sender, EventArgs e)
{
    MessageBox.Show("性别:男");
}
private void rbtnFemale_Click(object sender, EventArgs e)
{
    MessageBox.Show("性别:女");
}
```

(4) 程序运行结果如图 6-10 所示。

图 6-10 窗体运行图

6.3.4 复选框控件(CheckBox、CheckListBox)

1. CheckBox 复选框控件

CheckBox 复选框控件的使用非常普遍,下面简单介绍其常用属性。

(1) Checked:用来设置或返回复选框是否被选中。属性值为 true 时,表示复选框被选中;属性值为 false 时,表示复选框没被选中。当 ThreeState 属性值为 true 时,中间态也表示选中。

(2) TextAlign:用来设置控件中文字的对齐,有 9 种选择方式,如图 6-11 所示。

图 6-11 TextAlign 属性

(3) ThreeState：用来设置或返回复选框是否能表示 3 种状态。属性值为 true 时，表示 3 种状态——选中、没选中和中间态（CheckState.Checked、CheckState.Unchecked 和 CheckState.Indeterminate）；属性值为 false 时，表示两种状态——选中和没选中。

(4) CheckState：用来设置或返回复选框的状态。属性值为 false 时，取值有 CheckState.Checked 或 CheckState.Unchecked；属性值为 True 时，取值有 CheckState.Indeterminate。此时，复选框显示为浅灰色选中状态，该状态通常表示该选项下的多个子选项未完全被选中。

CheckBox 控件的常用事件有 Click 和 CheckedChanged 等，其含义及触发时机与单选按钮完成一致。

2. CheckedListBox 复选列表框

CheckedListBox 控件又称复选列表框。CheckedListBox 主要属性如下所示，其余属性、方法和事件见 6.3.5 小节。

(1) CheckOnClick：获取或设置一个值，该值指示当某项被选定时是否应切换左侧的复选框。如果立即切换选中标记，则该属性值为 true，否则为 false。

(2) CheckedItems：复选列表框中选中项的集合，只代表处于 CheckState.Checked 状态或 CheckState.Indeterminate 状态的项。该集合中的索引按升序排列。

(3) CheckedIndices：代表选中项（处于选中状态或中间状态的项）索引的集合。

(4) Items：设定复选列表框中的列表项。

3. 应用举例

(1) 创建一个名为"E05-复选框控件"的 Windows 窗体应用程序。

(2) 创建窗体，在窗体中添加 CheckedListBox 控件，名称为 chlstbBook。添加名称为 btnSelect 的按钮控件。

(3) 修改 CheckedListBox 控件的 Items 属性，如图 6-12 所示。

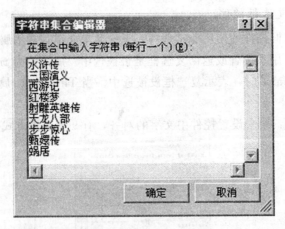

图 6-12 Items 属性

(4) 修改 CheckedListBox 控件的 Items 属性为 true。

(5) 为 btnselect 按钮订阅单击事件，代码如下所示。

```
private void btnSelect_Click(object sender, EventArgs e)
{
    string str = "喜欢著作为:\n";
    foreach(string s in chlstbBook.CheckedItems)
    {
        str += s + "\n";
    }
    MessageBox.Show(str);
}
```

(6) 程序运行结果如图 6-13 所示。

图 6-13 窗体运行图

> 说明:
> (1) 定义字符串 str 用来表示用户的选择。在 MessageBox 中，用 "\n" 表示回车换行。
> (2) 使用 foreach 循环，依次获取在 CheckedListBox 控件中的选择项。

6.3.5 列表控件 (ListBox、ComboBox)

1. ListBox 列表框

列表框用于显示一组字符串，每次可以从中选择一个或多个选项。在设计期间，如果不知道用户要选择的数值个数，或者列表中的值非常多，都应考虑使用列表框。

ListBox 类派生于 ListControl 类。另一种类型的列表框称为 CheckedListBox，派生于 ListBox 类。下面列出的所有属性都可以用于 ListBox 类和 CheckedListBox 类。

(1) SelectedIndex：表示列表框中选中项基于 0 的索引。如果列表框可以一次选择多个选项，这个属性就包含选中列表中的第一个选项。

(2) ColumnWidth：在包含多个列的列表框中，这个属性指定列的宽度。

(3) Items：包含列表框中的所有选项，使用这个集合的属性可以增加或删除选项。

(4) MultiColumn：列表框可以有多个列。使用这个属性可以获取或设置列表框中列的个数。

(5) SelectedIndices：是一个集合，包含列表框中选中项所有基于 0 的索引。

(6) SelectedItem：在只能选择一个选项的列表框中，这个属性包含选中的选项。在可以选择多个选项的列表框中，这个属性包含选中项中的第一个选项。

(7) SelectedItems：是一个集合，包含当前选中的所有选项。

(8) SelectionMode：在列表框中，可以使用以下 ListSelectionMode 枚举中的 4 种选择模式。

① None：不能选择任何选项。

② One：每次只能选择一个选项。

③ MultiSimple：可以选择多个选项。使用这个模式，在单击列表中的第一项时，该项就会被选中，即使单击另一项，该项也仍保持被选中状态，除非再次单击它。

④ MultiExtended：可以选择多个选项，用户还可以使用 Ctrl、Shift 和箭头键进行选择。它与 MultiSimple 不同，如果先单击一项，然后单击另一项，则只选中第二个单击的项。

(9) Sorted：把这个属性设置为 true，会使列表框对它包含的选项按照字母顺序排序。

(10) Text：许多控件都有 Text 属性，但这个 Text 属性与其他控件的 Text 属性大不相同。如果设置列表框控件的 Text 属性，它将搜索匹配该文本的选项，并选择该选项。如果获取 Text 属性，返回的值是列表中第一个选中的选项。如果 SelectionMode 是 None，就不能使用这个属性。

下列方法均属于 ListBox 类和 CheckedListBox 类。

(1) ClearSelected( )：清除列表框中的所有选项。

(2) FindString( )：查找列表框中第一个以指定字符串开头的字符串。例如，FindString("a") 就是查找列表框中第一个以 a 开头的字符串。

(3) FindStringExact( )：与 FindString 类似，但必须匹配整个字符串。

(4) GetSelected( )：返回一个表示选项是否选择的值。

(5) SetSelected( )：设置或清除选项。

(6) ToString( )：返回当前选中的选项。

(7) GetItemChecked( )：返回一个表示选项是否选中的值（只用于 CheckedListBox）。

(8) GetItemCheckState( )：返回一个表示选项选中状态的值（只用于 CheckedListBox）。

(9) SetItemChecked( )：设置指定为选中状态的选项（只用于 CheckedListBox）。

(10) SetItemCheckState( )：设置选项的选中状态（只用于 CheckedListBox）。

通常情况下，在处理 ListBox 和 CheckedListBox 时，使用的事件都与用户选中的选项有关，如下所示。

(1) ItemCheck：在列表框中，一个选项的选中状态改变时引发该事件（只用于

CheckedListBox)。

(2) SelectedIndexChanged：在选中选项的索引改变时引发该事件。

应用举例：用户可以查看 CheckedListBox 中的选项，然后单击按钮，把选中的选项移动到 ListBox 中。

(1) 创建一个名为"E06-列表框控件"的 Windows 窗体应用程序。

(2) 创建窗体，在窗体上添加一个名为 lstbMonth 的 ListBox 控件、一个名为 chlstbMonth 的 CheckedListBox 控件和一个名为 btnMove 的 Button 控件。

(3) 把按钮的 Text 属性改为 Move。

(4) 把 CheckedListBox 的属性 CheckOnClick 改为 true。

(5) 现在需要移动 CheckedListBox 中的内容。可以在设计模式下添加选项，方法是选择 Perperties 窗口上的 Items 属性，在其中添加选项，如图 6-14 所示。

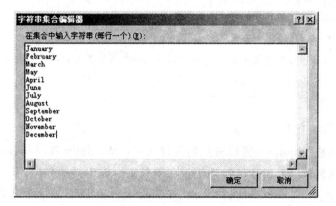

图 6-14 CheckedListBox 添加 Items 项

(6) 为 btnMove 按钮控件订阅单击事件，代码如下所示。

```
private void btnMove_Click(object sender, EventArgs e)
{
    if(this.chlstbMonth.CheckedItems.Count > 0)
    {
        this.lstbMonth.Items.Clear();
        foreach(string item in this.chlstbMonth.CheckedItems)
        {
            this.lstbMonth.Items.Add(item.ToString());
        }
        for(int i = 0; i < this.chlstbMonth.Items.Count; i++)
            this.chlstbMonth.SetItemChecked(i, false);
    }
}
```

(7) 程序运行结果如图 6-15 所示。

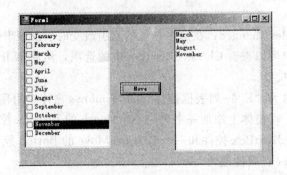

图 6-15 窗体运行图

> **说明：**
> 在点击 Move 按钮时，首先查看 CheckedListBox 控件 CheckedItems 集合的 Count 属性。如果集合中有选中的选项，该属性就会大于 0。接着清除 ListBox 列表框中的所有选项，循环 CheckedItems 集合，把每个选中的选项添加到 ListBox 列表框中。最后，删除 CheckedItems 中的所有选中标记。

2. ComboBox 控件

组合框是组成 Windows 窗口常见的控件之一，Windows 程序员在应用软件开发中经常要用到组合框。ComboBox 控件用于在下拉组合框中显示数据。

在默认情况下，ComboBox 控件分两个部分显示：顶部是一个允许用户键入列表项的文本框；下面是一个列表框，它显示一个列表，用户可以从中选择一项。可以认为 ComboBox 就是文本框与列表框的组合，与文本框和列表框的功能基本一致。与列表框相比，组合框不能多选，因为它没有 SelectionMode 属性。但组合框有一个名为 DropDownStyle 的属性，该属性用来设置或获取组合框的样式，如下所示。

（1）Simple：简单样式，文本框和下拉框是展开的，允许输入，也可以选择。

（2）DropDown：默认不显示下拉框，但支持输入和选择。

（3）DropDownList：默认不显示下拉框，只能选择不能输入。

应用举例：在 Label 控件中显示用户选择的 ComboBox 的选项。

（1）创建名为 "E07-组合框控件" 的 Windows 窗体应用程序。

（2）在窗体中添加 3 个 ComboBox 控件，名称分别为 cmbSimple、cmbDD 和 cmbDDL，设定属性 DropDownStyle 分别为 Simple、DropDown 和 DropDownList。

（3）在 3 个 ComboBox 控件的 Items 属性中分别输入 Monday 到 Sunday。

（4）在窗体中添加 3 个 Label 控件，名称分别为 lblSimple、lblDD 和 lblDDL。

（5）为 3 个 ComboBox 控件分别订阅 SelectedIndexChanged 事件，输入代码如下所示。

```
private void cmbDDL_SelectedIndexChanged(object sender, EventArgs e)
{
```

```
        this.lblDDL.Text = this.cmbDDL.SelectedItem.ToString();
}
private void cmbDD_SelectedIndexChanged(object sender, EventArgs e)
{
        this.lblDD.Text = this.cmbDD.SelectedItem.ToString();
}
private void cmbSimple_SelectedIndexChanged(object sender, EventArgs e)
{
        this.lblSimple.Text = this.cmbSimple.SelectedItem.ToString();
}
```

程序运行结果如图 6-16 所示。

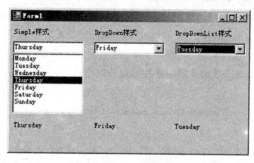

图 6-16 窗体运行图

 说明：

当用户在 ComboBox 控件中的选择项发生变化时，激发 SelectedIndexChanged 事件。

6.3.6 日期时间选择控件（DateTimePicker）

如果希望应用程序可以选择日期和时间，可以使用 DataTimePicker 控件。DataTimePicker 控件用于选择日期和时间，但只能够选择一个时间段。DataTimePicker 控件主要属性如下所示。

（1）ShowCheckBox：是否在控件中显示复选框。当复选框未被选中时，表示未选择任何值。

（2）Checked：当 showcheckbox 为 true 时，确定是否选择复选框。

（3）ShowUpDown：改为数字显示框，不在显示月历表。

（4）Value：当前的日期（年月日时分秒）。

应用举例：DataTimePicker 控件显示时间差。

（1）创建名为"E08-日期时间选择控件"的 Windows 窗体应用程序。

（2）从工具箱中拖曳两个 DataTimePicker 控件，名称分别为 dtpStart 和 dtpEnd。

（3）为窗体订阅 Load 事件，代码如下所示。

```csharp
private void Form1_Load(object sender, EventArgs e)
{
    label3.Text = "开始日期是本年度第" + dtpStart.Value.DayOfYear.ToString() + "天";
    label4.Text = "开始日期是本周" + dtpStart.Value.DayOfWeek.ToString();
    label5.Text = "日期之差" + Convert.ToString ( dtpEnd.Value.DayOfYear -
                    dtpStart.Value.DayOfYear) + "天";
}
```

（4）为 DataTimePicker 控件订阅 ValueChanged 事件，代码如下所示。

```csharp
private void dtpStart_ValueChanged(object sender, EventArgs e)
{
    if(dtpEnd.Value.DayOfYear - dtpStart.Value.DayOfYear > 0)
        label5.Text = "日期之差" + Convert.ToString ( dtpEnd.Value.DayOfYear -
                    dtpStart.Value.DayOfYear) + "天";
    else
        MessageBox.Show("开始日期应该在结束日期之前");
}
private void dtpEnd_ValueChanged(object sender, EventArgs e)
{
    if(dtpEnd.Value.DayOfYear - dtpStart.Value.DayOfYear > 0)
        label5.Text = "日期之差" + Convert.ToString ( dtpEnd.Value.DayOfYear -
                    dtpStart.Value.DayOfYear) + "天";
    else
        MessageBox.Show("开始日期应该在结束日期之前");
}
```

程序运行结果如图 6-17 所示。

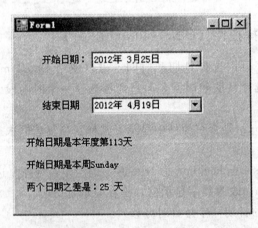

图 6-17 窗体运行图

> 📖 说明：
> 如果选择的日期都是同一年的不同两天，则通过求某天是一年的第几天，然后通过求差计算出两个日期之差。如果第一天日期为 2013 年 1 月 1 日，另一天日期为 2012 年 12 月 31 日的话，其日期差为 1 天，但是通过程序计算就会得出 365 天的错误值。请大家自行设计修改此处代码的错误之处。

6.4 容器控件

6.4.1 分组控件（GroupBox）

GroupBox 控件又称为分组框，通常用于逻辑地组合一组控件，如 RadioButton 和 CheckBox 控件。GroupBox 控件会显示一个框架，可以通过它的 Text 属性为其设置标题，如图 6-18 所示。

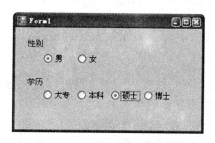

图 6-18 分组框 GroupBox 控件

GroupBox 控件的用法非常简单，把它拖放到窗体上，再把所需要的控件拖放到其中即可。

> 📖 说明：
> （1）控件拖放顺序不能颠倒，必须先放 GroupBox 控件，再放其他控件。另外，不能把组框放在已有的控件上面。
> （2）GroupBox 控件中可以放置多个 RadioButton，但只能选择一个 RadioButton。
> （3）位于分组框中的所有控件随着分组框的移动而一起移动，随着分组框的删除而全部删除，分组框的 Visible 属性和 Enabled 属性也会影响到分组框中的所有控件。
> （4）GroupBox 控件能够自动将组内控件和组外控件进行区分，如图 6-18 所示。性别 GroupBox 能自动和学历 GroupBox 进行控件区分。

6.4.2 面板控件（Panel）

Panel 是一个容器控件，基本上不会用它本身的事件或者方法，一般是用 Panel 控件统一管理其他几个非容器类控件。例如，要在一个窗体里布置两个不同的界面，通过点击不同按钮切换这两个界面，或者在某些条件不成立时要把窗体中的某些控件隐藏，这时候就可以选择 Panel 控件。

Panel 控件的常用属性是 Visible 和 Enable。

6.4.3 选项卡控件（TabControl）

选项卡控件（TabControl）用于创建带有多个选项卡页（TabPage，或称标签页）的窗口，每个选项卡都相当于一个对话窗口容器，可以在其中独立的存放其他控件对象。当窗口功能复杂、控件很多时，使用 TabControl 将其按功能进行分类非常方便。

TabControl 控件的使用非常简单。可以在控件的 TabPage 对象集合中添加任意数量的标签，再把要显示的控件拖放到各个页面上。

TabControl 的属性一般用于控制 TabPage 容器的外观，特别是正在显示的选项卡，常用属性如下所示。

（1）Alignment：控制标签在标签控件的什么位置显示，默认的位置为控件的顶部。

（2）Appearance：控制标签的显示方式。标签可以显示为一般的按钮或带有平面样式。

（3）HotTrack：如果这个属性设置为 true，则当鼠标指针滑过控件上的标签时，其外观就会改变。

（4）Multiline：如果这个属性设置为 true，就可以有几行标签。

（5）RowCount：返回当前显示的标签行数。

（6）SelectedIndex：返回或设置选中标签的索引。

（7）SelectedTab：返回或设置选中的标签。注意，这个属性在 TabPages 的实例上使用。

（8）TabCount：返回标签的总数。

（9）TabPages：这是控件中的 TabPage 对象集合。使用这个集合可以添加或删除 TabPage 对象。

TabControl 的工作方式与前面的控件有一些区别，这个控件只不过是用于显示页面标签页的容器。在工具箱中双击 TabControl 时，就会显示一个已添加了两个 TabPage 的控件。

把鼠标移动到该控件的上面，在控件的右上角就会出现一个带三角形的小按钮。单击这个按钮，就会打开一个小窗口，即 Actions 窗口，如图 6-19 所示。TabControl 的 Actions 窗口可以方便地在设计期间添加和删除 TabPage。

上面给 TabControl 添加标签页 TabPage 的过程可以让用户快速使用和运行该控件。另一方面，如果要改变标签页 TabPage 的操作方式或样式，就应该使用 TabControl 控件的 TabPages 属性对话框来实现。添加了需要的 TabPages 后，就可以给页面添加控件了，其方式与前面的 GroupBox 相同。

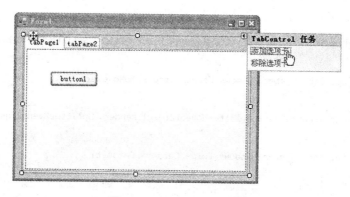

图 6-19　TabControl 控件

通过查看 SelectedTab 属性，可以确定当前的选项卡。每次选择新选项卡时，都会引发 SelectedIndex 事件。通过监听 SelectedIndex 属性，再使用 SelectedTab 属性确认当前选项卡，就可以对每个选项卡进行特定处理。

6.4.4　面板复合控件（SplitContainer）

SplitContainer 控件表示一个由可移动条组成的控件。SplitContainer 控件把 3 个控件组合在一起，其中有两个面板控件，在它们之间有一个可移动拆分器（即分隔栏）。该可移动分隔栏将容器的显示区域分成两个大小可调的面板，在重新设置面板的大小时，面板上的控件也可以重新设置大小。用户在分隔栏上移动鼠标时，光标就会改变，此时可以移动分隔栏。SplitContainer 可以包含任意控件，包括布局面板和其他 SplitContainer。因此，可以创建非常复杂、专业化很高的窗体。

分隔栏的移动和定位可以用 SplitterDistance、SplitterIncrement 属性控制。SplitterDistance 属性确定分隔栏与控件左边界或顶边的距离，SplitterIncrement 确定在拖动时分隔栏移动的像素值。面板可以使用 Panel1MinSize 和 Panel2MinSize 属性设置其最小尺寸，这些属性的单位也是像素。

移动分隔栏会引发与移动相关的两个事件：SplitterMoving 和 SplitterMoved。SplitterMoving 事件在移动过程中引发，SplitterMoved 在移动结束后引发，它们都接收一个 SplitterEventArgs。SplitterEventArgs 的 SplitX 和 SplitY 属性表示 Splitter 左上角的 X 和 Y 坐标，X 和 Y 属性表示鼠标指针 X 和 Y 的坐标。

应用举例：演示一个垂直的和一个水平的 SplitContainer。

（1）创建名为"E9-面板复合控件"的 Windows 窗体应用程序。

（2）从控件工具箱中拖放一个 SplitContainer 控件，将窗体垂直分隔成两个面板。SplitterIncrement 属性设为 10，垂直分隔栏以 10 个像素的增量移动。在右面板中再拖放一个 SplitContainer 控件，设置其 Orientation 属性为 Horizontal，则将右面板再水平分隔成上下两个面板。

（3）移动垂直分隔栏将引发 SplitterMoving 事件，在本示例中表现为光标样式发生变化。在停止移动分隔栏时引发 SplitterMoved 事件，本示例中通过将光标样式还原为默认样式来表示它，如图 6-20 所示。

程序代码如下:

```
private void splitContainer1_SplitterMoving(object sender, SplitterCancelEventArgs e)
{
    Cursor.Current = System.Windows.Forms.Cursors.NoMoveVert;
}
private void splitContainer1_SplitterMoved(object sender, SplitterEventArgs e)
{
    Cursor.Current = System.Windows.Forms.Cursors.Default;
}
```

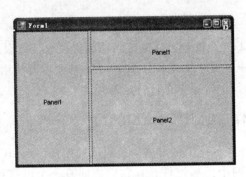

图 6-20 面板复合控件

6.5 菜单与工具栏控件

6.5.1 菜单控件 (MenuStrip)

基本上每一个应用程序(不管是基于对话框、单文档还是多文档的应用程序)都需要菜单,它是用户与应用程序交互的重要载体。

在 Visual Studio 2008 中,菜单的制作已经变得非常容易。可以使用工具箱中的两个菜单制作控件,从而设计出具有个性化的 Windows 菜单,这个菜单控件就是 MenuStrip。

应用举例:该例题程序演示了有关多文档、单文档和菜单的设计方法。

(1) 打开 VS 2008,创建名为"E10-菜单控件"的 Windows 窗体应用程序。

(2) 选定窗体 Form1,找到其 IsMdiContainer 属性,设置其值为"true"。可以看出,Form1 主窗体由浅灰色变为深灰色,表示可以作为 MDI 父窗体。

(3) 在"解决方案资源管理器"界面中,右键单击项目"E10-菜单控件",选择"添加"→"Windows 窗体"命令,弹出添加新项——"E10-菜单控件"对话框。

(4) 在名称中输入"MenuForm2",单击"确定"按钮,得到新添加的 Windows 窗体 MenuForm2。

(5) 重复第 (3)、(4) 步,继续添加 MenuForm3 和 MenuForm4 窗体。

(6) 在"工具箱"中找到 MenuStrip,将其拖放至 Form1 窗体。主窗体将会被分为两部分,其中上半部分是窗体,下半部分是不可视控件 MenuStrip。

(7) 选定不可视控件 MenuStrip,便可以在窗体设计状态下编辑菜单、设计菜单。菜单项的名称可以通过如下两种方式写入,如图 6-21 所示。

① 选定一空白项,在其属性卡里的 Text 属性项中输入名称即可。

② 选定一个空白项,再单击该空白项(不要双击),然后写入名称即可。

图 6-21 设置菜单项

(8) 为每一个菜单项添加事件响应方法。双击"菜单一",为其编写事件响应方法,代码如下所示。

```
private void Menu1_Click(object sender, EventArgs e)
{
    MessageBox.Show("Menu1");
}
```

该段代码表示,当单击"菜单一"时,程序会弹出消息提示框。

(9) 双击"菜单二",为其添加如下代码。

```
private void Menu2_Click(object sender, EventArgs e)
{
    MenuForm2 MF2 = new MenuForm2();    //实例化一个 MenuForm2 对象
    MF2.MdiParent = this;               //将 Form1 窗口作为其父窗口
    MF2.Show();
}
```

代码中的 MF2.MdiParent=this,表示将 Form1 窗口设置为多文档界面的父窗口。单击该菜单项会弹出 MenuForm2 窗体。

(10) 双击"菜单三",为其添加如下代码。

```
private void Menu3_Click(object sender, EventArgs e)
{
    MenuForm3 MF3 = new MenuForm3();
    MF3.MdiParent = this;
    MF3.Show();
}
```

该段代码表示,当单击该菜单项时,程序会弹出 MenuForm3 窗体。

(11) 双击"菜单四",为其添加如下代码。

```
private void Menu4_Click(object sender, EventArgs e)
```

```
    {
        MenuForm4 MF4 = new MenuForm4();    //实例化一个MenuForm4对象
        MF4.ShowDialog();                    //显示窗体
    }
```

该段代码表示,单击"菜单四"直接弹出MenuForm4窗体,即该窗体不是多文档窗体中的子窗体。

(12)双击"退出"菜单项,为其添加如下代码。

```
private void MenuE_Click(object sender, EventArgs e)
{
    this.Close();    //退出当前程序
}
```

该段代码表示关闭当前所有窗体,退出程序。

(13)运行程序,通过菜单项打开一些窗体,结果如图6-22所示。

图6-22 窗体运行图

可以看出,其中的MenuForm4可以显示在父窗体的外部,而MenuForm2和MenuForm3则不能。

6.5.2 快捷菜单控件(ContextMenuStrip)

快捷菜单又叫上下文菜单,就是单击右键时弹出的菜单。当右键单击某个关联的控件时,便弹出其快捷菜单,所以需要将快捷菜单与相关的控件进行关联。

应用举例:通过ContextMenuStrip控件设计窗体的快捷菜单。

(1)建立名为"E11-快捷菜单控件"的Windows窗体应用程序。

(2)通过工具箱向窗体添加ContextMenuStrip控件,并确保窗体的ContextMenu属性设置为刚才添加ContextMenu控件的名字ContextMenuStrip1。

(3)修改ContextMenuStrip控件的Items属性,添加3个MenuItem,分别为:复制、剪切和粘贴,如图6-23所示。

（4）按 Ctrl+F5 编译并运行程序，然后右键单击窗体，界面如图 6-24 所示。

图 6-23　修改 Items 属性图　　　　图 6-24　窗体运行图

6.5.3　状态栏控件（StatusStrip）

StatusStrip 控件主要出现在当前 Window 窗体的底部，一般通过文本和图像向用户显示应用程序当前状态的信息，该控件位于"菜单和工具栏"区域。

StatusStrip 控件允许添加的控件包括：StatusLabel 控件（添加标签控件）、ProgressBar 控件（进度条控件）、DropDownButton 控件（下拉列表控件）以及 SplitButton 控件（分割控件）。

6.5.4　工具栏控件（ToolStrip）

ToolStrip 是 MenuStrip、ContextMenuStrip 和 StatusStrip 的基类。

在新的 Windows 窗体应用程序中使用 ToolStrip 及其关联类，可以创建具有 Windows XP、Office、Internet Explorer 或自定义外观和行为的工具栏，这些工具栏可以具有或没有主题，并且可以支持溢出及运行时重新排序。ToolStrip 控件还提供了丰富的设计时体验，包括就地激活、编辑、自定义布局和指定的 ToolStripContainer 内的横向或者纵向空间。

ToolStrip 类提供许多可管理绘制、鼠标和键盘输入以及拖放功能的成员。通过将 ToolStripRenderer 类与 ToolStripManager 类结合使用，可以对 Windows 窗体上所有 ToolStrip 控件的绘制样式和布局样式进行更多的控制和自定义。

6.6　对话框控件

在一些应用程序中，常常需要进行诸如打开或保存文件、选择字体、设置颜色以及设置打印选项等操作。C#为用户提供了与上述操作相关一组的标准对话框。

6.6.1　打开文件对话框控件（OpenFileDialog）

打开文件对话框 OpenFileDialog 控件的常用属性如下所示。

（1）InitialDirectory：获取或设置文件对话框显示的初始目录，默认值为空字符串

("")。

(2) Filter：要在对话框中显示的文件筛选器。例如，"文本文件（*.txt）| *.txt | 所有文件（*.*）|| *.*"。

(3) FilterIndex：用来获取或设置文件对话框中当前选定筛选器的索引，如果选第一项就设为 1。

(4) RestoreDirectory：指示对话框在关闭之前是否恢复当前目录。

(5) FileName：打开文件对话框中选定文件名的字符串。

(6) Title：将提示信息显示在对话框标题栏中的字符。

(7) DefaultExt：默认扩展名。

(8) Multiselect：用来获取或设置一个值，该值指示对话框是否允许选择多个文件。

(9) FileNames：用来获取对话框中所有选定文件的文件名。每个文件名既包含文件路径又包含文件扩展名。

6.6.2 保存文件对话框控件（SaveFileDialog）

保存文件对话框（SaveFileDialog）控件有两种情况：一是保存，二是另存为。
SaveFileDialog 控件也具有 FileName、Filter、FilterIndex、InitialDirectory、Title 等属性，这些属性的作用与 OpenFileDialog 对话框控件属性的作用基本一致。

6.6.3 字体对话框控件（FontDialog）

字体对话框 FontDialog 控件用来选择字体，可以获取用户所选字体的名称、样式、大小及效果。字体对话框如图 6-25 所示。

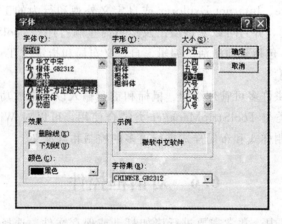

图 6-25 字体对话框

字体对话框（Font Dialog）的常见属性如下所示。

(1) ShowColor：是否显示颜色选项。

(2) AllowScriptChange：是否显示字体的字符集。

(3) Font：在对话框中显示的字体。

(4) AllowVerticalFonts：是否可以选择垂直字体。

(5) Color：在对话框中选择的颜色。

(6) FontMustExist：当字体不存在时是否显示错误。

(7) MaxSize：可选择的最大字号。

(8) MinSize：可选择的最小字号。

(9) ScriptsOnly：显示排除 OEM 和 Symbol 字体。

(10) ShowApply：是否显示"应用"按钮。

(11) ShowEffects：是否显示下划线、删除线、字体颜色选项。

(12) ShowHelp：是否显示"帮助"按钮。

6.6.4 颜色对话框控件（ColorDialog）

颜色对话框 ColorDialog 控件用来从调色板选择颜色或者选择自定义颜色。调用 ColorDialog 控件的 ShowDialog 方法可显示如图 6-26 颜色对话框。

ShowDialog 方法的作用是显示对话框，其一般调用形式如下：

对话框对象名.ShowDialog();

颜色对话框（ColorDialog）的常见属性如下所示。

(1) AllowFullOpen：禁止和启用"自定义颜色"按钮。

(2) FullOpen：是否最先显示对话框的"自定义颜色"部份。

(3) ShowHelp：是否显示"帮助"按钮。

(4) Color：用来获取或设置用户选定的颜色。

(5) AnyColor：是否显示基本颜色集中可用的所有颜色。

(6) CustomColors：是否显示自定义颜色。

(7) SolidColorOnly：是否只能选择纯色。

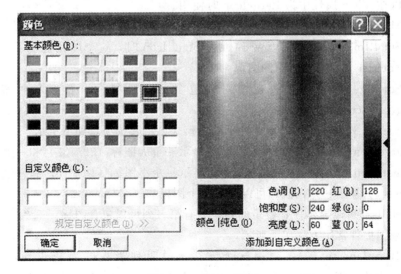

图 6-26 颜色对话框

6.7 视图操作类控件

6.7.1 列表视图控件（ListView）

图 6-27 显示了 Windows 中最常用的 ListView 控件。Windows 为显示文件和文件夹提供了许多其他方式，ListView 控件就包含其中的一些方式，如显示大图标、详细视图等。

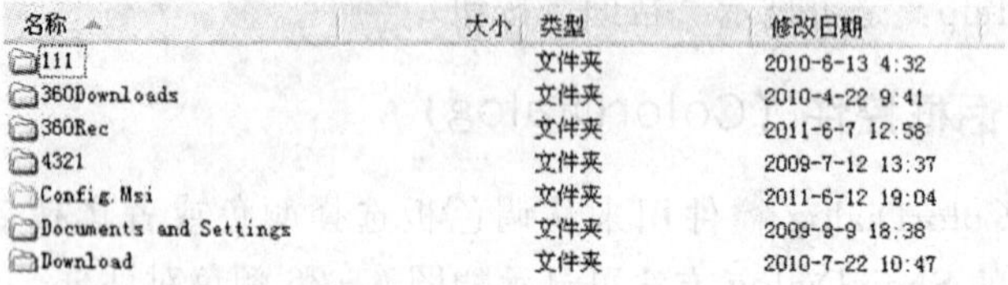

图 6-27 ListView 控件应用示例

列表视图通常用于显示数据。用户可以对这些数据和显示方式进行某些控制，还可以把包含在控件中的数据显示为列和行（像网格那样），或者显示为一列，或者显示为图标表示。最常用的列表视图就是图 6-27 中用于导航计算机中文件夹的视图。

ListView 控件比较复杂，这里仅编写一个示例介绍使用 ListView 控件中最重要的功能，为用户打下坚实的基础，并全面介绍可以使用的许多属性、事件和方法。本章还将讨论 ImageList 控件，它用于存储在 ListView 控件中使用的图像。ListView 的常用属性如下所示。

(1) Items：列表视图中的选项集合。

(2) LargeImageList：把这个属性包含 ImageList，而 ImageList 包含大图像。这些图像可以在 View 属性中为 LargeIcon 时使用。

(3) MultiSelect：把这个属性设置为 true 时，用户可以选择多个选项。

(4) SmallImageList：当 View 属性为 SmallIcon 时，这个属性包含了 ImageList。其中，ImageList 包含了要使用的图像。

(5) Sorting：可以让列表视图对它包含的选项排序，有 3 种可能的模式：Ascending、Descending、None。

(6) View：列表视图可以用 4 种不同的模式显示其选项，如下所示。

① LargeIcon：所有的选项都在其旁边显示一个大图标（32×32）和一个标签。

② SmallIcon：所有的选项都在其旁边显示一个小图标（16×16）和一个标签。

③ List：只显示一列，该列可以包含一个图标和一个标签。

④ Details：可以显示任意数量的列，只有第一列可以包含图标。

列表视图控件常用方法如下所示。

(1) BeginUpdate（ ）：调用这个方法，说明列表视图停止更新，直到调用 EndUpdate 为止。当一次插入多个选项时使用这个方法很有用，因为它会禁止视图闪烁，大大提高速度。

(2) Clear（）：彻底清除列表视图，删除所有的选项和列。

(3) EndUpdate（）：在调用 BeginUpdate 之后调用这个方法。在调用这个方法时，列表视图会显示出其所有的选项。

(4) EnsureVisible（）：在调用这个方法时，列表视图会滚动，以显示指定索引的选项。

(5) GetItemAt（）：返回列表视图中位于 x，y 的选项。

ListView 控件事件如下所示。

(1) AfterLabelEdit：在编辑了标签后，引发该事件。

(2) BeforeLabelEdit：在用户开始编辑标签前，引发该事件。

(3) ColumnClick：在单击一个列时，引发该事件。

(4) ItemActivate：在激活一个选项时，引发该事件。

列表视图中的选项总是 ListViewItem 类的一个实例。ListViewItem 包含要显示的信息，如文本和图标的索引。ListViewItems 有一个 SubItems 属性，其中包含另一个类 ListViewSubItem 的实例。如果 ListView 控件处于 Details 或 Tile 模式下，这些子选项就会显示出来。每个子选项表示列表视图中的一个列，子选项和主选项之间的区别是子选项不能显示图标。

通过 Items 集合把 ListViewItems 添加到 ListView 中，通过 ListViewItem 上的 SubItems 集合把 ListViewSubItems 添加到 ListViewItem 中。

应用举例：使用 ListView 控件显示学生信息。可以添加、删除学生信息。

(1) 创建名为"E12-列表视图控件"Windows 窗体应用程序。

(2) 在窗口添加 ListView 控件，4 个 Label 控件，3 个 TextBox 控件（txtSno、txtName、txtBirth），两个 Button 控件（btnAdd、btnDelete），两个 RadioButton 控件（rbtnMale、rbtnFemale）。

(3) 修改 ListView 控件的 View 属性为 Details。

(4) 修改 ListView 控件的 Clumns 属性，如图 6-28 所示。

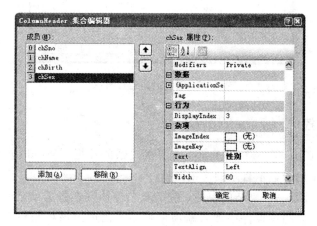

图 6-28　Clumns 属性设置

(5) 为添加和删除按钮分别订阅单击事件，代码如下所示。

```csharp
private void btnAdd_Click(object sender, EventArgs e)
{
    int itemNumber = this.lstvStudent.Items.Count;
    string sex;
    if(rbtnMale.Checked)
        sex = "男";
    else
        sex = "女";
    string[] subItem = {txtSno.Text,txtName.Text,txtBirth.Text,sex};
    this.lstvStudent.Items.Insert(itemNumber, new ListViewItem(subItem));
    txtSno.Text = "";
    txtName.Text = "";
    txtBirth.Text = "";
}
private void btnDelete_Click(object sender, EventArgs e)
{
    for(int i = this.lstvStudent.SelectedItems.Count - 1; i >= 0; i--)
    {
        ListViewItem item = this.lstvStudent.SelectedItems[i];
        this.lstvStudent.Items.Remove(item);
    }
}
```

（6）程序运行结果如图 6-29 所示。

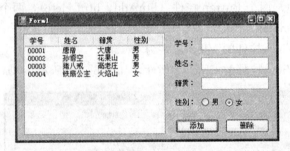

图 6-29 窗体运行图

6.7.2 树视图控件（TreeView）

树视图控件（TreeView）用于组织有层次关系的数据。Windows 资源管理器的左侧窗口中就有一个用于显示目录的树视图控件。

TreeView 控件是一种复杂的控件，它的复杂性体现在数据项之间具有分支和层次关系。例如，如果要向树控件中加入新项，则必需描述出该项与树形控件中已有项的相互关系，而不可能像往列表框中加入新项那样。本小节中介绍如何编程实现 TreeView 的常见功能。

TreeView 控件的常用属性如下所示。

（1）CheckBoxes：获取或设置是否在每个结点旁显示复选框。

（2）ImageList：指定各结点可以使用的图标集合。

（3）ImageIndex：TreeView 控件中各结点的默认图标在指定 ImageList 中的索引。

（4）Nodes：表示包含树视图中的顶级结点列表。

（5）ShowPlusMinus：决定在父结点处显示加减号，可以通过单击减号展开或折叠其子结点，默认为 true。

（6）ShowRootLines：决定是否显示各结点之间的连接线，默认为 true。当该属性为 false 时，则 ShowPlusMinus 属性设置无效；始终为 false，这种情况下对子结点的展开和折叠只能通过双击根结点实现。

（7）Sorted：决定是否对各根结点进行排序，默认为 false。

（8）SelectedNode：用于获取或设置 TreeView 控件所有结点中被选中的结点。

TreeView 控件最常用的事件为 AfterSelect 事件，当更改 TreeView 控件中选定的内容时触发该事件。

> **注意：**
> TreeView 中的一个结点是 TreeNode 类型。当要添加结点时，封装一个 TreeNode 类型结点即可。

应用举例：TreeView 结点应用案例。

（1）创建名为"E13-树视图控件"的 Windows 窗体应用程序。

（2）在窗体中添加 TreeView 控件，添加 6 个 Button 控件，1 个 Label 控件和 1 个 TextBox 控件。

（3）为窗体订阅 Load 事件，为 6 个 Button 订阅单击事件，代码如下所示。

```csharp
namespace E13_树视图控件
{
    public partial class Form1 : Form
    {
        public Form1()
        {
            InitializeComponent();
        }
        private void btnAddSub_Click(object sender, EventArgs e)
        {
            if(treeView1.SelectedNode == null)
            {
                MessageBox.Show("请选择一个结点","提示信息",MessageBoxButtons.OK,
                    MessageBoxIcon.Information);
            }
```

```csharp
            else
            {
                if(txtNodeName.Text != "")
                {
                    //创建一个结点对象并初始化
                    TreeNode tmp;
                    tmp = new TreeNode(txtNodeName.Text);
                    //在 TreeView 组件中加入子结点
                    treeView1.SelectedNode.Nodes.Add(tmp);
                    treeView1.SelectedNode = tmp;
                    treeView1.ExpandAll();
                    txtNodeName.Text = "";
                }
                else
                {
                    MessageBox.Show("TextBox组建必须填入结点名称!","提示信息",
                            MessageBoxButtons.OK, MessageBoxIcon.Information);
                    return;
                }
            }
        }
private void btnAddBrother_Click(object sender, EventArgs e)
{
    try
    {
        if(treeView1.SelectedNode == null)
        {
            MessageBox.Show("请选择一个结点","提示信息", MessageBoxButtons.OK,
                    MessageBoxIcon.Information);
        }
        else
        {
            if(txtNodeName.Text != "")
            {
                //创建一个结点对象并初始化
                TreeNode tmp;
                tmp = new TreeNode(txtNodeName.Text);
                //在 TreeView 组件中加入兄弟结点
                treeView1.SelectedNode.Parent.Nodes.Add(tmp);
                treeView1.ExpandAll();
                txtNodeName.Text = "";
            }
```

```csharp
            else
            {
                MessageBox.Show("TextBox组件必须填入结点名称!","提示信息",
                    MessageBoxButtons.OK,
                    MessageBoxIcon.Information);
                return;
            }
        }
    }
    catch
    {
        TreeNode tmp = new TreeNode("根结点");
        treeView1.Nodes.Add(tmp);
    }
}
private void btnDelete_Click(object sender, EventArgs e)
{
    if(treeView1.SelectedNode.Nodes.Count = = 0)
        treeView1.SelectedNode.Remove();
    else
        MessageBox.Show("请先删除此结点中的子结点!","提示信息",MessageBox-
            Buttons.OK,MessageBoxIcon.Information);
}
private void Form1_Load(object sender, EventArgs e)
{
    treeView1.Nodes.Clear();
    TreeNode tem = new TreeNode("三国演义");
    treeView1.Nodes.Add(tem);
}
private void btnExpandNext_Click(object sender, EventArgs e)
{
    treeView1.SelectedNode.Expand();
}
private void btnExpandAll_Click(object sender, EventArgs e)
{
    //定位根结点
    treeView1.SelectedNode = treeView1.Nodes[0];
    //展开组件中的所有结点
    treeView1.SelectedNode.ExpandAll();
}
private void btnCollapse_Click(object sender, EventArgs e)
{
```

```
            //定位根结点
            treeView1.SelectedNode = treeView1.Nodes[0];
            //折叠所有结点
            treeView1.SelectedNode.Collapse();
        }
    }
}
```

程序运行结果如图 6-30 所示。

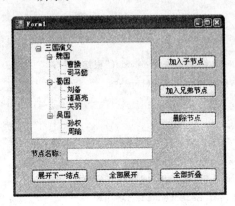

图 6-30 TreeView 结点应用案例

练 习 题

填空题

1. 可以通过窗体的_____属性来设置窗体的标题，使用_____属性设置窗体的背景色。
2. 窗体的一个重要事件就是鼠标单击事件_____。
3. 控件有许多共有的属性和方法，其中，控件的名字使用_____属性，控件在窗体上显示信息使用_____属性。如果要使控件在程序运行时显示出来，将_____属性设为 True；如果要使控件不可用，设置_____属性为 False。
4. 可以通过设置 ComboBox 组合框的_____属性来改变其样式。
5. 可以使用_____控件选择日期和时间。
6. 使用 PictureBox 控件可以为用户显示图片，通过其_____属性获取或者设置显示图片的路径和文件名；通过其_____方法可以显示图片。

选择题

1. Windows 窗体中使用 Timer1 组件实现图片每隔 5 秒闪烁出现一次，应如何设置该 Timer 组件的属性(　　)。
   A. Timer1.Enabled=false   B. Timer1.Interval=5
   C. Timer1.Interval=5000   D. Timer1.Interval=500
2. 列表框用于显示一组字符串。如果在设计期间，不知道用户要选择的数值个数或者列表中的值非常多，都应考虑使用列表框。现在允许用户从 10 部电影中任意选择自己喜欢的电影，选择电影需要使用的控件是( )。
   A. CheckedListBox   B. ComboBox
   C. CheckBox   D. RadioButton
3. 判断 CheckBox 复选框控件是否被选中需要使用的属性是( )
   A. selected   B. Checked   C. enabled   D. visible
4. VS2008 开发环境中提供两个菜单控件的为( )。
   A. MainMenu   B. MenuStrip   C. ContextMenuStrip   D. PopMenu

判断题

1. 当用户按下键盘上的一个 ASCII 字符键时，可以在键盘的 KeyPress 事件中获取该键 ASCII 码或处理相应事件。( )
2. Panel 是一个容器控件，它是用来管理其他几个非容器类控件，比如完成窗体布局等。( )
3. RichTextBox 用于显示或获取短文本字符串，TextBox 用于显示和输入格式化的文本。( )
4. ImageList 可以用于存储在窗体其他控件中使用的图像。( )
5. ContextMenuStrip 控件是快捷菜单工具，能够实现鼠标右键单击弹出菜单的功能。( )

简答题

1. 简述模式和非模式显示窗体的不同。
2. 什么是单文档窗体？什么是多文档窗体？
3. 什么是控件的属性？什么是控件的事件？
4. 简述 ListView 和 TreeView 控件的功能。

第 7 章

目录与文件管理

■ **本章导读**

本章针对目录管理，首先介绍了 Directory 类、DirectoryInfo 类、Path 类的使用方法。然后介绍了文件管理相关类的使用，包括 File 类、FileInfo 类的使用。接着介绍了文件编码的概念、文本文件和二进制文件的读写操作。最后介绍了系统环境相关类，包括 Environment 类、System.IO 命名空间和 DriveInfo 类。

■ **学习目标**

（1）掌握目录管理的相关操作；
（2）理解文件的管理方式，掌握文件的读写操作；
（3）了解系统环境相关类的基本使用。

7.1 目录管理

7.1.1 路径类（Path）

路径是提供文件或目录位置的字符串。由于文件路径不尽一致，如有的路径不必指向磁盘上的位置而是映射到内存中或设备上的位置。而且路径的准确格式也不一样，如在某些系统上，路径可以从驱动器号或卷号开始，而在其他系统上，文件路径可以包含扩展名等等。因为这些差异，所以 Path 类某些成员的准确行为是与平台相关的。

路径可以包含绝对或相对位置信息。

绝对路径指定一个完整位置：文件或目录可以被唯一标识，而与当前位置无关。

相对路径指定一个部分位置：当定位用相对路径指定的文件时，当前位置用作起始点。

若要确定当前目录，请调用 Directory.GetCurrentDirectory（ ）方法。

Path 类的大多数成员不与文件系统交互，并且不验证路径字符串指定的文件是否存在。修改路径字符串的 Path 类成员，对文件系统中文件的名称没有影响。但如果

Path 类成员验证指定路径字符串的内容，并且字符串包含路径字符串中无效的字符，则引发 ArgumentException。在基于 Windows 的桌面平台上，无效路径字符包括双引号（""）、小于号（<）、大于号（>）、管道符号（|）、退格（\b）、空（\0）以及从 16 到 18 和从 20 到 25 的 Unicode 字符。

Path 类的成员可以快速、方便地执行常见操作。例如，确定文件扩展名是否是路径的一部分，以及将两个字符串组合成一个路径名。

Path 类的所有成员都是静态的，因此无需具有路径的实例即可被调用。

> **注意：**
> （1）在接受路径作为输入字符串的成员中，路径必须是格式良好的，否则将引发异常。
> （2）在接受路径的成员中，路径可以是指文件或仅是目录。指定路径也可以是相对路径或者服务器和共享名称的统一命名约定（UNC）路径。例如，以下都是可以接受的路径：
> " c：\\MyDir\\MyFile.txt"
> " c：\\MyDir"
> " MyDir\\MySubdir"
> " \\\\MyServer\\MyShare"

因为所有这些操作都是对字符串执行的，所以不可能验证结果是否在所有方案中都有效。例如，Path 类的 GetExtension（）方法分析传递给它的字符串，并且从该字符串返回扩展名。但是，这并不意味着在磁盘上存在具有该扩展名的文件。

应用举例：演示如何获取 Path 路径。

（1）创建名为"E01-Path 类"的控制台应用程序。
（2）引入命名空间 using System.IO。
（3）代码如下所示。

```
using System;
using System.IO;
namespace E01_Path 类
{
    class Program
    {
        static void Main(string[ ] args)
        {
            string path1 = @"c:\temp\Test.txt";
            string path2 = @"c:\temp\Test";
            string path3 = @"temp";
            if (Path.HasExtension(path1))
            {
                Console.WriteLine("路径{0}包含扩展名.", path1);
            }
```

```
            if (! Path.HasExtension(path2))
            {
                Console.WriteLine("路径{0}不包含扩展名.", path2);
            }
            if (! Path.IsPathRooted(path3))
            {
                Console.WriteLine("路径{0}不包含绝对路径信息.", path3);
            }
            Console.WriteLine("{0}的完整路径是{1}.", path3, Path.GetFullPath(path3));
            Console.WriteLine("{0}是本地的临时文件夹.", Path.GetTempPath());
            Console.WriteLine("{0}是正在使用的临时文件.", Path.GetTempFileName());
        }
    }
}
```

> **说明：**
> （1）本章讲解的类，都在 System.IO 命名空间中。程序运行如图 7-1 所示。 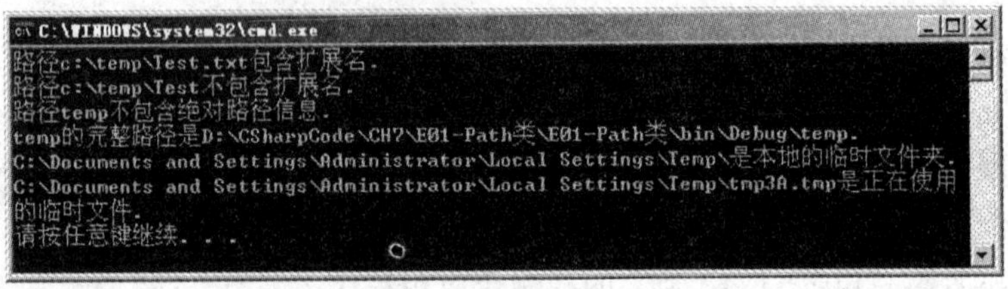
>
> 图 7-1　程序运行图
>
> （2）Path 类的 HasExtension() 方法判断路径中是否包含文件扩展名。如果路径中最后的目录分隔符（\\或/）或卷分隔符（:）之后的字符包括句点（.），并且后面跟有一个或多个字符，则为 true；否则为 false。
> （3）Path 类的 IsPathRooted() 方法判断路径是否是绝对路径。如果 path 包含绝对路径，则为 true；否则为 false。
> （4）Path 类的 GetFullPath() 方法返回指定路径字符串的绝对路径。
> （5）Path 类的 GetTempPath() 方法返回当前系统临时文件夹的路径。
> （6）Path 类的 GetTempFileName() 方法在磁盘上创建唯一一个命名的零字节临时文件，并返回该文件的完整路径。

7.1.2　目录类（Directory）和目录信息类（DirectoryInfo）

目录管理由目录类（Directory）和目录信息类（DirectoryInfo）组成。Directory 类提供用于创建、移动和删除目录和子目录的静态方法，DirectoryInfo 类必须被实例化后才能使用。

应用举例：目录的创建、删除和移动。

(1) 创建名为"E02 – DirectoryInfo 类"的控制台应用程序。
(2) 代码如下所示。

```
using System;
using System.IO;
namespace E02_DirectoryInfo类
{
    class Program
    {
        static void Main(string[] args)
        {
            string myDir = "c:\\MyDir";
            string childDir = "ChildDir";
            string newDir = "c:\\NewMyDir";
            DirectoryInfo di = new DirectoryInfo(myDir);
            di.Create();
            Console.WriteLine("创建文件夹{0}",myDir);
            DirectoryInfo di2 = di.CreateSubdirectory(childDir);
            Console.WriteLine("创建子文件夹{0}", myDir + "\\" + childDir);
            di2.Delete(true);
            Console.WriteLine("删除子文件夹{0}", myDir);
            di.MoveTo(newDir);
            Console.WriteLine("移动文件夹{0}", newDir);
        }
    }
}
```

> 说明:
> (1) DirectoryInfo 对象的 Create() 方法创建目录,程序运行结果如图 7-2 所示。
> (2) DirectoryInfo 对象的 CreateSubdirectory() 方法创建子目录,同时返回一个 DirectoryInfo 对象表示该子目录。

图 7-2 程序运行图

> (3) DirectoryInfo 对象的 Delete() 方法删除指定目录。其中的关键字 true 是必填的,否则不带参数的 Delete() 方法只能删除空的目录。

(4) DirectoryInfo 对象的 MoveTo（）方法只能在同一个逻辑驱动器内部移动文件夹，而不能用在不用盘之间移动文件夹。例如，以下代码将引发一个异常，如图 7-3 所示。

```
DirectoryInfo di = new DirectoryInfo(myDir);
di.MoveTo("C:\\test","E:\\text");
```

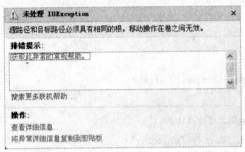

图 7-3 DirectoryInfo 类 MoveTo（）方法不能在卷之间移动文件夹

7.2 文件管理

7.2.1 文件类（File）与文件信息类（FileInfo）

System.IO 命名空间中提供的文件操作类有 File 类和 FileInfo 类，这两个类的功能基本相同。下面分别介绍两个类的适用场合及其区别。

1. File 类

File 类是静态类，其中的所有方法都是静态的，可以通过类名直接调用，而不需要实例化。

File 类对整个文件系统进行操作，方法均为静态文法；如果只是对文件进行少量的操作，如判断文件是否存在或者对很多的文件进行操作，建议使用 File 类，可以避免频繁创建和释放对象的系统开销。File 类最常用的静态方法如下所示。

（1）Copy：将文件从源位置复制到目标位置。
（2）Create：在指定的路径上创建文件。
（3）Delete：删除文件。
（4）Open：在指定的路径上返回 FileStream 对象。
（5）Move：将指定的文件移动到新位置。可以在新位置为文件指定不同的名称。

2. FileInfo 类

FileInfo 类不像 File 类，它不是静态的，而是普通类，没有静态方法，只有实例化对象后才可以调用其中的方法。FileInfo 对象表示磁盘或网络位置上的文件，提供文件的路径，就可以创建一个 FileInfo 对象。例如：

```
FileInfo objFile = new FileInfo(@"C:\Log.txt");
```

FileInfo 类是一个实例类，它对某一个文件进行操作，方法大部分为实例方法，它的操作有可能是调用 File 类中对应的静态方法。如果是对一个文件进行大量的操作，建议使用 FileInfo 类。

3. File 类与 FileInfo 类的适用场合

因为每次通过 File 类调用某个方法时，都要占用一定的 CPU 处理时间来进行安全检查，即使使用不同 File 类的方法重复访问同一个文件时也是如此。而 FileInfo 类只在创建 FileInfo 对象时执行一次安全检查。

为了方便操作，有很多时候不需要生成一个 FileInfo 对象那么麻烦。例如，复制一个文件到另外一个地方，使用 File 类就可以。

```
File.Copy(filePath,newFilePath)
```

如果用 FileInfo 可能需要以下方法，其操作更复杂。例如：

```
FileInfo objFile = new FileInfo(@"D:\a.txt");
objFile.CopyTo(newFilePath);
```

那么，可以使用以下规则确定 File 类与 FileInfo 类的适用场合：如果应用程序在文件上执行几种操作，则使用 FileInfo 类更好一些。因为创建对象时，已经引用了正确的文件，而静态类每次都要寻找文件，会花费更多时间。如果进行单一的方法调用，则建议使用 File 类，不必实例化对象。

7.2.2 文件的操作

文件的操作包括复制、删除和移动等操作，可以使用 File 类与 FileInfo 类来完成这些功能。File 类提供的是静态方法，可以通过类名直接使用。如果要使用 FileInfo 类，必须先创建 FileInfo 对象。

1. 复制文件

FileInfo 类的 CopyTo( ) 方法将一个文件复制到另一个地方。

```
FileInfo fileObj = new FileInfo("D:\\a.txt");
fileObj.CopyTo("D:\\信息.txt");
```

如果源文件不存在，将会引发如图 7-4 所示的异常。

CopyTo( ) 方法的参数要求包含完整路径的文件名。例如，以下语句将会引发如图 7-5 所示的异常。

```
fileObj.CoptTo("D:\\");
```

如果目的地有一个同名文件，CopyTo( ) 方法同样会引发上述的 IOException 异常。在这种情况下，如果希望用新文件取代老文件，可以使用 CopyTo( ) 的另一个重载方法：

```
fileObj.CopyTo("F:\\信息.txt",true);
```

当第二个参数设为 true 时，新文件取代老文件。

图7-4 源文件不存在引发异常　　　　图7-5 目标路径不完整引发异常

2. 删除文件

```
FileInfo fileObj = new FileInfo("D:\\a.txt");
fileObj.Delete()
```

> **注意：**
> FileInfo 对象的 Delete() 方法是永久删除文件，而不是将它移入到回收站中。

如果希望将删除的文件移到回收站中，请使用 File 类的静态方法 Delete：

```
File.Delete("F:\\信息.txt")
```

3. 移动文件

若要移动文件，使用 File 类的 Move() 方法最方便。如下所示：

```
File.Move("C:\\1.txt","E:\\1.txt")
```

第一个参数是源文件名，第二个参数是目标文件名。

FileInfo 对象的 MoveTo() 方法也可以实现同样的功能。如下所示：

```
FileInfo fileObj = new FileInfo("D:\\a.txt");
fileObj.MoveTo("E:\\1.txt")
```

但要注意，如果文件不存在，则会引发异常。

7.3　文件的读写

7.3.1　文件编码

文件存储在硬盘上都是以二进制的方式存储的，但是其逻辑编码不一样。按照逻辑存储方式，文本存储分为文本文件和二进制文件。

文本文件是基于字符编码存储的，常见的编码方式有 ASCII 编码、UNICODE 编码等等。

二进制文件是基于值编码的文件。可以根据具体应用，规定多少个二进制位代表一个值。

由此可见，文本文件是定长编码的文件，每个字符的长度是固定的，如果是ASCII编码，则每个字符占8个比特，UNICODE编码一般占16个比特。而二进制文件可以看成是变长编码的文件，多少个比特代表一个值，完全由使用者决定。本节下面的内容将会讲解这两种文件的读写操作。

7.3.2 文本文件的读写

用File类提供的方法在创建或打开文件时，总是会产生一个FileStream对象。下面介绍FileStream类以及通过它的对象完成文件操作的使用方法。

1. FileStream文件流类简介

FileStream对象，也称为文件流对象，为文件的读写操作提供通道。而File对象相当于提供一个文件句柄，在文件操作中，针对FileStream对象的操作首先必须实例化一个FileStream类对象后才可以使用，这一点与File类的操作是不一样的。

FileStream类在实例化后可以用于读写文件中的数据，而要构造FileStream实例，需要4条信息：

（1）要访问的文件。

（2）表示如何打开文件的模式。例如，创建一个新文件或打开一个现有的文件。如果打开一个现有的文件，写入操作是覆盖文件原来的内容，还是添加到文件的末尾？

（3）表示访问文件的方式——只读、只写或者读写。

（4）共享访问——表示是否独占访问文件。如果允许其他流同时访问文件，则这些流是只读、只写，还是读写文件。

2. FileStream文件流类的创建

创建FileStream对象的方式不是单一的，除了用File对象的Create()方法或Open()方法外，也可以采用FileStream对象的构造函数。创建文件流对象的基本方法如下所示。

（1）使用File对象的Create()方法

```
//利用类File的Create()方法在C:根目录下创建文件mikecat.txt,并把文件流赋给mikecat-
  stream
FileStream mikecatstream;
mikecatstream = File.Create("c:\\mikecat.txt");
```

（2）使用File对象的Open()方法

```
//利用类File的Open()方法打开在C:根目录下的文件mikecat.txt,打开的模式为打开或创建,对
  文件的访问形式为只写,并把文件流赋给mikecatstream;
FileStream mikecatstream;
mikecatstream = File.Open("c:\\mikecat.txt", FileMode.OpenOrCreate, FileAccess.Write);
```

(3) 使用类 FileStream 对象的构造函数

```
//利用类 FileStream 的构造函数打开在 C:根目录下的文件 mikecat.txt,打开的模式为打开或创
  建,对文件的访问形式为只写,并把文件流赋给 mikecatstream;
FileStream mikecatstream;
mikecatstream = new FileStream("c:\\mikecat.txt", FileMode.OpenOrCreate, FileAccess.
                     Write);
```

类 FileStream 的构造函数提供了多种重载,最常用的有 3 种,如下所示。

(1) FileStream (string FilePath, FileMode):使用指定的路径和创建模式初始化 FileStream 类的新实例。

(2) FileStream (string FilePath, FileMode, FileAccess):使用指定的路径、创建模式和读写权限初始化 FileStream 类的新实例。

(3) FileStream (string FilePath, FileMode, FileAccess, FileShare):使用指定的路径、创建模式、读/写权限和共享权限创建 FileStream 类的新实例。

在构造函数中使用的 FilePath, FileMode, FileAccess, FileShare 分别是指:使用指定的路径、创建模式、读/写权限和共享权限。其中,FilePath 将封装文件的相对路径或绝对路径。

下面介绍 FileMode、FileAccess 和 FileShare,它们 3 个都是 System.IO 命名空间中的枚举类型。

(1) FileMode:指定操作系统打开文件的方式。可选值为 Append、Create、CreateNew、Open、OpenOrCreate 和 Truncate。

(2) FileAccess:用于控制对文件的读访问、写访问或读/写访问。可选值为 Read、ReadWrite 和 Write。

(3) FileShare:用于控制其他 FileStream 对象对同一文件可以具有的访问类型。可选值为 Inheritable、None、Read、ReadWrite 和 Write。

看下面的两个示例。

示例一:

```
//利用类 FileStream 的构造函数打开当前目录下的文件 Test.cs,打开的模式为打开或创建,对文
  件的访问形式为读写,共享模式为拒绝共享,并把文件流赋给 fstream
FileStream fstream = new FileStream("Test.cs", FileMode.OpenOrCreate, FileAccess.
                     ReadWrite,FileShare.None);
```

示例二:

```
//利用类 FileStream 的构造函数打开当前目录下文件名为字符串 name 的文件,打开的模式为打
  开,对文件的访问形式为只读,共享模式为读共享,并把文件流赋给 s2
FileStream s2 = new FileStream(name, FileMode.Open, FileAccess.Read, FileShare.Read);
```

关于 FileMode,FileAccess 和 FileShare 这 3 个枚举类型值的含义,请参照表 7-1、7-2、7-3。

表 7-1 枚举类型 FileMode 枚举值的含义

成员名称	说明
Append	打开现有文件并查找到文件尾,或创建新文件。FileMode.Append 只能同 FileAccess.Write 一起使用。任何读尝试都将失败并引发 ArgumentException
Create	指定操作系统应创建新文件。如果文件已存在,它将被改写。这要求 FileIOPermissionAccess.Write、System.IO.FileMode.Create 等效于这样的请求:如果文件不存在,则使用 CreateNew;否则使用 Truncate
CreateNew	指定操作系统应创建新文件。此操作需要 FileIOPermissionAccess.Write。如果文件已存在,则将引发 IOException
Open	指定操作系统应打开现有文件。打开文件的能力取决于 FileAccess 所指定的值。如果该文件不存在,则引发 System.IO.FileNotFoundException
OpenOrCreate	指定操作系统应打开文件(如果文件存在);否则,应创建新文件。如果用 FileAccess.Read 打开文件,则需要 FileIOPermissionAccess.Read。如果文件访问为 FileAccess.Write 或 FileAccess.ReadWrite,则需要 FileIOPermissionAccess.Write;如果文件访问为 FileAccess.Append,则需要 FileIOPermissionAccess.Append
Truncate	指定操作系统应打开现有文件。文件一旦打开,就将被截断为零字节大小。此操作需要 FileIOPermissionAccess.Write。试图从使用 Truncate 打开的文件中进行读取将导致异常

表 7-2 枚举类型 FileAccess 枚举值的含义

成员名称	说明
Read	对文件的读访问。可从文件中读取数据,同 Write 组合即构成读/写访问权
ReadWrite	对文件的读访问和写访问。可从文件读取数据和将数据写入文件
Write	对文件的写访问。可将数据写入文件。同 Read 组合即构成读/写访问权

表 7-3 枚举类型 FileShare 枚举值的含义

成员名称	说明
Delete	允许随后删除文件
Inheritable	使文件句柄可由子进程继承。Win32 不直接支持此功能
None	谢绝共享当前文件。文件关闭前,打开该文件的任何请求(由此进程或另一进程发出的请求)都将失败
Read	允许随后打开文件读取。如果未指定此标志,则文件关闭前,任何打开该文件以进行读取的请求(由此进程或另一进程发出的请求)都将失败。但是,即使指定了此标志,仍可能需要附加权限才能够访问该文件
ReadWrite	允许随后打开文件读取或写入。如果未指定此标志,则文件关闭前,任何打开该文件以进行读取或写入的请求(由此进程或另一进程发出的请求)都将失败。但是,即使指定了此标志,仍可能需要附加权限才能够访问该文件

(续表)

成员名称	说明
Write	允许随后打开文件写入。如果未指定此标志,则文件关闭前,任何打开该文件以进行写入的请求(由此进程或另一进过程发出的请求)都将失败。但是,即使指定了此标志,仍可能需要附加权限才能够访问该文件

在打开文件产生文件流时,3 种枚举类型的不同选值作为参数,会产生不同的操作效果,具体应用应根据实际需要而定。

> **注意:**
> 对于 FileMode,如果要求的模式与文件的现有状态不一致,就会抛出一个异常。如果文件不存在,Append、Open 和 Truncate 会抛出一个异常;如果文件存在,CreateNew 会抛出一个异常。Create 和 OpenOrCreate 可以处理这两种情况,但 Create 会删除现有的文件,创建一个新的空文件。FileAccess 和 FileShare 枚举是按位标志,所以这些值可以与 C# 的按位 or 运算符"|"合并使用。

3. 文件内部指针

FileStream 类维护内部文件指针,该指针指向文件中进行下一次读写操作的位置。在大多数情况下,当打开文件时,它就指向文件的开始位置,但是此指针可以修改。这允许应用程序在文件的任何位置读写,随机访问文件,或直接跳到文件的特定位置上。当处理大型文件时,这非常省时,因为可以及时定位到正确的位置。

实现此功能的方法是 FileStream 类的 Seek( ) 方法,它有两个参数:第一个参数规定文件指针以字节为单位的移动距离;第二个参数规定开始计算的起始位置,用 SeekOrigin 枚举的一个值表示。Seek Origin 枚举包含 3 个值:Begin、Current 和 End。例如,下面的代码行将文件指针移动到文件的第 8 个字节,其起始位置就是文件的第 1 个字节:

```
aFile.Seek(8,SeekOrigin.Begin);
```

下面的代码行将指针从当前位置开始向前移动两个字节。如果在上面的代码行之后执行下面的代码,文件指针就指向文件的第 10 个字节:

```
aFile.Seek(2,SeekOrigin.Current);
```

> **注意:**
> 读写文件时,文件指针也会改变。在读取了 10 个字节之后,文件指针就指向被读取的第 10 个字节之后的字节。

也可以规定负查找位置,这可以与 SeekOrigin.End 枚举值一起使用,查找靠近文件末端的位置。下面的代码会查找文件中倒数第 5 个字节:

```
aFile.Seek( - 5, SeekOrigin.End);
```

以这种方式访问的文件有时称为随机访问文件,因为应用程序可以访问文件中的任何位置。

4. 读取数据

使用 FileStream 类读取数据不像使用本章后面介绍的 StreamReader 类读取数据那样容易,这是因为,FileStream 类只能处理原始字节(Raw Byte)。处理原始字节的功能使 FileStream 类可以用于任何数据文件,而不仅仅是文本文件。通过读取字节数据,FileStream 对象可以用于读取图像和声音的文件。这种灵活性的缺点是,不能使用 FileStream 类将数据直接读入字符串,而使用 StreamReader 类却可以这样处理。但是有几种转换类可以很容易地将字节数组转换为字符数组,或者进行相反的操作。

FileStream 类的 Read() 方法是 FileStream 对象所指向的文件中访问数据的主要手段,这个方法从文件中读取数据,再把数据写入一个字节数组。它有 3 个参数:第一个参数是传输进来的字节数组,用以接受 FileStream 对象中的数据;第二个参数是字节数组中开始写入数据的位置,它通常是 0,表示从数组开端向文件中写入数据;最后一个参数指定从文件中读出多少字节。

应用举例:从随机访问文件中读取数据。

(1) 创建名为 "E03 - ReadFile" 的控制台应用程序。

(2) 代码如下所示。

```
using System.IO;
namespace E03_ReadFile
{
    class Program
    {
        static void Main(string[ ] args)
        {
            byte[ ] byData = new byte[200];
            char[ ] charData = new Char[200];
            try
            {
                FileStream aFile = new FileStream("../../Program.cs", FileMode.Open);
                aFile.Seek(93, SeekOrigin.Begin);
                aFile.Read(byData, 0, 200);
            }
            catch (IOException e)
            {
                Console.WriteLine("输入输出异常被抛出!");
                Console.WriteLine(e.ToString());
                Console.ReadKey();
                return;
```

```
            }
            Decoder d = Encoding.UTF8.GetDecoder();
            d.GetChars(byData, 0, byData.Length, charData, 0);
            Console.WriteLine(charData);
            Console.ReadKey();
        }
    }
}
```

> **说明：**
>
> （1）此应用程序打开自己的 .cs 文件，用于读取。它在下面的代码行中使用" .. "字符串向上逐级导航两个目录，找到该文件。
>
> ```
> FileStream aFile = new FileStream("../../Program.cs",FileMode.Open);
> ```
>
> （2）下面两行代码实现查找工作，并从文件的具体位置读取字节。
>
> ```
> aFile.Seek(93,SeekOrigin.Begin);
> aFile.Read(byData,0,200);
> ```
>
> 第一行代码将文件内部指针移动到文件的第 93 个字节。在 Program.cs 中，这是最后一个 using 的" u"；第二行将接下来的 200 个字节读入到 byData 字节数组中。
>
> 注意，这两行代码封装在 try-catch 块中，以处理可能抛出的异常。例如：
>
> ```
> try
> {
>     aFile.Seek(93,SeekOrigin.Begin);
>     aFile.Read(byData,0,200);
> }
> catch(IOException e)
> {
>     Console.WriteLine("输入输出异常被抛出！");
>     Console.WriteLine(e.ToString());
>     Console.ReadKey();
>     return;
> }
> ```
>
> 文件 IO 涉及的所有操作都可以抛出类型为 IOException 的异常。所有产品代码都必须包含错误处理，尤其在处理文件系统时更是如此。本章的所有示例都具有错误处理的基本形式。
>
> （3）从文件中获取了字节数组后，就需要将其转换为字符数组，以便在控制台显示，为此，使用 System.Text 命名空间的 Decoder 类。此类用于将原始字节转换为更有用的项，如字符。

```
Decoder d = Encoding.UTF8.GetDecoder();
d.GetChars(byData, 0, byData.Length, charData, 0);
```

这些代码基于 UTF8 编码模式创建了 Decoder 对象,这就是 Unicode 编码模式。然后调用 GetChars()方法,此方法提取字节数组,将它转换为字符数组。完成之后,就可以将字符数组输出到控制台。程序运行结果如图 7-6 所示。

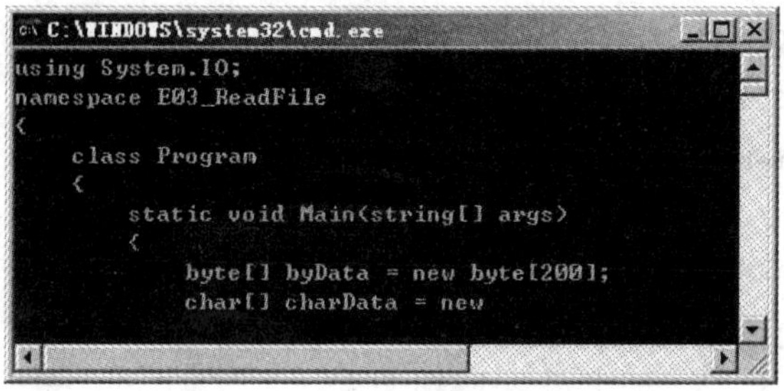

图 7-6 程序运行结果

5. 写入数据

向随机访问文件中写入数据的过程与从中读取数据类似。创建一个字节数组,最简单的办法是首先构建要写入文件的字符数组;然后使用 Encoder 对象将其转换为字节数组,其用法非常类似于 Decoder;最后调用 Write()方法,将字节数组传送到文件中。

应用举例:将数据写入随机访问文件。

(1) 创建名为 "E04-WriteFile" 的控制台应用程序。

(2) 代码如下所示。

```
using System.IO;
namespace E04_WriteFile
{
    class Program
    {
        static void Main(string[ ] args)
        {
            byte[ ] byData;
            char[ ] charData;
            try
            {
                FileStream aFile = new FileStream("Temp.txt", FileMode.Create);
                charData = "This is a testing.".ToCharArray();
                byData = new byte[charData.Length];
                Encoder e = Encoding.UTF8.GetEncoder();
                e.GetBytes(charData, 0, charData.Length, byData, 0, true);
```

```
                aFile.Seek(0, SeekOrigin.Begin);
                aFile.Write(byData, 0, byData.Length);
            }
            catch (IOException ex)
            {
                Console.WriteLine("输入输出异常被抛出!");
                Console.WriteLine(ex.ToString());
                Console.ReadKey();
                return;
            }
        }
    }
}
```

> **说明：**
> （1）导航到应用程序目录——在目录中已经保存了文件，因为我们使用了相对路径。目录位于 WriteFile \ bin \ Debug 文件夹。打开 Temp.txt 文件，可以在文件中看到如图 7-7 所示的文本。
>
>
>
> 图 7-7 写入文件结果
>
> （2）此应用程序在自己的目录中打开文件，并在文件中写入了一个简单的字符串。在结构上，这个示例非常类似于前面的示例，只是用 Write（ ）代替了 Read（ ），用 Encoder 代替了 Decoder。
>
> （3）下面的代码行使用 String 类的 ToCharArray（ ）静态方法，创建了字符数组。因为 C#中的所有事物都是对象，文本 "This is a testing." 实际上是一个 String 对象，所以甚至可以在字符串上调用这些静态方法。
>
> CharData = "This is a testing. ".ToCharArray();
>
> （4）下面的代码行显示了如何将字符数组转换为 FileStream 对象需要的正确字节数组。
>
> Encoder e = Endoding.UTF8.GetEncoder();
> e.GetBytes(charData, 0, charData.Length, byData, 0, true);
>
> 这次，要基于 UTF8 编码方法来创建 Encoder 对象，也可以将 Unicode 用于解码。这里在写入流之前，需要将字符数据编码为正确的字节格式。在 GetBytes（ ）方法中可以完成这些工作，它可以将字符数组转换为字节数组，并将字符数组作为第一个参数（本例中的 charData），将该数组中起始位置的下标作为第二个参数（0 表示数组的开头）。第三个参数是要转换的字

符数量(charData.Length,charData 数组中的元素个数),第四个参数是在其中置入数据的字节数组(byData),第五个参数是在字节数组中开始写入位置的下标(0 表示 byData 数组的开头)。最后一个参数决定在结束后 Encoder 对象是否应该更新其状态,即 Encoder 对象是否仍然保留它原来在字节数组中的内存位置。这有助于以后调用 Encoder 对象,但是当只进行单一调用时,这就没有什么意义。最后对 Encoder 的调用必须将此参数设置为 true,以清空其内存,释放对象,用于垃圾回收。

(5) 使用 Write() 方法向 FileStream 写入字节数组就非常简单。

aFile.Seek(0,SeekOrigin.Begin);
aFile.Write(byData,0,byData.Length);

与 Read() 方法一样,Write() 方法也有 3 个参数:要写入的数组,开始写入的数组下标和要写入的字节数。

7.3.3 二进制文件的读写

1. BinaryReader 类

BinaryReader 类用于读取字符串和基本数据类型,而 BinaryWriter 类从顺序文本文件(有时称为"文本流")中以二进制数据写入基本类型。

BinaryReader 类的常用方法下所示。

(1) Close:关闭当前阅读器及基础流。

(2) Read:已重载。从基础流中读取字符,并提升流的当前位置。

(3) ReadDecimal:从当前流中读取十进制数值,并将该流的当前位置提升 16 个字节。

(4) ReadByte:从当前流中读取下一个字节,并使流的当前位置提升 1 个字节。

(5) ReadInt16:从当前流中读取 2 个字节有符号整数,并使流的当前位置提升 2 个字节。

(6) ReadInt32:从当前流中读取 4 个字节有符号整数,并使流的当前位置提升 4 个字节。

(7) ReadString:从当前流中读取一个字符串。字符串有长度前缀,一次 7 位地被编码为整数。

应用举例:读二进制文件。

(1) 创建名为"E05 - BinaryReader 类"的控制台应用程序。

(2) 代码如下所示。

```
using System.IO;
namespace E05_BinaryReader 类
{
    class Program
    {
```

```csharp
static void Main(string[ ] args)
{
    string path = @"C:\123.txt";
    FileStream fs = new FileStream(path, FileMode.Open, FileAccess.Read);
    BinaryReader br = new BinaryReader(fs);
    char cha;
    int num;
    double doub;
    string str;
    try
    {
        while (true)
        {
            cha = br.ReadChar();
            num = br.ReadInt32();
            doub = br.ReadDouble();
            str = br.ReadString();
            Console.WriteLine("{0},{1},{2},{2}", cha, num, doub, str);
        }
    }
    catch (EndOfStreamException e)
    {
        Console.WriteLine(e.Message);
        Console.WriteLine("已经读到末尾");
    }
    finally
    {
        Console.ReadKey();
    }
}
```

程序运行结果如图 7-8 所示。

图 7-8 程序运行结果

利用创建的文件作为源文件,创建了 FileStream 对象,并基于该对象创建了 BinaryReader 对象。调用 BinaryReader 对象读取文件内容的各个方法,分别读出源文件中的字符、整型数据、双精度数据和字符串。由于不确定要遍历多少次才能读取文件末尾，出现 EndStreamException 异常，循环内读取的数据被输出到控制台。

2. BinaryWriter 类

BinaryWriter 类以二进制形式将基元类型写入流，并支持用特定的编码写入字符串。常用方法如下所示。

(1) Close：关闭当前 BinaryWriter 和基础流。

(2) Flush：清除当前 writer 的所有缓存，导致任何缓存的数据被写入基础设备中。

(3) Write：将值写入到当前流。

下面介绍使用 C# 读写本地二进制文件（二进制文件指保存在物理磁盘的一个文件）。

第一步：读写文件转成流对象。其实就是读写文件流（FileStream 对象，在 System.IO 命名空间中）。

File、FileInfo、FileStream 这 3 个类可以打开文件，并变成文件流。下面是引用微软对 File、FileInfo、FileStream 的介绍：

(1) System.IO.File 类提供用于创建、复制、删除、移动和打开文件的静态方法，并协助创建 FileStream 对象。

(2) System.IO.FileInfo 类提供用于创建、复制、删除、移动和打开文件的实例方法，并且帮助创建 FileStream 对象，无法继承此类。

(3) System.IO.FileStream 类公开以文件为主的 Stream，既支持同步读写操作，也支持异步读写操作。

第二步：读写流。读写二进制文件用 System.IO.BinaryReader 和 System.IO.BinaryWriter 类，读写文本文件用 System.IO.TextReader 和 System.IO.TextWriter 类。

应用举例：使用 BinaryWriter 类将二进制数据写入文件。

(1) 创建名为 "E06 - BinaryWriter 类" 的控制台应用程序。

(2) 代码如下所示。

```
using System.IO;
namespace E06_BinaryWriter 类
{
    class Program
    {
        static void Main(string[ ] args)
        {
            Console.WriteLine("请输入文件名:");
            string filename = Console.ReadLine();        //获取输入文件名
            FileStream fs;                               //声明 FileStream 对象
            try
            {
                fs = new FileStream(filename, FileMode.Create); //初始化 FileStream 对象
```

```
            BinaryWriter bw = new BinaryWriter(fs);      //创建 BinaryWriter 对象
            bw.Write('a');                               //写入文件
            bw.Write(123);
            bw.Write(456.789);
            bw.Write("Hello World!");
            Console.WriteLine("成功写入");
            bw.Close();                                  //关闭 BinaryWriter 对象
            fs.Close();                                  //关闭文件流
        }
        catch (IOException ex)
        {
            Console.WriteLine(ex.Message);
        }
    }
}
```

程序运行结果如图 7-9 所示。

图 7-9 程序运行结果

7.4 系统环境相关类

本小节首先介绍与文件环境和平台信息相关的类 Environment 的常用属性及方法,然后介绍文件操作最常用的命名空间 System.IO 命名空间,最后介绍有关驱动器信息访问的 DriveInfo 类。

7.4.1 Environment 类

Environment 类提供有关当前环境和平台的信息以及操作它们的方法。使用 Environment 类可以检索信息,如命令行参数、退出代码、环境变量设置、调用堆栈的内容、自上次系统启动以来的时间,以及公共语言运行时的版本。

Environment 类常用属性如表 7-4 所示。

表 7-4 Environment 类常用属性

名称	说明
CommandLine	获取该进程的命令行
CurrentDirectory	获取或设置当前工作目录的完全限定路径
ExitCode	获取或设置进程的退出代码
HasShutdownStarted	获取一个值，该值指示公共语言运行时（CLR）是否正在关闭
Is64BitOperatingSystem	确定当前操作系统是否为 64 位操作系统
Is64BitProcess	确定当前进程是否为 64 位进程
MachineName	获取本地计算机的 NetBIOS 名称
NewLine	获取为此环境定义的换行字符串
OSVersion	获取包含当前平台标识符和版本号的 OperatingSystem 对象
ProcessorCount	获取当前计算机上的处理器数
StackTrace	获取当前的堆栈跟踪信息
SystemDirectory	获取系统目录的完全限定路径
SystemPageSize	获取操作系统页面文件的内存量
TickCount	获取系统启动后经过的毫秒数
UserDomainName	获取与当前用户关联的网络域名
UserInteractive	获取一个值，用以指示当前进程是否在用户交互模式中运行
UserName	获取当前已登录到 Windows 操作系统人员的用户名
Version	获取一个 Version 对象，描述公共语言运行时的主版本、次版本、内部版本和修订号
WorkingSet	获取映射到进程上下文的物理内存量

Environment 类常用方法，如表 7-5 所示。

表 7-5 Environment 类常用方法

名称	说明
Exit	终止此进程并为基础操作系统提供指定的退出代码
ExpandEnvironmentVariables	将嵌入到指定字符串中的每个环境变量的名称替换为该变量值的等效字符串，然后返回结果字符串
FailFast（String）	向 Windows 的应用程序事件日志写入消息后立即终止进程，然后在发往 Microsoft 的错误报告中加入该消息
FailFast（String，Exception）	向 Windows 的应用程序事件日志写入消息后立即终止进程，然后在发往 Microsoft 的错误报告中加入该消息和异常信息

(续表)

名称	说明
GetCommandLineArgs	返回包含当前进程命令行参数的字符串数组
GetEnvironmentVariable（String）	从当前进程检索环境变量的值
GetEnvironmentVariable（String，EnvironmentVariableTarget）	从当前进程或者从当前用户或本地计算机的 Windows 操作系统注册表项，检索环境变量的值
GetEnvironmentVariables（）	从当前进程检索所有环境变量名及其值
GetEnvironmentVariables（EnvironmentVariableTarget）	从当前进程或者从当前用户或本地计算机的 Windows 操作系统注册表项，检索所有环境变量名及其值
GetFolderPath（Environment.SpecialFolder）	获取由指定枚举标识的系统特殊文件夹的路径
GetFolderPath（Environment.SpecialFolder，Environment.SpecialFolderOption）	获取由指定枚举标识的系统特殊文件夹的路径，并用于访问特殊文件夹的指定选项
GetLogicalDrives	返回包含当前计算机中的逻辑驱动器名称的字符串数组
SetEnvironmentVariable（String，String）	创建、修改或删除当前进程中存储的环境变量
SetEnvironmentVariable（String，String，EnvironmentVariableTarget）	创建、修改或删除当前进程中或者为当前用户或本地计算机保留的 Windows 操作系统注册表项中存储的环境变量

应用举例：显示有关当前环境的信息列表。
（1）创建名为"E07 - Environment 类"的控制台应用程序。
（2）代码如下所示。

```
using System;
using System.Collections;
namespace E07_Environment 类
{
    class Program
    {
        static void Main(string[ ] args)
        {
            String str;
            String nl = Environment.NewLine;
            Console.WriteLine();
            Console.WriteLine(" - - Environment members - - ");
            //进程命令
            Console.WriteLine("CommandLine: {0}", Environment.CommandLine);
            //当前进程的命令行参数
```

```
String[ ] arguments = Environment.GetCommandLineArgs();
Console.WriteLine("GetCommandLineArgs: {0}", String.Join(", ", arguments));
//当前进程的工作路径
Console.WriteLine("CurrentDirectory: {0}", Environment.CurrentDirectory);
//进程的退出代码
Console.WriteLine("ExitCode: {0}", Environment.ExitCode);
//获取值,指示公共语言运行时(CLR)是否正在关闭
Console.WriteLine("HasShutdownStarted: {0}", Environment.HasShutdownStarted);
//获取本地计算机的 NetBIOS 名称
Console.WriteLine("MachineName: {0}", Environment.MachineName);
//获取为换行字符串
Console.WriteLine("NewLine: {0} first line{0} second line{0} third line", En-
                   vironment.NewLine);
//当前平台标识符和版本号
Console.WriteLine("OSVersion: {0}", Environment.OSVersion.ToString());
//当前的堆栈跟踪信息
Console.WriteLine("StackTrace: '{0}'", Environment.StackTrace);
//系统目录的完全路径
Console.WriteLine("SystemDirectory: {0}", Environment.SystemDirectory);
//系统启动后经过的毫秒数
Console.WriteLine("TickCount: {0}", Environment.TickCount);
//与当前用户关联的网络域名
Console.WriteLine("UserDomainName: {0}", Environment.UserDomainName);
//获取一个值,用以指示当前进程是否在用户交互模式中运行
Console.WriteLine("UserInteractive: {0}", Environment.UserInteractive);
//当前已登录到 Windows 操作系统的用户名
Console.WriteLine("UserName: {0}", Environment.UserName);
//公共语言运行时的主版本、次版本、内部版本和修订号
Console.WriteLine("Version: {0}", Environment.Version.ToString());
//映射到进程上下文的物理内存量
Console.WriteLine("WorkingSet: {0}", Environment.WorkingSet);
String query = "My system drive is %SystemDrive% and my system root is %Sys-
temRoot%";
str = Environment.ExpandEnvironmentVariables(query);
Console.WriteLine("ExpandEnvironmentVariables: {0}  {1}", nl, str);
Console.WriteLine("GetEnvironmentVariable: {0}  My temporary directory is {1}.", nl,
                   Environment.GetEnvironmentVariable("TEMP"));
Console.WriteLine("GetEnvironmentVariables: ");
IDictionary environmentVariables = Environment.GetEnvironmentVariables();
foreach (DictionaryEntry de in environmentVariables)
{
    Console.WriteLine("  {0} = {1}", de.Key, de.Value);
```

```
            }
            Console.WriteLine("GetFolderPath: {0}",
                        Environment.GetFolderPath(Environment.SpecialFolder.System));
            String[] drives = Environment.GetLogicalDrives();
            Console.WriteLine("GetLogicalDrives: {0}", String.Join(", ", drives));
            Console.ReadLine();
        }
    }
}
```

程序运行图如图 7-10 所示。

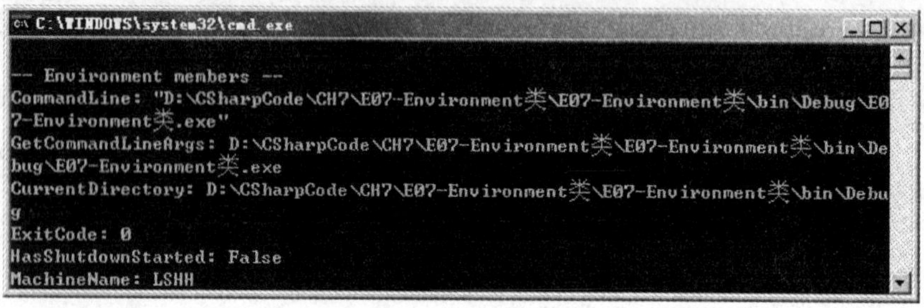

```
-- Environment members --
CommandLine: "D:\CSharpCode\CH7\E07-Environment类\E07-Environment类\bin\Debug\E0
7-Environment类.exe"
GetCommandLineArgs: D:\CSharpCode\CH7\E07-Environment类\E07-Environment类\bin\De
bug\E07-Environment类.exe
CurrentDirectory: D:\CSharpCode\CH7\E07-Environment类\E07-Environment类\bin\Debu
g
ExitCode: 0
HasShutdownStarted: False
MachineName: LSHH
```

图 7-10 程序运行结果

7.4.2 System.IO 命名空间

System.IO 命名空间包含允许读写文件和数据流的类型，以及提供基本文件和目录支持的类型。下面介绍的 DriveInfo 类、Directory 类、DirectoryInfo 类、Path 类、File 类与 FileInfo 类等常用的目录、文件等操作类都在 System.IO 命名空间中。一些常用类如表 7-6 所示。

表 7-6 System.IO 命名空间常用的类

类	说明
BinaryReader	用特定的编码将基元数据类型读作二进制值
BinaryWriter	以二进制形式将基元类型写入流，并支持用特定的编码写入字符串
BufferedStream	给另一流上的读写操作添加一个缓冲层。无法继承此类
Directory	公开用于创建、移动和枚举通过目录和子目录的静态方法。无法继承此类
DirectoryInfo	公开用于创建、移动和枚举通过目录和子目录的实例方法。无法继承此类
DriveInfo	提供对有关驱动器信息的访问
File	提供用于创建、复制、删除、移动和打开文件的静态方法，并协助创建 FileStream 对象

(续表)

类	说　　明
FileInfo	提供用于创建、复制、删除、移动和打开文件的实例方法，并且帮助创建 FileStream 对象
FileStream	公开以文件为主的 Stream，既支持同步读写操作，又支持异步读写操作
FileSystemWatcher	侦听文件系统更改通知，并在目录或目录中的文件发生更改时引发事件
IOException	发生 I/O 错误时引发的异常
Path	对包含文件或目录路径信息的 String 实例执行操作，这些操作是以跨平台的方式执行的
Stream	提供字节序列的一般视图
StreamReader	实现一个 TextReader，使其以一种特定的编码从字节流中读取字符
StreamWriter	实现一个 TextWriter，使其以一种特定的编码向流中写入字符
StringReader	实现从字符串进行读取的 TextReader

使用以上类时，必须在程序中引入 System.IO 命名空间，引用语句如下：

using System.IO;

7.4.3　DriveInfo 类

DriveInfo 类提供对有关驱动器信息的访问。使用 DriveInfo 类不仅可以确定可用的驱动器以及这些驱动器的类型，还可以通过查询来确定驱动器的容量和可用空间。

应用举例：使用 DriveInfo 类显示有关当前系统中所有驱动器的信息。

（1）创建名为"E08-DriveInfo 类"的控制台应用程序。

（2）代码如下所示。

```
using System;
using System.IO;
namespace E08_DriveInfo 类
{
    class Program
    {
        static void Main(string[ ] args)
        {
            DriveInfo[ ] allDrives = DriveInfo.GetDrives();
            foreach (DriveInfo d in allDrives)
            {
                Console.WriteLine("Drive {0}", d.Name);
                Console.WriteLine("File type: {0}", d.DriveType);
                if (d.IsReady == true)
```

```
            {
                Console.WriteLine("Volume label: {0}", d.VolumeLabel);
                Console.WriteLine("File system: {0}", d.DriveFormat);
                Console.WriteLine("Available space to current user:{0, 15} bytes",
                                                    d.AvailableFreeSpace);
                Console.WriteLine("Total available space: {0, 15} bytes",
                                                    d.TotalFreeSpace);
                Console.WriteLine("Total size of drive: {0, 15} bytes ", d.TotalSize);
                Console.ReadLine();
            }
         }
      }
   }
}
```

程序运行结果如图 7-11 所示。

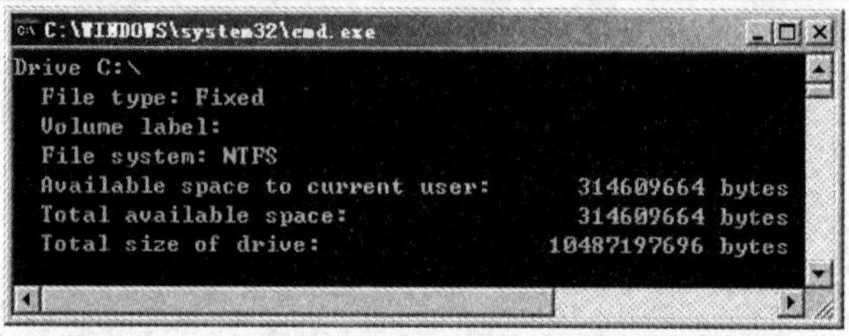

图 7-11 程序运行结果

练 习 题

填空题

1. _____类提供有关当前环境和平台的信息以及操作它们的方法。
2. 包含允许读写文件和数据流类型的命名空间是_____命名空间。
3. 提供有关驱动器信息的类是_____。
4. 文件夹操作由_____、_____两个类实现。_____类提供用于创建、移动和枚举通过目录和子目录的静态方法。

判断题

1. 使用 DriveInfo 类不仅可以确定可用的驱动器以及这些驱动器的类型，还可以通过查询来确定驱动器的容量和可用空间。（   ）
2. File 类提供。Create（ ）方法负责打开文件，提供 Open（ ）方法负责创建文件。（   ）
3. BinaryReader 类用于读取字符串和基本数据类型，而 BinaryWriter 类向文本文件写入二进制数据。（   ）

简答题

1. FileInfo 类和 File 类的设计差别是什么？
2. 简述文本文件的读写方法。
3. 简述二进制文件的读写方法。

操作题

1. 编写代码，在一个 WinForm 窗体中创建一个菜单，命名为"文件夹"。其子菜单包括"新建文件夹"、"删除文件夹"和"移动文件夹"，通过单击这三个菜单项分别实现在"D:"下相应的操作。
2. 在操作题 1 的基础上，添加一个菜单项，命名为"文件"。其子菜单项包括"新建文本文件"、"删除文本文件"，分别完成在操作题 1 中创建文本文件和删除文本文件的操作。
3. 模拟开发一个 Windows 资源管理器。
4. 模拟开发一个简单的文本编辑器。

第 8 章
类库与控件库设计

■ **本章导读**

Visual Studio .NET 2008虽然提供了丰富的组件和控件，但对于一些特殊的需求，现有的组件和控件是不能满足要求的。这时用户可以自定义组件和控件，并将其添加到工具箱中。除了供自己使用以外，还可以提供给其他程序员使用。

类库模板用于开发组件，Windows窗体控件库模板用于开发控件。

本章介绍了类库和控件库的基础知识，讲解了用户控件的使用，具体内容如下所示。

- 特性简介：介绍了 .NET Framework 中特性（Attribute）的概念和使用方法。
- 类库设计：通过创建 .dll 动态链接库文件，实现代码的复用。
- 用户控件：根据用户需要，创建自定义用户控件，并将其添加到工具箱中。
- 控件库设计：提供了显示界面的自定义组件，可以像使用系统控件一样使用自定义的控件库。

■ **学习目标**

(1) 了解特性类、类库、用户控件、控件库的相关概念；
(2) 掌握类库设计和调用类库的方法；
(3) 学会使用用户控件开发程序；
(4) 学会设计控件库和调用控件库。

8.1 特 性（Attribute）

特性（Attribute）是一种崭新的声明性信息。不仅可以通过特性来定义设计层面的信息（如 help file，URL for documentation）以及运行时（run-time）的信息（例如使 XML 与 class 相联系），还可以利用特性建立自描述（self-describing）组件。在本小节中，我们将会看到如何建立和添加特性到各种程序实体，以及如何在运行时的环境中获取特性信息。

8.1.1 概　念

特性是被指定给某一声明的一则附加声明性信息。

公共语言运行时允许添加类似关键字的描述声明，叫做 Attribute。它对程序中的元素进行标注，如类型、字段、方法和属性等。Attribute 和 Microsoft .NET Framework 文件的元数据保存在一起，可以用来在运行时描述代码，或者在程序运行时影响应用程序的行为。

8.1.2 预定义特性

在 C♯ 中，有一个预定义特性集合。在学习如何建立定制特性（Custom Attribute）之前，先来看看在代码中如何使用预定义特性。

```
class Program
{
    [Obsolete("不能使用过时方法，请使用新方法", true)]
    static void OldMethod(){ }
    static void NewMethod(){ }
    static void Main(string[ ] args)
    {
        OldMethod();
    }
}
```

上面例子中使用了 Obsolete 特性，它标记了一个不应该再被使用的程序实体。第一个参数是一个字符串，解释了为什么该实体是过时的以及应该用什么实体来代替它。实际上，在这里可以写任何文本。第二个参数告诉编译器应该把使用这个过时的程序实体当作一种错误，它的默认值是 false，也就是说编译器对此会产生一个警告。当编译上面这段程序的时候，将会得到一个错误，如下所示：

"特性.Program.OldMethod()"已过时:"不能使用过时方法，请使用新方法"

当调用 NewMethod 方法时，程序编译成功。

8.1.3 自定义特性

.NET Framework 允许用户根据实际需求，自定义特性。

首先，要从 System.Attribute 派生出特性类（一个从 System.Attribute 抽象类继承而来的类，不管是直接继承还是间接继承，都会成为一个特性类。特性类的声明定义了一种可以被放置在声明之上的新特性）。

```
using System;
public class HelpAttribute:Attribute
{
```

}

此时已经建立了一个自定义特性,可以用它来装饰现有的类,就好像上面使用 Obsolete Attribute 一样。代码如下所示。

```
[Help()]
public class AnyClass
{
}
```

> **注意:**
> 对一个特性类名使用 Attribute 后缀是一个惯例。然而,当把特性添加到一个程序实体,是否包括 Attribute 后缀是自由的。编译器首先会在 System.Attribute 的派生类中查找被添加的特性类,如果没有找到,那么编译器会添加 Attribute 的后缀继续查找。

到目前为止,这个特性还没有起到什么作用。下面我们来添加些东西使它更有用。代码如下所示。

```
namespace 自定义特性
{
    public class HelpAttribute : Attribute
    {
        public HelpAttribute(String Description_in)
        {
            this.description = Description_in;
        }
        protected String description;
        public String Description
        {
            get
            {
                return this.description;
            }
        }
    }
    [Help("这是一个帮助类")]
    class Program
    {
        static void Main(string[] args)
        {
        }
    }
}
```

在上面的例子中,给 HelpAttribute 特性类添加了一个属性 Description。

8.1.4 使用特性

AttributeUsage 类是另外一个预定义特性类,它帮助控制定制特性的使用。通过在属性类上放置 AttributeUsageAttribute 来控制属性类的使用方式。指示的属性类必须直接或间接地从 Attribute 派生。

AttributeUsage 有 3 个属性,可以把它放置在自定义属性前面。如下所示:

(1) ValidOn

通过这个属性,能够定义定制特性应该在何种程序实体前放置。一个属性可以被放置的所有程序实体在 AttributeTargets enumerator 中列出。通过 OR 操作可以把若干个 AttributeTargets 值组合起来。

在刚才的 Help 特性前放置 AttributeUsage 特性,以期待在它的帮助下控制 Help 特性的使用。代码如下所示:

```
[AttributeUsage(AttributeTargets.Class, AllowMultiple = false,Inherited = false)]
public class HelpAttribute : Attribute
{
    public HelpAttribute(String Description_in)
    {
        this.description = Description_in;
    }
    protected String description;
    public String Description
    {
        get
        {
            return this.description;
        }
    }
}
```

我们先来看一下 AttributeTargets.Class,它规定了 Help 特性只能被放在 class 的前面,这也就意味着下面的代码将会产生错误:

```
[Help("这是一个帮助类在类前面的使用")]
class Program
{
    [Help("这是一个帮助类在方法前面的使用")]   //错误
    static void AnyMethod()
    {
    }
    static void Main(string[ ] args)
```

```
        {
        }
}
```

编译器报告错误如下：

属性"Help"在该声明类型中无效，它只在"class"声明中有效

可以使用 AttributeTargets.All 来允许 Help 特性被放置在任何程序实体前。可能的值是：

All=Assembly | Module | Class | Struct | Enum | Constructor | Method | Property | Field | Event | Interface | Parameter | Delegate。

（2）AllowMultiple

这个属性标记了我们的定制特性能否被重复放置在同一个程序实体前多次。

下面来看一下 AllowMultiple = false，它规定了特性不能被重复放置多次。

```
[Help("这是一个帮助类在类前面的使用")]
[Help("这是一个帮助类在类前面的第二次使用")]
class Program
{
    //[Help("这是一个帮助类在方法前面的使用")]
    static void AnyMethod()
    {
    }
    static void Main(string[] args)
    {
    }
}
```

上述代码产生了一个编译器错误：

重复的"Help"属性

（3）Inherited

这个属性指定所指示的属性能否由派生类和重写成员继承。

8.1.5 常用特性

在 System.ComponetMedal 命名空间下，系统定义了一些特性，当我们创建一个 Windows 窗体时，会自动在代码中添加对此命令空间的引用。.NET Framework 提供的部分特性如下所示。

（1）Category：指定当属性（Property）或事件显示在一个设置为"按分类顺序"模式的 PropertyGrid 控件中时，用于给属性或事件分组的类别名称。

（2）Description：指定属性（Property）或事件的说明。

（3）DefaultEvent：指定组件的默认事件。

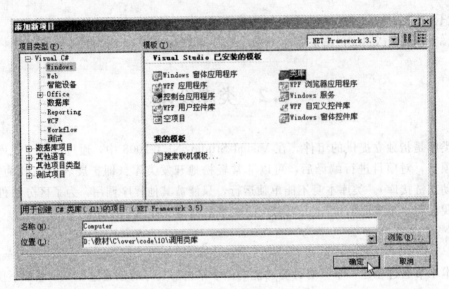

图 8-2 添加类库项目对话框

（3）将默认的 Class1.cs 文件改名为 Computer.cs，代码如下所示。

```
namespace Computer
{
    public class Computer
    {
        private string _sign;
        private double _first;
        private double _second;
        public Computer(string str, double first, double second)
        {
            _sign = str;
            _first = first;
            _second = second;
        }
        //进行运算
        public double Comt(out double first)
        {
            if (_sign == "+")
            {
                first = _first + _second;
                return _first + _second;
            }
            else if (_sign == "-")
            {
                first = _first - _second;
                return _first - _second;
```

```
                }
                else if (_sign = = " * ")
                {
                    first = _first * _second;
                    return _first * _second;
                }
                else if (_sign = = "/")
                {
                    if (_second = = 0)
                    {
                        first = 10241024.10241023;
                        return 10241024.10241023;
                    }
                    else
                    {
                        first = _first / _second;
                        return _first / _second;
                    }
                }
                else
                {
                    first = 10241024.10241024;
                    return 10241024.10241024;
                }
            }
        }
    }
```

上述代码的作用是：根据用户输入的 string str，double first，double second 3 个参数，进行加、减、乘、除四则运算。

（4）在"解决方案资源管理器"中，右键单击"Computer"项目名，选择"生成"，此时会生成 Computer.dll 文件。该动态链接库（.dll）文件，可以在项目物理文件夹中的"bin"→"Debug"文件下面找到。

8.2.2 调用类库

在本小节，将学习如何将已经写好的 .dll 文件添加到项目中并使用。下面的例子将介绍如何使用上一小节所创建的 Computer.dll 动态链接库文件。

（1）打开上小节所创建的"调用类库"解决方案，打开"文件"→"添加"→"新建项目"，打开"新建项目"对话框，在"模板"中选择"Windows 窗体应用程序"，在"名称"中输入"Demo"，，单击"确定"完成，如图 8-3 所示。

（2）在"解决方案资源管理器"中，右键单击"Demo"项目名，选择"添加引用"，打

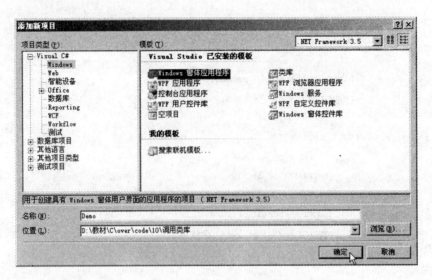

图 8-3 添加 Windows 窗体应用程序对话框

开"添加引用"对话框,在"项目"选项卡中选择"Computer"类库项目,单击"确定"完成,如图 8-4 所示。此时在"Demo"的"引用"文件夹下,新增了"Computer"的引用。

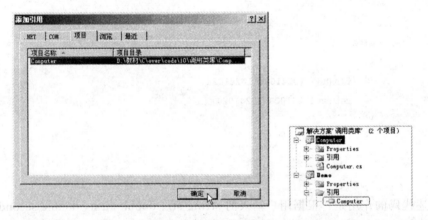

图 8-4 为 Demo 项目添加 Computer 引用

(3) 对窗体进行设计,在窗体中添加 1 个 TextBox 控件,2 个 Label 控件,17 个 Button 控件,分别为 Button 控件订阅 Click 单击事件,如图 8-5 所示。

图 8-5 窗体设计图

(4)后台部分代码如下所示。

```csharp
private string _sign;
private double _first = 10241024;
private double _second = 10241024;
private string _number;
//确认按钮
private void button17_Click(object sender, EventArgs e)
{
    SetNumber(Convert.ToDouble(_number));
    //判断是否设置了_second 的值
    if (_second = = 10241024)
    {
        _second = Convert.ToDouble(_number);
        _number = null;
    }
    //判断是否设置了_first 的值
    if (_first = = 10241024)
    {
        _first = Convert.ToDouble(_number);
        _number = null;
    }
    //判断是否有_sign 的值
    if (_sign = = null)
    {
        _sign = " + ";
    }
    //开始进行计算
    Computer.Computer ComPro = new Computer.Computer(_sign, _first, _second);
    this.labResult.Text = ComPro.Comt(out _first).ToString();
    //验证除数为零的情况
    if (_first = = 10241024.10241023)
    {
        this.labResult.Text = "0";
        MessageBox.Show("除数不能为零!");
        _number = null;
        _first = 10241024;
        _second = 10241024;
        this.textBox1.Text = null;
        _sign = null;
        this.labResult.Text = null;
    }
```

```csharp
        //开始初始化数据
        _sign = null;
        _second = 10241024;
        _number = null;
}
//加号按钮
private void button10_Click(object sender, EventArgs e)
{
        //设置计算数
        SetNumber(Convert.ToDouble(_number));
        if (_sign == null || _second == 10241024)
        {
            _sign = "+";
            this.textBox1.Text += "+";
            return;
        }
        if (_second != 10241024)
        {
            //开始进行计算
            Computer.Computer ComPro = new Computer.Computer(_sign, _first, _second);
            this.labResult.Text = ComPro.Comt(out _first).ToString();
            //验证除数为零的情况
            if (_first == 10241024.10241023)
            {
                this.labResult.Text = "0";
                MessageBox.Show("除数不能为零!");
                _number = null;
                _first = 10241024;
                _second = 10241024;
                this.textBox1.Text = null;
                _sign = null;
                this.labResult.Text = null;
            }
            //开始初始化数据
            _sign = "+";
            this.textBox1.Text += "+";
            _second = 10241024;
            _number = null;
            return;
        }
}
//设置数字函数
```

```
public void SetNumber(double number)
{
    if (_first = = 10241024 && _number ! = null)
    {
        _first = Convert.ToDouble(_number);
        _number = null;
    }
    else if (_second = = 10241024 && _number ! = null)
    {
        _second = Convert.ToDouble(_number);
        _number = null;
    }
}
```

(5) 运行程序。在计算器中输入 1.2 * 1.2，在"结果"处输出 1.44，如图 8-6 所示。

图 8-6　使用类库创建的计算器程序

8.3　用户控件

控件提供了一种创建和重用自定义图形界面的方法，它本质上具有可视化界面的组件。Windows 窗体控件有用户控件、扩展控件和自定义控件等多种形式，但是最常用的是用户控件。对于 Windows 窗体，用户控件默认继承自 System.Windows.Forms.UserControl。在 Windows 应用程序项目中，可以直接添加用户控件，不需要单独创建一个.dll 文件。

8.3.1　设计用户控件

本小节通过一个创建时钟的例子来讲解用户控件的创建过程，步骤如下所示。

（1）在 Visual Studio 2008 中，打开"文件"→"新建"→"项目"，打开"新建项目"对话框，在"模板"中选择"Windows 窗体应用程序"，在"名称"中输入"用户控件"，可以根据需要对"位置"进行修改，单击"确定"完成，如图 8-7 所示。

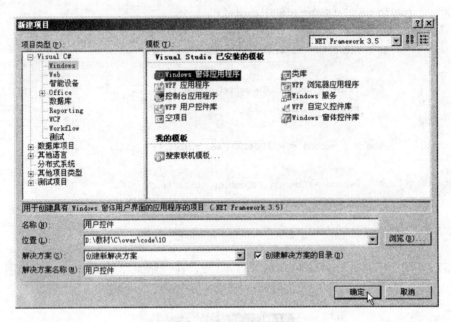

图 8-7 新建空白解决方案对话框

（2）打开"解决方案资源管理器"，右键单击"用户控件"项目，选择"添加"→"用户控件"，弹出"添加新项"对话框，在"名称"中输入 myNewClock.cs，单击"添加"完成，如图 8-8 所示。

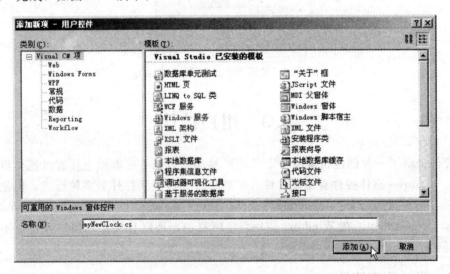

图 8-8 添加新项对话框

（3）myNewClock.cs 的后台代码如下所示。

```
namespace 用户控件
{
    public partial class myNewClock : UserControl
    {
```

```csharp
public myNewClock()
{
    InitializeComponent();
    this.SetStyle(ControlStyles.AllPaintingInWmPaint, true);
    this.SetStyle(ControlStyles.DoubleBuffer, true);
    this.SetStyle(ControlStyles.ResizeRedraw, true);
    this.SetStyle(ControlStyles.Selectable, true);
    this.SetStyle(ControlStyles.SupportsTransparentBackColor, true);
    this.SetStyle(ControlStyles.UserPaint, true);
    myTimer = new Timer();
    myTimer.Interval = 1000;
    myTimer.Enabled = true;
    myTimer.Tick += new EventHandler(myTimer_Tick);
}
private void myTimer_Tick(object sender, EventArgs e)
{
    this.Invalidate();
}
private Timer myTimer;        //定义时钟,定时重新绘制
private Graphics g;           //创建画布
private Pen pen;              //创建画笔
private int width;            //画布高度
private int height;           //画布宽度
Color hourColor = Color.Black;
/// <summary>
///时钟颜色
/// </summary>
[CategoryAttribute("颜色"), Description("时钟颜色")]
public Color HourColor
{
    get { return hourColor; }
    set { hourColor = value; }
}
Color minuteColor = Color.Black;
/// <summary>
///分钟颜色
/// </summary>
[CategoryAttribute("颜色"), Description("分钟颜色")]
public Color MinuteColor
{
    get { return minuteColor; }
    set { minuteColor = value; }
```

```csharp
        }
        Color secondColor = Color.Black;
        /// <summary>
        ///秒钟颜色
        /// </summary>
        [CategoryAttribute("颜色"), Description("秒钟颜色")]
        public Color SecondColor
        {
            get { return secondColor; }
            set { secondColor = value; }
        }
        Color bigScaleColor = Color.DarkGreen;
        /// <summary>
        ///大刻度颜色
        /// </summary>
        [CategoryAttribute("颜色"), Description("大刻度颜色")]
        public Color BigScaleColor
        {
            get { return bigScaleColor; }
            set { bigScaleColor = value; }
        }
        Color litterScaleColor = Color.Sienna;
        /// <summary>
        ///小刻度颜色
        /// </summary>
        [CategoryAttribute("颜色"), Description("小刻度颜色")]
        public Color LitterScaleColor
        {
            get { return litterScaleColor; }
            set { litterScaleColor = value; }
        }
        Color textColor = Color.Sienna;
        /// <summary>
        ///刻度值颜色
        /// </summary>
        [CategoryAttribute("颜色"), Description("刻度值颜色")]
        public Color TextColor
        {
            get { return textColor; }
            set { textColor = value; }
        }
        Color bigBackColor = Color.Transparent;
```

```csharp
/// <summary>
///外圆背景色
/// </summary>
[CategoryAttribute("颜色"), Description("外圆背景颜色")]
public Color BigBackColor
{
    get { return bigBackColor; }
    set { bigBackColor = value; }
}
Color litterBackColor = Color.Transparent;
/// <summary>
///内圆颜色
/// </summary>
[CategoryAttribute("颜色"), Description("内圆颜色")]
public Color LitterBackColor
{
    get { return litterBackColor; }
    set { litterBackColor = value; }
}
protected override void OnPaint(PaintEventArgs e)
{
    base.OnPaint(e);
    g = e.Graphics;
    g.SmoothingMode = SmoothingMode.AntiAlias;
    g.SmoothingMode = SmoothingMode.HighQuality;       //绘图模式 默认为粗糙模式，
                                                        将会出现锯齿！
    width = this.Width;                                 //时钟宽度
    height = this.Height;                               //时钟高度
    int x1 = 0;                                         //开始绘制时钟起点 X 坐标
    int y1 = 0;                                         //开始绘制时钟起点 Y 坐标
    /* ------------------------------------------------------------------
    计算：整点刻度 12 个，每个刻度偏移角度为 360/12 = 30 度 即为小时偏移角度
    分秒刻度为 60 个，每个刻度偏移角度为 360/60 = 6 度 即为分、秒偏移角度
    ------------------------------------------------------------------*/
    g.FillEllipse(new SolidBrush(bigBackColor), x1 + 2, y1 + 2, width - 4, height - 4);
                                                        //外圆
    pen = new Pen(new SolidBrush(litterBackColor), 2);
    g.DrawEllipse(pen, x1 + 7, y1 + 7, width - 13, height - 13);
                                                        //内圆
    g.TranslateTransform(x1 + (width / 2), y1 + (height / 2));
                                                        //重新设置坐标原点
    g.FillEllipse(Brushes.White, -5, -5, 10, 10);       //绘制表盘中心
```

```csharp
for (int x = 0; x < 60; x++)                              //小刻度
{
    g.FillRectangle(new SolidBrush(litterScaleColor), new Rectangle(-2,
                            (System.Convert.ToInt16(height - 8) /
                            2 - 2) * (-1), 3, 10));
    g.RotateTransform(6);                                 //偏移角度
}
for (int i = 12; i > 0; i--)                              //大刻度
{
    string myString = i.ToString();
    //绘制整点刻度
    g.FillRectangle(new SolidBrush(bigScaleColor), new Rectangle(-3,
                            (System.Convert.ToInt16(height - 8) /
                            2 - 2) * (-1), 6, 20));
    //绘制数值
    g.DrawString(myString, new Font(new FontFamily("Times New Roman"), 14,
        FontStyle.Bold,
                            GraphicsUnit.Pixel), new SolidBrush
                            (textColor),
                    new PointF(myString.Length * (-6),
                    (height - 8) / -2 + 26));
    g.RotateTransform(-30);                               //顺时针旋转30度
}
//获得系统时间值
int second = DateTime.Now.Second;
int minute = DateTime.Now.Minute;
int hour = DateTime.Now.Hour;
/*每秒偏移6度,秒针偏移 = 当前秒*6
每分偏移6度,分针偏移 = 当前分*6+当前秒*(6/60)
每小时偏移60度,时针偏移 = 当前时*30+当前分*(6/60)+当前秒*(6/60/60)*/
//绘秒针
pen = new Pen(secondColor, 1);
pen.EndCap = LineCap.ArrowAnchor;
g.RotateTransform(6 * second);
float y = (float)((-1) * (height / 2.75));
g.DrawLine(pen, new PointF(0, 0), new PointF((float)0, y));
////绘分针
pen = new Pen(minuteColor, 4);
pen.EndCap = LineCap.ArrowAnchor;
g.RotateTransform(-6 * second);              //恢复系统偏移量,再计算下次偏移
g.RotateTransform((float)(second * 0.1 + minute * 6));
y = (float)((-1) * ((height - 30) / 2.75));
```

```
            g.DrawLine(pen, new PointF(0, 0), new PointF((float)0, y));
            ////绘时针
            pen = new Pen(hourColor, 6);
            pen.EndCap = LineCap.ArrowAnchor;
            g.RotateTransform((float)( - second * 0.1 - minute * 6));    //恢复系统偏
                                                                          移量,再计
                                                                          算下次偏移
            g.RotateTransform((float)(second * 0.01 + minute * 0.1 + hour * 30));
            y = (float)(( - 1) * ((height - 45) / 2.75));
            g.DrawLine(pen, new PointF(0, 0), new PointF((float)0, y));
        }
    }
}
```

在上述代码中,因为创建的是"用户控件"类,所以 myNewClock 类自动继承自 UserControl 类。在代码中。几种颜色属性都添加了 CategoryAttribute 和 Description 特性说明,将来自定义控件被使用时,用户可以在"属性"窗口中,对颜色进行修改。

(4) 按 F6 键生成解决方案,此时在"工具箱"中可以看见刚才设计的自定义时钟控件,如图 8-9 所示。

图 8-9 在工具箱中添加用户控件

8.3.2 调用控件

在本小节,将学习如何使用自定义的控件。

(1) 在"工具箱"中,选择自定义的"myNewClock"控件,添加到 Form 窗体中,可以通过修改"属性"中的"颜色",分别修改外圆背景颜色、内圆颜色、大刻度颜色、小刻度颜色、时钟颜色、分钟颜色和秒钟颜色。如图 8-10 所示。

(2) 运行程序,可以看见自定义时钟时间和当前系统时间一致。如图 8-11 所示。

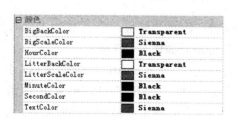

图 8-10 修改颜色属性

图 8-11 用户自定义控件的使用

8.4 控件库设计

其实控件库生成的也是 .dll 文件,只是它提供了显示界面的组件。在 Visual Studio .NET 2008 中,通过创建能够显示界面"类库"类型的项目,对项目进行编译后,可以非常轻松地开发控件库(即扩展名为 .dll 的文件,也叫动态链接库)。控件库本身同样不能单独运行,只能被其他程序调用。

8.4.1 控件库设计

本小节通过创建一个 XP 风格进度条的例子来讲解控件库的创建过程,步骤如下所示。

(1) 在 Visual Studio 2008 中,打开"文件"→"新建"→"项目",打开"新建项目"对话框,在"模板"中选择"空白解决方案",在"名称"中输入"控件库设计"。可以根据需要对"位置"进行修改,单击"确定"完成,如图 8-12 所示。

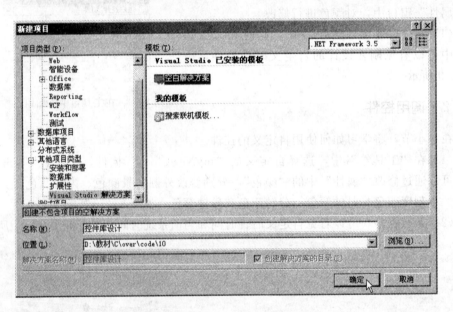

图 8-12 创建空白解决方案对话框

(2) 打开"文件"→"添加"→"新建项目",在"模板"中选择"类库",在"名称"中输入"UserControls",单击"确定"完成,如图 8-13 所示。

(3) 在"解决方案资源管理器"中,右键单击"UserControls"类库项目,选择"添加引用",打开"添加引用"对话框,在".NET"选项卡中,选择"System.Drawing","System.Windows.Forms"组件,单击"确定"按钮完成,如图 8-14 所示。

第8章 类库与控件库设计

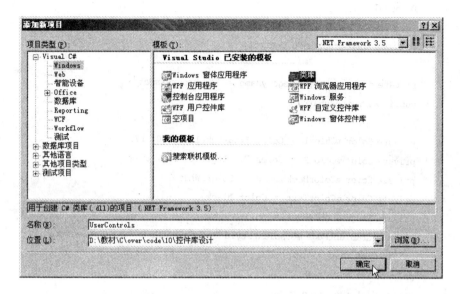

图 8-13 添加类库项目对话框

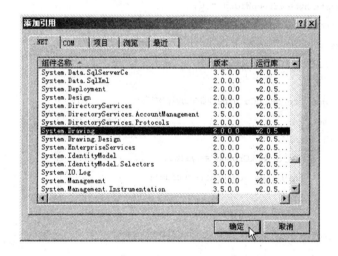

图 8-14 添加引用对话框

（4）将默认的 Class1.cs 文件改名为 XpProgressBar.cs，部分代码如下所示。

```
namespace UserControls
{
    public enum GradientMode
    {
        Vertical,
        VerticalCenter,
        Horizontal,
        HorizontalCenter,
```

```csharp
        Diagonal
};
public class XpProgressBar : Control
{
    private const string CategoryName = "Xp ProgressBar";
    public XpProgressBar()
    { }
    private Color mColor1 = Color.FromArgb(170, 240, 170);
    private Color mColor2 = Color.FromArgb(10, 150, 10);
    private Color mColorBackGround = Color.White;
    private Color mColorText = Color.Black;
    private Image mDobleBack = null;
    private GradientMode mGradientStyle = GradientMode.VerticalCenter;
    private int mMax = 100;
    private int mMin = 0;
    private int mPosition = 50;
    private byte mSteepDistance = 2;
    private byte mSteepWidth = 6;
    [Category(CategoryName)]
    [Description("The Back Color of the Progress Bar")]
    public Color ColorBackGround
    {
        get { return mColorBackGround; }
        set
        {
            mColorBackGround = value;
            this.InvalidateBuffer(true);
        }
    }
    protected override void OnPaint(PaintEventArgs e)
    {
        if (!this.IsDisposed)
        {
            int mSteepTotal = mSteepWidth + mSteepDistance;
            float mUtilWidth = this.Width - 6 + mSteepDistance;
            if (mDobleBack == null)
            {
                mUtilWidth = this.Width - 6 + mSteepDistance;
                int mMaxSteeps = (int)(mUtilWidth / mSteepTotal);
                this.Width = 6 + mSteepTotal * mMaxSteeps;
                mDobleBack = new Bitmap(this.Width, this.Height);
                Graphics g2 = Graphics.FromImage(mDobleBack);
```

```csharp
            CreatePaintElements();
            g2.Clear(mColorBackGround);
            if (this.BackgroundImage ! = null)
            {
                TextureBrush textuBrush = new TextureBrush(this.BackgroundImage,
                                                WrapMode.Tile);
                g2.FillRectangle(textuBrush, 0, 0, this.Width, this.Height);
                textuBrush.Dispose();
            }
            g2.DrawRectangle(mPenOut2, outnnerRect2);
            g2.DrawRectangle(mPenOut, outnnerRect);
            g2.DrawRectangle(mPenIn, innerRect);
            g2.Dispose();
        }
        Image ima = new Bitmap(mDobleBack);
        Graphics gtemp = Graphics.FromImage(ima);
        int mCantSteeps = (int)((((float)mPosition - mMin)/(mMax - mMin)) * mUtilWidth /
                                                mSteepTotal);
        for (int i = 0; i < mCantSteeps; i ++ )
        {
            DrawSteep(gtemp, i);
        }
        if (this.Text ! = String.Empty)
        {
            gtemp.TextRenderingHint = TextRenderingHint.AntiAlias;
            DrawCenterString(gtemp, this.ClientRectangle);
        }
        e.Graphics.DrawImage(ima, e.ClipRectangle.X, e.ClipRectangle.Y,
                            e.ClipRectangle,GraphicsUnit.Pixel);
        ima.Dispose();
        gtemp.Dispose();
    }
}
protected override void OnPaintBackground(PaintEventArgs e)
{
}
protected override void OnSizeChanged(EventArgs e)
{
    if (! this.IsDisposed)
    {
        if (this.Height < 12)
        {
```

```csharp
            this.Height = 12;
        }
        base.OnSizeChanged(e);
        this.InvalidateBuffer(true);
    }
    private void DrawSteep(Graphics g, int number)
    {
        g.FillRectangle(mBrush1, 4 + number * (mSteepDistance + mSteepWidth),
                mSteepRect1.Y + 1, mSteepWidth, mSteepRect1.Height);
        g.FillRectangle(mBrush2, 4 + number * (mSteepDistance + mSteepWidth),
                mSteepRect2.Y + 1, mSteepWidth, mSteepRect2.Height - 1);
    }
    private void InvalidateBuffer()
    {
        InvalidateBuffer(false);
    }
    private void InvalidateBuffer(bool InvalidateControl)
    {
        if (mDobleBack != null)
        {
            mDobleBack.Dispose();
            mDobleBack = null;
        }
        if (InvalidateControl)
        {
            this.Invalidate();
        }
    }
    private void DisposeBrushes()
    {
        if (mBrush1 != null)
        {
            mBrush1.Dispose();
            mBrush1 = null;
        }
        if (mBrush2 != null)
        {
            mBrush2.Dispose();
            mBrush2 = null;
        }
    }
```

        }
    }

在上述代码中，为了让 XpProgressBar 类能够可视化并继承自 Control 类，在代码中重写了大量的方法和添加了自定义属性以使用 XP 风格进度条。

（4）在"解决方案资源管理器"中，右键单击"UserControls"项目名，选择"生成"，此时会生成 UserControls.dll 文件。该动态链接库（.dll）文件，可以在项目物理文件夹中的"bin"→"Debug"文件下面找到。

8.4.2 调用控件库

在本小节，将学习如何将已经写好的.dll 文件添加到工具箱中，在窗体中通过控件的拖拽使用。下面的例子将介绍如何使用上一小节所创建的 UserControls.dll 动态链接库文件。

（1）打开"文件"→"添加"→"新建项目"，在"模板"中选择"Windows 窗体应用程序"，在"名称"中输入"Demo"，单击"确定"完成，如图 8-15 所示。

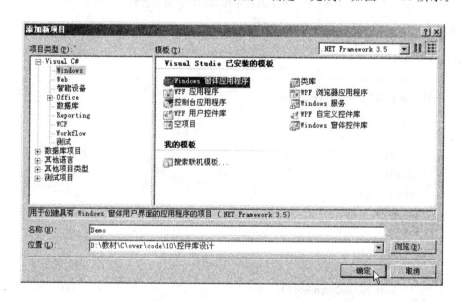

图 8-15 添加 Windows 窗体应用程序对话框

（2）在"工具箱"中，在"常规"选项卡中，单击右键选择"选择项"，弹出"选择工具箱项"对话框，在".NET Framework 组件"中，选择上小节生成的"XpProgressBar"文件，单击"确定"完成，此时"工具箱"中会增加"UserControls 组件"选项卡，在里面包含了"XpProgressBar"用户自定义控件，如图 8-16 所示。

（3）打开窗体"设计"窗口，添加 4 个 XpProgressBar 控件，Name 分别设置为"prog1"、"prog2"、"prog3"和"prog4"。添加 3 个 Timer 控件，分别订阅 Tick 事件，并且将 Enable 属性设置为 True。

254 | C#程序设计

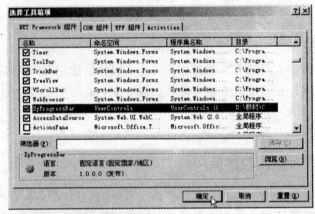

图 8-16　在工具箱中添加用户自定义控件

（4）窗体部分后台代码如下所示。

```
namespace Demo
{
    public partial class Form1 : Form
    {
        int c1;
        int c2;
        int c3;
        int p1 = 1;
        int p2 = -1;
        int p3 = 1;
        public Form1()
        {
            InitializeComponent();
        }
        private void timer1_Tick(object sender, EventArgs e)
        {
            if (c1 == prog1.PositionMax)
            {
                p1 = -1;
            }
            else
                if (c1 == prog1.PositionMin)
                {
                    p1 = 1;
```

```csharp
            }
            c1 + = p1;
            prog1.Text = c1.ToString() + " % ";
            prog1.Position = c1;
        }
        private void timer2_Tick(object sender, EventArgs e)
        {
            if (c2 = = prog2.PositionMax)
            {
                p2 = -1;
            }
            else
                if (c2 = = prog2.PositionMin)
                {
                    p2 = 1;
                }
            c2 + = p2;
            prog2.Text = c2.ToString();
            prog2.Position = c2;
        }
        private void timer3_Tick(object sender, EventArgs e)
        {
            if (c3 = = prog3.PositionMax)
            {
                p3 = -1;
            }
            else
                if (c3 = = prog3.PositionMin)
                {
                    p3 = 1;
                }
            c3 + = p3;
            prog3.Position = c3;
            prog4.Position = 100 - c3;
        }
        private void Form1_Load(object sender, EventArgs e)
        {
            c1 = prog1.Position;
            c2 = prog2.Position;
            c3 = prog3.Position;
        }
    }
}
```

}

在上述代码中,通过 Timer 控件的定时器 Tick 方法,实现进度条动态变化的效果。

(5) 程序运行后,在窗口中显示 4 种显示效果自定义 XP 风格的进度条,如图 8-17 所示。

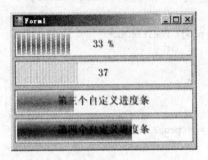

图 8-17 自定义控件实现进度条

练 习 题

1. 类库和控件库的主要区别是什么?
2. 特性和属性的作用各是什么?举例说明,如何利用特性控制属性窗口中的属性分类。

第9章 ADO.NET 数据访问模型

■ **本章导读**

本章首先介绍了 ADO.NET 数据访问模型的基本框架结构。然后针对访问 Microsoft SQL Server 数据库的操作，详细介绍了 SqlConnection、SqlCommand、DataTable、DataSet、SqlDataAdapter、SqlDataReader 和 SqlParameter 对象的使用方法。为了提高数据库的访问效率和安全性，本章最后介绍了存储过程的创建和调用方法。

■ **学习目标**

（1）掌握 ADO.NET 数据访问模型的组成；
（2）掌握操作 SQL Server 2005 数据库相关类的使用方法；
（3）掌握存储过程的创建和调用。

9.1 ADO.NET 简介

ADO.NET（ActiveX Data Objects）是 .NET Framework 中的一系列类库，它能够让开发人员更加方便地在应用程序中使用和操作数据。在 ADO.NET 中，大量复杂数据操作的代码被封装起来，所以当开发人员在 ASP.NET 应用程序开发中，只需要编写少量的代码即可处理大量的操作。ADO.NET 和 C#.NET、VB.NET 不同的是，ADO.NET 并不是一种语言，而是对象的集合。

9.1.1 设计目标

ADO.NET 提供对 Microsoft SQL Server 等数据源以及通过 OLE DB 和 XML 公开的数据源的一致访问。应用程序可以使用 ADO.NET 来连接到这些数据源，并检索、操作和更新数据。

ADO.NET 有效地从数据操作中将数据访问分解为多个可以单独使用或一前一后使用的不连续组件,包含用于连接到数据库、执行命令和检索结果等操作的 .NET 数据提供程序。

随着应用程序开发的发展演变,新的应用程序已基于 Web 应用程序模型越来越松散地耦合。Web 应用程序将 HTTP 用作在层间进行通讯的结构,因此它们必须显式处理请求之间的状态维护。这一新模型大不同于连接、紧耦合的编程风格,此风格曾是客户端/服务器时代的标志。

在设计符合当今开发人员需要的工具和技术时,Microsoft 认识到需要为数据访问提供全新的编程模型,此模型是基于 .NET 框架生成的。基于 .NET 框架这一点将确保数据访问技术的一致性——组件将共享通用的类型系统、设计模式和命名规定。

设计 ADO.NET 的目的是为了满足这一新编程模型的以下需要:断开式数据结构、与 XML 的紧密集成、能够组合来自多个不同数据源数据的通用数据表示形式以及为与数据库交互而优化的功能,它们都是 .NET 框架固有的内容。

在创建 ADO.NET 时,Microsoft 具有以下设计目标。

(1) 利用当前的 ADO 知识

ADO.NET 的设计满足了当今应用程序开发模型的多种要求。同时,该编程模型尽可能地与 ADO 保持一致,这使当今的 ADO 开发人员不必从头开始学习全新的数据访问技术。ADO.NET 是 .NET 框架的固有部分,因此对于 ADO 程序员来说绝不是完全陌生的。

(2) 支持 N 层编程模式

ADO.NET 为断开式 N 层编程环境提供了高级的支持,许多新的应用程序都是为该环境编写的。使用断开式数据集这一概念已经成为编程模型中的焦点。N 层编程的 ADO.NET 解决方案就是 DataSet。

(3) 集成 XML 支持

XML 和数据访问是紧密联系在一起的——XML 的全部内容都是关于数据编码的,而数据访问越来越多的内容都与 XML 有关。.NET 框架不仅支持 Web 标准,它还是完全基于 Web 标准生成的。

XML 支持内置在 ADO.NET 中非常基本的级别上。.NET 框架和 ADO.NET 中的 XML 类是同一结构的一部分,它们在许多不同的级别集成,不必在数据访问服务集和 XML 副本之间进行选择,它们的设计本来就具有从其中一个跨越到另一个的功能。

9.1.2 数据访问模型

ADO.NET 是一组用于和数据源进行交互的面向对象类库。ADO.NET 是由微软编写代码,提供了在 .NET 开发中数据库所需要操作的类。

在 .NET 应用程序开发中,ADO.NET 可以被看作是一个介于数据源和数据使用者之间的转换器。ADO.NET 接受使用者语言中的命令,如连接数据库、返回数据集之类,然后将这些命令转换成在数据源中可以正确执行的语句。在传统的应用程序开发中,可以连接 ODBC 来访问数据库。虽然微软提供的类库非常丰富,但开发过程却并不简单，而 ADO .NET 简化了这个过程。用户无需了解数据库产品的 API 或接口，也可以使用 ADO .NET 对数据进行操作。ADO .NET 中常用的对象如图 9-1 所示。

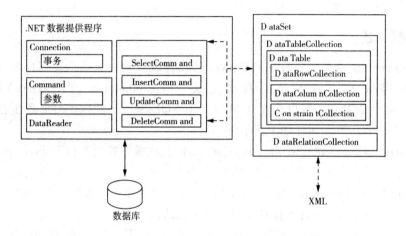

图 9-1 .NET Framework 框架图

（1）SqlConnection：表示与数据库服务器进行连接。
（2）SqlCommand：表示要执行的 SQL 命令。
（3）DataTable：表示内存中数据的一个表。DataSet 对象中可以包含多个 DataTable 对象。
（4）DataSet：表示数据集对象，以 XML 的形式存在于内存中。
（5）SqlDataAdapter：具有填充命令中 DataSet 对象的能力。
（6）SqlDataReader：是在大多数有效的情况下读取数据的好方式。
（7）SqlParameter：代表了一个将被命令标记所代替的值。

通过使用上述对象，可以轻松的连接数据库并对数据库中的数据进行操作。对开发人员而言，可以使用 ADO .NET 对数据库进行操作。在 ASP .NET 中，还提供了高效的控件，这些控件同样使用了 ADO .NET，从而让开发人员能够连接、绑定数据集并进行相应的数据操作。通常情况下，数据源是数据库，但它同样也可以是文本文件、Excel 表格或者 XML 文件。

因为在安装 Microsoft Visual Studio 2008 的同时，程序安装包会自动安装 Microsoft SQL Server 2005 Express Edition，所以在 .NET 数据库程序开发中，通常情况下开发人员被推荐使用 SQL Server 2005 数据库作为数据源。此时需要在 C#程序中引入命名空间 "System. Data. SqlClient"，因为该命名空间为开发人员提供了操作 SQL Server 2005 数据库的 ADO .NET 相关类，命名空间引用示例代码如下所示。

```
using System. Data. SqlClient;    //引入 SQL Server 访问命名空间
```

9.2 SqlConnection 连接对象

9.2.1 概述

SqlConnection 对象表示与 SQL Server 数据源唯一的一个会话。客户端/服务器数据库系统等效于到服务器的网络连接。SqlConnection 与 SqlDataAdapter 和 SqlCommand 一起使用,可以在连接 Microsoft SQL Server 数据库时提高性能。

SqlConnection 常用属性如下所示。

(1) string ConnectionString { get; set; }:获取或设置用于打开 SQL Server 数据库的字符串。

(2) int ConnectionTimeout { get; }:获取在尝试建立连接时,终止尝试并生成错误之前所等待的时间。等待连接打开的时间,默认值为 15 秒。

(3) ConnectionStateState { get; }:指示与数据源连接的当前状态。ConnectionState 是 System.Data 命名空间中的一个枚举类型,成员包括 Closed、Open、Connecting、Executing、Fetching 和 Broken。

SqlConnection 常用方法如下所示。

(1) voidOpen ( ):使用 ConnectionString 所指定的属性设置打开数据库连接。

(2) voidClose ( ):关闭与数据库的连接。这是关闭任何打开连接的首选方法。

9.2.2 身份认证模式

连接 SQL Server 数据库服务器有两种身份认证模式:Windows 身份认证和 SQL Server 身份认证。

Windows 身份认证就是使用当前访问操作系统的用户,直接登录 SQL Server,如同用钥匙进入了房子大门就可以直接进入各个房间。

SQL Server 身份验证就是单独设置访问 SQL Server 的权限,如同进入房子之后还需要房间的钥匙。

(1) 如果使用 Windows 身份认证模式,创建 SqlConnection 对象,代码如下所示。

```
SqlConnection myConn = new SqlConnection();     //创建连接对象
    myConn.ConnectionString = "server=.\\SQLEXPRESS;database=northwind;Integrated Security
                              = SSPI ";
```

上述代码创建了一个 SqlConnection 对象,并且通过连接字符串属性 ConnectionString 配置了连接数据库字符串。其中:

".\\SQLEXPRESS" 表示要访问数据库服务器的名称。

"." 表示本地计算机,可以改写成 "本地计算机名称" 或者 "localhost"。如果访问非本地的 SQL Server 数据库服务器,此处应该写成对方的 IP 地址。

"\\" 的第一个 "\" 表示转义字符,所以第二个 "\" 表示反斜杠字符,用来分割路径。

"SQLEXPRESS"表示 SQL Server 2005 在计算机中服务的名称。

(2) 使用 SQL Server 身份认证模式,创建 SqlConnection 对象,代码如下所示。

```
SqlConnection myConn = new SqlConnection();    //创建连接对象
myConn.ConnectionString = " server = . \\ SQLEXPRESS;database = northwind;uid = sa;pwd = 123456 ";
```

> **说明:**
> 在本书中,使用 SQL Server 身份认证连接数据库时,用户名为"sa",密码为"123456"。读者可以根据自己 SQL Server 实际用户名和密码情况对书中代码进行修改。

(3) 数据库连接字符串中属性键值的使用说明如表 9-1 所示。

表 9-1 连接字符串说明表

连接字符串参数	描述
Data Source/server	指明数据库服务器名称。可以是本地机器,机器域名或者 IP 地址
Initial Catalog/database	指明数据库名字。一个数据库服务器同时可以运行多个数据库
Integrated Security	设置为 SSPI,使连接使用 Windows 身份认证模式
User ID/uid	使用 SQL Server 身份认证模式。配置在 SQL Server 中的用户名,用户名为 sa
Password/pwd	与 SQL Server 的用户名匹配的密码

> **说明:**
> 当在一个独立的机器上面做开发的时候,Windows 身份认证模式登录是安全的。而当通过客户端连接到非本机的 SQL Server 时,应该基于 SQL Server 身份认证模式登录。

9.2.3 应用举例

在 VS 2008 中,新建名为"E01-SqlConnection"的控制台应用程序项目,如图 9-2 所示。

后台代码如下所示。

```
using System.Data;  //引入命名空间
using System.Data.SqlClient;

namespace E01_SqlConnection
```

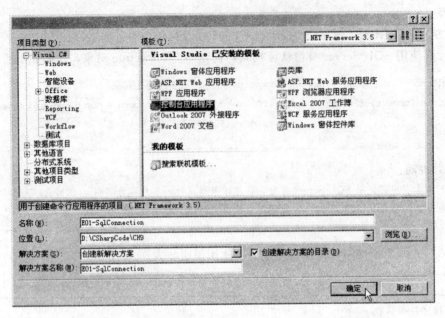

图 9-2 创建"E01-SqlConnection"的控制台应用程序

```
{
    class Program
    {
        static void Main(string[] args)
        {
            SqlConnection myConn = new SqlConnection();        //创建数据库连接对象
            myConn.ConnectionString = "server=.\\SQLEXPRESS;database=pubs;uid=sa;pwd
                                        =123456";
            try
            {
                if (myConn.State == ConnectionState.Closed)    //判断当前数据库连接状态
                {
                    Console.WriteLine("与 pubs 数据库连接处于关闭状态");
                    myConn.Open();                              //尝试打开连接
                }
                Console.WriteLine("与 pubs 数据库连接成功");    //提示打开成功
                if (myConn.State == ConnectionState.Open)
                {
                    myConn.Close();                             //关闭连接
                    Console.WriteLine("与 pubs 数据库连接关闭");
                }
            }
            catch (Exception e)
            {
```

```
            Console.WriteLine("与 pubs 数据库连接失败,请查看错误信息");
            Console.WriteLine(e.Message);
        }
    }
}
```

📖 说明:

(1) 上述代码尝试判断数据库连接是否被打开,使用 Open( )方法能够建立应用程序与数据库之间的连接。当数据库访问完毕后,必须调用 Close( )方法,断开与数据库的连接。程序运行结果如图 9-3 所示。

(a) pubs 数据库访问成功

(b) 数据库服务器错误,导致连接失败

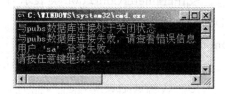

(c) 数据库错误,导致连接失败

(d) 用户名密码错误,导致连接失败

图 9-3 SqlConnection 对象的使用

(2) 通过 SqlConnection 对象的 State 属性,判断当前数据库的连接状态。

(3) 通过捕获异常来判断数据库连接失败的原因。

(4) DefaultProperty:指定组件的默认属性。
(5) DefaultValue:指定属性(Property)的默认值。

8.2 类库设计

类库是指独立提供的组件。在 Visual Studio .NET 2008 中,通过创建"类库"类型的项目,对项目进行编译后,可以非常轻松地开发类库(即扩展名为 .dll 的文件,也叫动态链接库)。类库本身不能单独运行,只能被其他程序调用。为了区分组件和控件,我们将不带界面的组件叫"类库",将带界面的控件叫"控件库"。

8.2.1 设计类库

本小节通过创建一个具有计算功能的例子来讲解类库的创建过程,步骤如下所示。

(1) 在 Visual Studio 2008 中,打开"文件"→"新建"→"项目",打开"新建项目"对话框,在"模板"中选择"空白解决方案",在"名称"中输入"调用类库",可以根据需要对"位置"进行修改,单击"确定"完成,如图 8-1 所示。

图 8-1 新建空白解决方案对话框

(2) 打开"文件"→"添加"→"新建项目",打开"新建项目"对话框,在"模板"中选择"类库",在"名称"中输入"Computer",单击"确定"完成,如图 8-2 所示。

(4) 可以在构造函数使用数据库连接字符串时，对数据库连接对象进行初始化，示例代码如下所示。

```
string connSring = "server = .\\SQLEXPRESS;database = pubs;uid = sa;pwd = 123456 ";//设置连接字串
SqlConnection myConn = new SqlConnection(connString);//带参数构造函数
```

上述代码与使用 ConnectionString 属性等价，带参数的构造函数中已经为 ConnectionString 变量进行了初始化。

9.3 SqlCommand 命令对象

9.3.1 概述

ADO.NET 中，SqlCommand 对象可以使用数据库 SQL 命令直接与数据源进行通信。例如，当需要执行一条插入语句，或者删除数据库中某条数据的时候，就需要使用到 SqlCommand 对象。

SqlCommand 对象的属性包括了数据库在执行某个语句时所有必要的信息，这些信息如下所示。

（1）SqlConnectionConnection { get; set; }：与数据源的连接，默认值为 null。

（2）stringCommandText { get; set; }：获取或设置要对数据源执行的 Transact – SQL 语句、表名或存储过程，默认值为空字符串。

（3）CommandType CommandType { get; set; }：指定命令文本 CommandText 是使用 SQL 文本命令，还是使用存储过程，在默认情况下是使用 SQL 文本命令。为其赋值需使用 System.Data 命名空间下的 CommandType 枚举类型，该枚举类型包含 3 个成员，即 Text（SQL 文本命令）、StoredProcedure（存储过程名称）和 TableDirect（表的名称）。

（4）SqlParameterCollectionParameters { get; }：Transact – SQL 语句或存储过程的参数，默认值为空集合。SqlParameterCollection 类表示与 SqlCommand 相关联参数的集合以及各个参数到 DataSet 中列的映射。

通常情况下，SqlCommand 对象用于数据的操作。例如，执行数据的插入和删除，也可以执行数据库结构的更改，包括表和数据库。示例代码如下所示。

```
string connString = "server = .\\SQLEXPRESS;database = northwind;uid = sa;pwd = 123456";//创建数据库连接字串
SqlConnection myConn = new SqlConnection(connString);
myConn.Open();
SqlCommand cmd = new SqlCommand( );
cmd.Connection = myConn;
```

```
cmd.CommandText = "select * from customers";
```

上述代码实例化了 SqlCommand 对象，并设置了 Connection 和 CommandText 属性，但并没有对数据进行具体的操作。SqlCommand 对象对数据执行具体操作常用的方法有：ExecuteScalar()、ExecuteReader() 和 ExecuteNonQuery()。

（1）ExecuteScalar() 方法

SqlCommand 的 ExecuteScalar() 方法提供了执行 SELECT 语句返回单个值的功能，方法签名如下所示。

```
public object ExecuteScalar()
```

方法返回值为 object 类型，只能返回 SELECT 语句第一行第一列的单一值。当开发人员在 SQL 语句中需要使用 count、sum、avg、max、min 等聚合函数返回单一的结果值，则可以使用 ExecuteScalar() 方法。示例代码如下所示。

```
string connString = "server=.\\SQLEXPRESS;database=northwind;uid=sa;pwd=123456";
SqlConnection myConn = new SqlConnection(connString);      //创建连接对象
myConn.Open();                                              //打开连接
SqlCommand cmd = new SqlCommand("select count(*) fromcustomers", myConn);
                                                            //创建 SqlCommand
int i = (int)cmd.ExecuteScalar();                           //使用 ExecuteScalar 执行
```

上述代码创建了一个连接，并创建了一个 SqlCommand 对象，使用了构造函数来初始化对象，第一个字符串参数会自动赋给 CommandText 属性，第二个连接对象参数会自动赋给 Connection 属性。当使用 ExecuteScalar() 执行方法时，会返回单个值，其返回值类型为 Object，对返回值做了强制类型转换。

> 📖 说明：
>
> （1）ExecuteScalar() 方法的返回值为 object 类型，所以需要根据具体情况对返回值进行强制类型转换。
>
> （2）如果 ExecuteScalar() 方法对应执行的 SELECT 语句得到多行多列数据值时，但该方法只能返回第一行第一列的值，会发生数据丢失，因此该方法不适合执行返回多数据的 SELECT 语句。
>
> （3）ExecuteScalar() 方法同样也可以执行 INSERT、UPDATE 和 DELETE 语句，但是与 ExecuteNonQuery() 方法不同的是，当语句不为 SELECT 时，则返回一个没有任何数据的 SqlDataReader 类型的集合。

（2）ExecuteReader() 方法

SqlCommand 的 ExecuteReader() 方法提供了执行 SELECT 语句并返回多行多列数据的功能，方法签名如下所示。

```
public SqlDataReader ExecuteReader();
```

方法返回值为 SqlDataReader 类型，在 9.4 小节中将会详细讲解。当开发人员在

SQL 语句中需要使用 SELECT 语句查询多行多列数据时，则可以使用 ExecuteReader（ ）方法。示例代码如下所示。

```csharp
SqlConnection myConn = new SqlConnection( "server = .\\SQLEXPRESS;Initial Catalog = Northwind;
                                           Integrated Security = SSPI");
SqlDataReader sdr = null;
try
{
    myConn.Open();
    SqlCommand cmd = new SqlCommand("select * from Customers",myConn);
    sdr = cmd.ExecuteReader();
    while(sdr.Read())
    {
        Console.WriteLine(sdr[0] + " " + sdr[1]);
    }
}
finally
{
    if (sdr! = null)
    {
        sdr.Close();          //关闭 sdr 对象
    }
    if (myConn! = null)
    {
        myConn.Close();       //关闭连接对象
    }
}
```

(3) ExecuteNonQuery（ ）方法

SqlCommand 的 ExecuteNonQuery（ ）方法提供了执行 Transact-SQL 语句并返回受影响的行数，方法签名如下所示。

```csharp
public int ExecuteNonQuery( );
```

方法返回值为 int 型，对于 UPDATE、INSERT 和 DELETE 语句，返回值为该命令所影响的行数。对于所有其他类型的语句，返回值为 -1。如果发生回滚，返回值也为 -1。

① 要对数据库插入数据，使用 SqlCommand 对象的 ExecuteNonQuery（ ）方法，示例代码如下所示。

```csharp
string connString = "server = .\\SQLEXPRESS;database = northwind;uid = sa;pwd = 123456";
SqlConnection myConn = new SqlConnection(connString);   //创建连接对象
myConn.Open();                                          //打开连接
string insertString = "insert into Categories(CategoryName, Description)
```

```
                                        values ('Miscellaneous', 'Whatever doesn'tfit')";
SqlCommand cmd = new SqlCommand(insertString, myConn);
int i = cmd.ExecuteNonQuery();
if( i>0 )
{
    Console.WriteLine("插入成功");
}
else
{
    Console.WriteLine("插入失败");
}
```

> **说明：**
> 上述代码中，SqlCommand 对象通过执行 ExecuteNonQuery（）方法，向 Categories 表中插入一行数据，返回值赋给整型变量 i。将 i 和 0 作比较，如果 i>0，则表示插入成功，否则表示插入失败。

② 要对数据库更新数据，使用 SqlCommand 对象的 ExecuteNonQuery（）方法，示例代码如下所示。

```
string connString = "server=.\\SQLEXPRESS;database=northwind;uid=sa;pwd=123456";
SqlConnection myConn = new SqlConnection(connString);    //创建连接对象
myConn.Open();                                            //打开连接
string updateString = "update Categories set CategoryName = 'Other' where CategoryName = '
                        Miscellaneous'";
SqlCommand cmd = new SqlCommand();
cmd.Connection = myConn;
cmd.CommandText = updateString;
cmd.ExecuteNonQuery();
if( i>0 )
{
    Console.WriteLine("更新成功");
}
else
{
    Console.WriteLine("更新失败");
}
```

> **说明：**
> 上述代码中，SqlCommand 对象通过执行 ExecuteNonQuery（）方法，修改 Categories 表中所有 CategoryName 为"Other"的若干行数据，返回值赋给整型变量 i。将 i 和 0 作比较，如果 i>0，则表示更新成功，否则表示更新失败。

③ 要对数据库删除数据，使用 SqlCommand 对象的 ExecuteNonQuery（）方法，示例代码如下所示。

```csharp
string connString = "server=.\\SQLEXPRESS;database=nortrwind;uid=sa;pwd=123456";
SqlConnection myConn = new SqlConnection(connString);    //创建连接对象
myConn.Open();                                           //打开连接
string deleteString = " delete from Categories where CategoryName = 'Other' ";
SqlCommand cmd = new SqlCommand();
cmd.Connection = myConn;
cmd.CommandText = deleteString;
cmd.CommandType = CommandType.Text;
cmd.ExecuteNonQuery();
if( i>0 )
{
    Console.WriteLine("删除成功");
}
else
{
    Console.WriteLine("删除失败");
}
```

> **说明：**
> 上述代码中，SqlCommand 对象通过执行 ExecuteNonQuery（）方法，删除 Categories 表中所有 CategoryName 为"Other"的若干行数据，返回值赋给整型变量 i。将 i 和 0 作比较，如果 i>0，则表示删除成功，否则表示删除失败。

9.3.2 应用举例

在 VS 2008 中，新建名为"E02 - SqlCommand"的控制台应用程序项目，如图 9 - 4 所示。

后台代码如下所示。

```csharp
using System.Data.SqlClient;

namespace E02_SqlCommand
{
    class Program
    {
        static void Main(string[] args)
        {
            int i = 0;                    //接收选择菜单项
            bool flag = true;             //控制程序循环
```

第9章 ADO.NET 数据访问模型

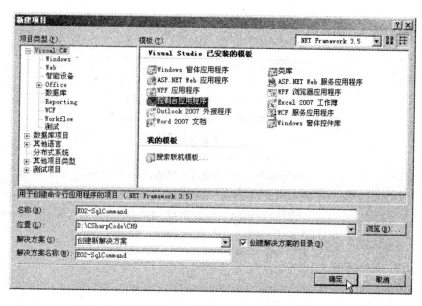

图 9-4 创建 "E02-SqlCommand" 控制台应用程序

```
SqlConnection myConn = new SqlConnection();          //定义数据库连接对象
myConn.ConnectionString = "server=.\\SQLEXPRESS;database=pubs;uid=sa;pwd
                          =123456";
myConn.Open();
SqlCommand cmd = new SqlCommand();                   //定义命令对象
cmd.Connection = myConn;                             //指定命令对象的连接属
                                                       性 do
do{
    PrintMenu();                                     //调用打印菜单静态方法
    i = Convert.ToInt32(Console.ReadLine());         //从键盘上获取输入选项
    switch(i)
    {
        case 1:
            cmd.CommandText = "select count(*) from jobs";
            int count = (int)cmd.ExecuteScalar();
            Console.WriteLine("jobs表数据个数:{0}", count);
            break;
        case 2:
            cmd.CommandText = "select * from jobs";
            SqlDataReader sdr = cmd.ExecuteReader();
            Console.WriteLine("职位编号   职位名");
            while(sdr.Read())
            {
                Console.WriteLine("{0} {1}", sdr[0].ToString(), sdr[1]
                    .ToString());
```

```csharp
            }
            sdr.Close();
            break;
        case 3:
            Console.Write("请输入职位名称:");
            string jobName = Console.ReadLine();
            Console.Write("请输入下限值:");
            string minLevel = Console.ReadLine();
            Console.Write("请输入上限值:");
            string maxLevel = Console.ReadLine();
            cmd.CommandText = "insert into jobs values('" + jobName + "',"
                + minLevel + "," + maxLevel + ")";
            int num1 = cmd.ExecuteNonQuery();
            if (num1 > 0)
                Console.WriteLine("插入成功");
            else
                Console.WriteLine("插入失败");
            break;
        case 4:
            Console.Write("请输入要修改的职位编号:");
            int id1 = Convert.ToInt32(Console.ReadLine());
            Console.Write("请输入修改后的职位名称:");
            string newJobDesc = Console.ReadLine();
            cmd.CommandText = "update jobs set job_desc='" + newJobDesc + "'"
                                               + " where job_id=" + id1;
            int num2 = cmd.ExecuteNonQuery();
            if (num2 > 0)
                Console.WriteLine("修改成功");
            else
                Console.WriteLine("修改失败");
            break;
        case 5:
            Console.Write("请输入要删除职位的编号:");
            int id2 = Convert.ToInt32(Console.ReadLine());
            cmd.CommandText = "delete from jobs where job_id=" + id2;
            int num3 = cmd.ExecuteNonQuery();
            if (num3 > 0)
                Console.WriteLine("删除成功");
            else
                Console.WriteLine("删除失败");
            break;
        case 6:
```

```
                    flag = false;
                    break;
            default:
                    Console.WriteLine("输入有误,请重新输入");
                    break;
            }
        } while (flag);
        myConn.Close();
    }
    static void PrintMenu()                              //打印菜单
    {
        Console.WriteLine("----------------------------------------");
        Console.WriteLine("请输入 1~6 选择操作:");
        Console.WriteLine("1. 查看 jobs 表数据个数");
        Console.WriteLine("2. 查看 jobs 表所有数据");
        Console.WriteLine("3. 插入 jobs 表数据");
        Console.WriteLine("4. 修改 jobs 表数据");
        Console.WriteLine("5. 删除 jobs 表数据");
        Console.WriteLine("6. 退出");
        Console.WriteLine("----------------------------------------");
        Console.Write("请输入选项:");
    }
}
```

> **说明：**
> （1）上述代码中，是对 pubs 数据库中表 jobs 的操作，程序运行结果如图 9-5 所示。

(a) 查看数据个数操作　　　　　(b) 查看所有数据操作

（c）插入数据操作　　　　　（d）修改数据操作

（e）删除数据操作　　　　　（f）退出操作

图 9-5　SqlCommand 对象的使用

（2）定义了一个静态打印菜单的方法 PrintMenu（），根据用户在键盘上输入的 1～6 选项，执行相应的操作。

（3）当选择 1 时，执行 ExecuteScalar（）方法，返回 jobs 表中数据行数。

（4）当选择 2 时，执行 ExecuteReader（）方法，返回 jobs 表中所有数据。

（5）当选择 3 时，提示用户输入职位名称、下限值和上限值，执行 ExecuteNonQuery（），插入 jobs 表数据。

（6）当选择 4 时，根据用户输入的职位编号，执行 ExecuteNonQuery（），修改 jobs 表中数据。

（7）当选择 5 时，根据用户输入的职位编号，执行 ExecuteNonQuery（），删除 jobs 表中数据。

（8）当选择 6 时，退出程序。

（9）bool 型变量 flag 的作用是控制 do-while 循环的执行，初始值为 true。当用户输入选项 6 时，将 flag 赋值为 false，退出 do-while 循环。

9.4 SqlDataReader 数据读取对象

9.4.1 概述

SqlDataReader 对象是用来读取数据的方式，但是不能用它来写入数据。SqlDataReader 能够以只向前的顺序方式从 SqlDataReader 对象中进行读取，只要已经读取了某些数据，就必须保存它们，因为不能够返回并再一次读取。为了再次读取，应该创建一个新的 SqlDataReader 实例并且再次从数据流中读取。

SqlDataReader 对象与实例化其他 ADO.NET 对象稍微有些不同，它必须用一个 SqlCommand 对象调用 ExecuteReader() 方法，代码如下所示。

```
SqlDataReader sdr = cmd.ExecuteReader();
```

> **说明：**
> SqlCommand 对象 cmd 的 ExecuteReader() 方法返回一个 SqlDataReader 实例。

SqlDataReader 常用属性如下所示。

（1）intFieldCount { get; }：获取当前行中的列数。如果未放在有效的记录集中，则为 0，否则为当前行中的列数。默认值为 -1。

（2）boolHasRows { get; }：指示 SqlDataReader 是否包含一行或多行。是的话为 true，否则为 false。

SqlDataReader 常用方法如下所示。

（1）voidClose()：关闭 SqlDataReader 对象。SqlDataReader 对象使用完毕后，必须关闭。

（2）boolRead()：返回值为布尔型。使 SqlDataReader 前进到下一条记录，如果下一条记录存在则为 true，否则为 false。

9.4.2 应用举例

在 VS 2008 中，新建名为 "E03 - SqlDataReader" 的控制台应用程序项目，如图 9-6 所示。

后台代码如下所示。

```
using System.Data.SqlClient;

namespace E03_SqlDataReader
{
    class Program
    {
        static void Main(string[] args)
```

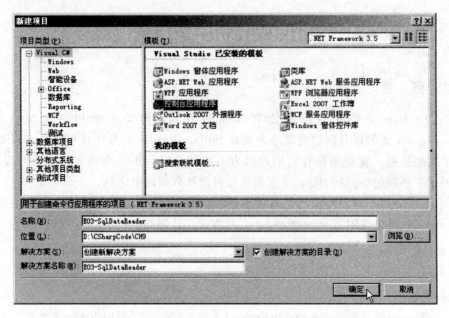

图 9-6 创建 "E03-SqlDataReader" 控制台应用程序

```
{
    SqlConnection myConn = new SqlConnection();
    myConn.ConnectionString = "server=.\\SQLEXPRESS;database=pubs;uid=sa;pwd
                              =123456";
    myConn.Open();
    SqlCommand cmd = new SqlCommand();
    cmd.Connection = myConn;
    cmd.CommandText = "select * from publishers";
    SqlDataReader sdr = cmd.ExecuteReader();
    Console.WriteLine("编号 出版社名称  城市  州  国家");
    while (sdr.Read())
    {
        string pubId = sdr[0].ToString();
        string pubName = sdr["pub_name"].ToString();
        string city = sdr["city"].ToString();
        string state = sdr["state"].ToString();
        string country = sdr["country"].ToString();
        Console.WriteLine("{0} {1} {2} {3} {4}", pubId, pubName, city, state,coun-
                    try);
    }
    if (! sdr.HasRows)
    {
        sdr.Close();
    }
```

```
                myConn.Close();
            }
        }
    }
```

> **说明：**
>
> （1）上述代码给出了 SqlDataReader 对象的典型应用，使用 while 循环迭代每一行。通过 SqlCommand 对象的 ExecuteReader（）方法，创建 SqlDataReader 对象；根据 Read（）方法依次读取每一行，通过索引器（索引值和列名）获取当前行指定列的数据。程序运行结果如图 9-7 所示。
>
>
>
> 图 9-7　SqlDataReader 对象的使用
>
> （2）在 while 循环的条件表达式中，使用 SqlDataReader 对象的 Read（）方法。Read（）方法的返回值为 bool 类型，并且只要有记录读取就返回 true。当数据流中所有的最后一条记录被读取了，Read（）方法就返回 false。
>
> （3）使用 SqlDataReader 的索引器，如 sdr[0]，提取当前行中的第一列。能够使用诸如这样的数值索引器提取行中的列，但是它并不具有很好的可读性。上面的例子也使用了字符串索引器，这里的字符串是从 SQL 查询语句中得到的列名。
>
> （4）切记关闭 SqlDataReader，就像关闭 SqlConnection 一样：
>
> sdr.Close();
>
> Close（）方法保证资源泄漏不会发生。

9.5　DataTable 数据表对象

9.5.1　概　述

DataTable 类是 .NET Framework 类库中 System.Data 命名空间的成员。可以独立创建和使用 DataTable，也可以作为 DataSet 的成员创建和使用。在 DataSet 对象中，通过 Tables 属性访问 DataSet 中表的集合。

表的架构由列和约束表示，使用 DataColumn 对象以及 ForeignKeyConstraint 和 UniqueConstraint 对象定义 DataTable 的架构。表中的列可以映射到数据源中的列，包含从表达式计算所得的值、自动递增它们的值，或包含主键值。

除架构以外，DataTable 还必须具有行，其中包含数据并对数据排序。

可以使用表中的一个或多个相关的列来创建表与表之间的依赖关系。DataTable 对象之间的关系可以使用 DataRelation 来创建。然后，DataRelation 对象可用于返回某特定行的相关子行或父行。

综上所述，DataTable 对象创建的过程为：定义 DataTable 对象→添加列对象→添加约束→添加行对象→添加关系。

9.5.2 应用举例

在 VS 2008 中，新建名为"E04-DataTable"的控制台应用程序项目，如图 9-8 所示。

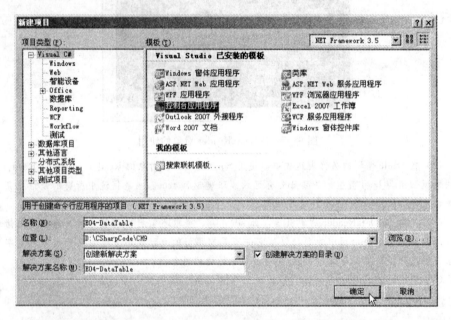

图 9-8 创建"E04-DataTable"控制台应用程序

后台代码如下所示。

```csharp
using System.Data;

namespace E04_DataTable
{
    class Program
    {
        static void Main(string[] args)
        {
            DataTable dt = new DataTable("Football");  //创建 DataTable 对象,命名为"Football"
```

```
DataColumn idColumn = new DataColumn();           // 创建 DataColumn 对象
idColumn.DataType = System.Type.GetType("System.Int32");
                                                  //设置 DataColumn 对象数据类型
idColumn.ColumnName = "编号";                      //设置 DataColumn 对象列名
idColumn.AutoIncrementSeed = 1000;
idColumn.AutoIncrement = true;                    //设置 DataColumn 对象是否自动增长
dt.Columns.Add(idColumn);                         //向 DataTable 对象添加 DataColumn 对象

DataColumn nameColumn = new DataColumn();
nameColumn.DataType = System.Type.GetType("System.String");
nameColumn.ColumnName = "姓名";
dt.Columns.Add(nameColumn);

DataColumn clubColumn = new DataColumn();
clubColumn.DataType = System.Type.GetType("System.String");
clubColumn.ColumnName = "俱乐部";
dt.Columns.Add(clubColumn);

DataColumn[] keys = new DataColumn[1];            //设置主键列
keys[0] = idColumn;
dt.PrimaryKey = keys;

DataRow row;                                      //创建 DataRow 对象
row = dt.NewRow();
row["姓名"] = "鲁尼";                              //为当前行的单元格赋值
row["俱乐部"] = "曼联";
dt.Rows.Add(row);                                 //向 DataTable 对象添加 DataRow 对象
row = dt.NewRow();
row["姓名"] = "梅西";
row["俱乐部"] = "巴萨";
dt.Rows.Add(row);
row = dt.NewRow();
row["姓名"] = "C罗";
row["俱乐部"] = "皇马";
dt.Rows.Add(row);
row = dt.NewRow();
row["姓名"] = "卡卡";
row["俱乐部"] = "皇马";
dt.Rows.Add(row);

foreach (DataColumn column in dt.Columns)//打印表头
    Console.Write(column.ColumnName + "  ");
```

```
            Console.WriteLine();

            foreach (DataRow dr in dt.Rows)          //打印表中数据
                Console.WriteLine(dr[0] + " " + dr[1] + " " + dr[2]);
        }
    }
}
```

> **说明:**
> (1) 上述代码中,创建了名为 "Football" 的 DataTable 对象。
> (2) 首先,向 dt 对象中添加了 3 列: idColumn、nameColumn 和 clubColumn,其中 idColumn 被设定为主键列。
> (3) 然后,向 dt 对象中添加了 4 行。
> (4) 最后,将 dt 对象中的数据依次打印出来。程序运行结果如图 9-9 所示。
>
>
>
> 图 9-9 DataTable 对象的使用

9.6 DataSet 数据集对象

9.6.1 概述

DataSet 是 ADO .NET 框架的主要组件,是数据以 XML 的形式驻留于内存的表示形式,它把从数据源中检索到的数据存放在内存的缓存中。

DataSet 由表、关系和约束的集合组成。数据可以来自本地基于 .NET 的应用程序,也可以从数据源(如使用 SqlDataAdapter 的 Microsoft SQL Server)中导入。

DataSet 表示整个数据集,包括对数据进行包含、排序和约束的表以及表之间的关系。如图 9-10 所示。

使用 DataSet 的方法有若干种,常用以下两种方式。

(1) 以编程方式在 DataSet 中创建 DataTable、DataRelations 和 Constraints,并使用数据填充表。

(2) 通过 SqlDataAdapter,用现有关系数据源中的数据表填充 DataSet,它通过 SqlDataAdapter 来管理与数据源的连接并给予非连接的行为。只有当需要的时候,SqlDataAdapter 打开连接并在完成任务后自动关闭它。

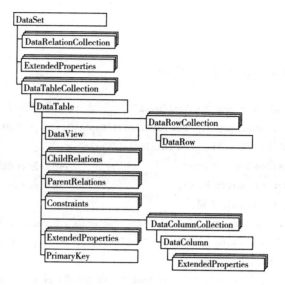

图 9-10 DataSet 对象结构图

9.6.2 应用举例

在 VS 2008 中，新建名为"E05 - DataSet"的控制台应用程序项目，如图 9-11 所示。

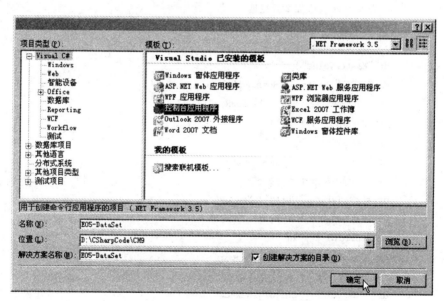

图 9-11 创建"E05 - DataSet"控制台应用程序

后台代码如下所示。

```
using System.Data;

namespace E05_DataSet
```

```csharp
{
    class Program
    {
        static void Main(string[] args)
        {
            DataSet ds = new DataSet("myDS");                    //创建数据集对象
            DataTable dtMaster = new DataTable("Master");        //创建数据表对象
            DataTable dtChild = new DataTable("Child");
            ds.Tables.Add(dtMaster);                             //把数据表 dtMaster 添加到数据集中
            ds.Tables.Add(dtChild);                              //把数据表 dtChild 添加到数据集中
            //为 Master 添加 2 列
            ds.Tables["Master"].Columns.Add("MasterID", typeof(int));
            ds.Tables["Master"].Columns.Add("MasterValue", typeof(string));
            //为 Child 添加 3 列
            ds.Tables["Child"].Columns.Add("MasterLink", typeof(int));
            ds.Tables["Child"].Columns.Add("ChildID", typeof(int));
            ds.Tables["Child"].Columns.Add("ChildValue", typeof(string));
            //修改表头
            ds.Tables["Master"].Columns["MasterID"].Caption = "主 ID";
            ds.Tables["Master"].Columns["MasterValue"].Caption = "值";
            //为 Master 表添加 2 行数据
            DataRow dr = ds.Tables["Master"].NewRow();
            dr["MasterID"] = 1;
            dr["MasterValue"] = "One";
            ds.Tables["Master"].Rows.Add(dr);
            dr = ds.Tables["Master"].NewRow();
            dr["MasterID"] = 2;
            dr["MasterValue"] = "Two";
            ds.Tables["Master"].Rows.Add(dr);
            //为 Child 表添加 3 行数据
            dr = ds.Tables["Child"].NewRow();
            dr["MasterLink"] = 1;
            dr["ChildID"] = 1;
            dr["ChildValue"] = "ChildOne";
            ds.Tables["Child"].Rows.Add(dr);
            dr = ds.Tables["Child"].NewRow();
            dr["MasterLink"] = 1;
            dr["ChildID"] = 2;
            dr["ChildValue"] = "ChildTwo";
            ds.Tables["Child"].Rows.Add(dr);
            dr = ds.Tables["Child"].NewRow();
            dr["MasterLink"] = 2;
```

```
        dr["ChildID"] = 3;
        dr["ChildValue"] = "ChildThree";
        ds.Tables["Child"].Rows.Add(dr);
        //为 Master 表添加主键约束
        System.Data.UniqueConstraint uc = new UniqueConstraint("unqi",
                                ds.Tables["Master"].Columns["MasterID"]);
        ds.Tables["Master"].Constraints.Add(uc);
        //为 Child 表添加外键约束
        System.Data.ForeignKeyConstraint fc = new ForeignKeyConstraint("fc",
                                ds.Tables["Master"].Columns["MasterID"],ds.Tables["Child"].Columns["MasterLink"]);
        ds.Tables["Child"].Constraints.Add(fc);
        //为 Master、Child 表添加关系
        DataRelation masterChildRelation = ds.Relations.Add("MasterChild",
                                ds.Tables["Master"].Columns["MasterID"],
                                ds.Tables["Child"].Columns["MasterLink"]);
        //根据 dtMaster、dtChild 表关系,从两表中查询数据
        foreach (DataRow mstRow in ds.Tables["Master"].Rows)
        {
            Console.WriteLine(mstRow["MasterID"].ToString());
            foreach (DataRow childRow in mstRow.GetChildRows(masterChildRelation))
            {
                Console.WriteLine(childRow["ChildValue"].ToString());
            }
        }
    }
}
```

> **说明：**
>
> (1) 上述代码中创建了一个名为 "myDS" 的 DataSet 对象；
>
> (2) 首先，在 ds 对象中添加了 dtMaster 和 dtChild 两个 DataTable 对象；
>
> (3) 接着，分别为两个表对象构建架构，添加数据和主外键约束；
>
> (4) 然后，为 dtMaster 和 dtChild 表对象添加关系；
>
> (5) 最后，根据 dtMaster 和 dtChild 表的关系，从两表中查询数据，并打印出来。程序运行结果如图 9-12 所示。

图 9-12 DataSet 对象的使用

9.7 SqlDataAdapter 数据适配器对象

9.7.1 概述

SqlDataAdapter 对象是用于填充 DataSet 和更新 SQL Server 数据库的一组数据命令和一个数据库连接。在创建了数据库连接后，就需要对数据集 DataSet 进行填充，在这里就需要使用 SqlDataAdapter 对象。

没有数据源时，DataSet 对象对保存在 Web 窗体可访问的本地数据库是非常实用的，这样降低了应用程序和数据库之间的通信次数。然而 DataSet 必须要与一个或多个数据源进行交互，SqlDataAdapter 就提供了 DataSet 对象和数据源之间的连接。SqlDataAdapter 常用属性如下所示。

（1）SqlCommandDeleteCommand ｛get;set;｝：获取或设置一个 Transact-SQL 语句或存储过程，以从数据集中删除记录。

（2）SqlCommandInsertCommand ｛get;set;｝：获取或设置一个 Transact-SQL 语句或存储过程，以在数据源中插入新记录。

（3）SqlCommandSelectCommand ｛get;set;｝：获取或设置一个 Transact-SQL 语句或存储过程，用于在数据源中选择记录。

（4）SqlCommandUpdateCommand ｛get;set;｝：获取或设置一个 Transact-SQL 语句或存储过程，用于修改数据源中的记录。

SqlDataAdapter 常用方法如下所示。

（1）intFill（DataSet dataSet,string tableName）：使用 SELECT 语句从数据源中检索数据，将其填充到 DataSet 对象中，返回值为在 DataSet 中成功添加的行数。与 SELECT 命令关联的 SqlConnection 对象必须有效，但不需要将其打开。如果调用 Fill（）之前 SqlConnection 已关闭，则将自动打开连接以检索数据，然后再自动将其关闭。如果调用 Fill（）之前连接已打开，它将保持打开状态。

（2）intUpdate（DataSet dataSet）：为指定 DataSet 中每个已插入、已更新或已删除的行调用相应的 INSERT、UPDATE 或 DELETE 语句，返回值为在 DataSet 中成功更新的行数。

9.7.2 应用举例

在 VS 2008 中，新建名为 "E06-SqlDataAdapter" 的控制台应用程序项目，如图 9-13 所示。

后台代码如下所示。

```
using System.Data;
using System.Data.SqlClient;

namespace E06_SqlDataAdapter
```

第9章 ADO.NET 数据访问模型

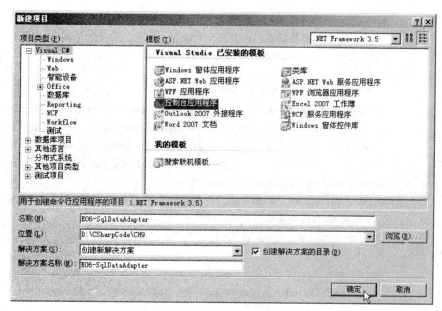

图 9-13 创建 "E06-SqlDataAdapter" 控制台应用程序

```csharp
{
    class Program
    {
        static void Main(string[] args)
        {
            //创建和 pubs 数据库连接,使用 Windows 安全模式
            SqlConnection myConn = new SqlConnection();
            myConn.ConnectionString = "server=.\\SQLEXPRESS;database=northwind;
                                        integrated security=sspi;";
            //创建适配器对象
            SqlDataAdapter suppliersAdapter = new SqlDataAdapter();
            //创建操作 Supplies 表的命令对象
            SqlCommand Supplierscmd = new SqlCommand("SELECT SupplierID, CompanyName
                                FROM Suppliers order by SupplierID", myConn);
            //将命令对象赋给适配器对象的 SeleceCommand 属性
            suppliersAdapter.SelectCommand = Supplierscmd;
            //填充数据集,将数据表起名为 Suppliers
            DataSet dataSet = new DataSet("Suppliers");
            suppliersAdapter.Fill(dataSet, "Suppliers");

            //创建适配器对象
            SqlDataAdapter productsAdapter = new SqlDataAdapter();
            //创建操作 Products 表的命令对象
            SqlCommand productsCmd = new SqlCommand("SELECT ProductID, ProductName, SupplierID
                                FROM Products;", myConn);
```

```
        productsAdapter.SelectCommand = productsCmd;
        //填充数据集,将数据表起名为 Products
        productsAdapter.Fill(dataSet, "Products");

        //根据 SupplierID 创建两张表的关系
        DataColumn parentColumn = dataSet.Tables["Suppliers"].Columns["SupplierID"];
        DataColumn childColumn = dataSet.Tables["Products"].Columns["SupplierID"];
        DataRelation suppProRelation = new System.Data.DataRelation("Suppliers - Products",
                            parentColumn, childColumn);
        dataSet.Relations.Add(suppProRelation);
        Console.WriteLine("{0}两个表的关系被创建.", suppProRelation.RelationName);
        //根据关系,打印两张表中数据
        foreach (DataRow suppRow in dataSet.Tables["Suppliers"].Rows)
        {
            Console.WriteLine(suppRow["SupplierID"].ToString());
            foreach (DataRow proRow in suppRow.GetChildRows(suppProRelation))
            {
                Console.WriteLine(proRow["ProductName"].ToString());
            }
        }
    }
}
```

> **说明:**
> (1) 上述代码中,创建了 suppliersAdapter 和 productsAdapter 两个适配器对象,分别从 Northwind 数据库的 Suppliers 和 Products 两张表中获取数据,填充到 DataSet 对象中名为 "Suppliers" 和 "Products" 的两张表中。
> (2) 根据两张表的 "SupplierID" 列,创建两张表的关系。
> (3) 最后,根据关系打印两张表中的数据。程序运行结果如图 9-14 所示。

图 9-14 SqlDataAdapter 对象的使用

> (4) 使用 SqlDataAdapter 的过程如下:
> ① 定义 SqlDataAdapter 对象。

② 定义 SqlCommand 对象，为 SqlCommand 对象相关属性赋值。

③ 根据 SqlCommand 对象执行的是 SELECT、UPDATE、INSERT 或 DELETE 中的哪一种，将其赋给 SqlDataAdapter 对象 SelectCommand、UpdateCommand、InsertCommand 或 DeleteCommand 属性。

④ 定义 DataSet 对象，调用 SqlDataAdapter 对象的 Fill() 方法进行填充。

9.8 SqlParameter 参数对象

9.8.1 概　述

SqlParameter 表示 SqlCommand 的参数，也可以是它到 DataSet 列的映射。

SqlParameter 对象常用属性如下所示。

（1）ParameterDirection Direction ｛ get; set; ｝：获取或设置一个值，该值指示参数是输入、输出、双向还是存储过程返回值参数。为其赋值需使用 System.Data 命名空间中的 ParameterDirection 枚举类型，该枚举类型包含 4 个成员，即 Input（输入参数）、Output（输出参数）、InputOutput（输入输出参数）和 ReturnValue（参数表示诸如存储过程、内置函数或用户定义函数之类操作的返回值）。默认值为 Input。

（2）string ParameterName ｛ get; set; ｝：获取或设置 SqlParameter 的名称。ParameterName 以"@参数名"格式来指定。

（3）SqlDbType SqlDbType ｛ get; set; ｝：获取或设置参数的 SqlDbType。为其赋值需使用 System.Data 命名空间中的 SqlDbType 枚举类型，指定要用于 SqlParameter 中的字段和属性 SQL Server 特定的数据类型。

（4）objct Value ｛ get; set; ｝：获取或设置该参数的值。

9.8.2 参数对象的添加方法

当操作数据时，通常需要基于某些标准来过滤结果。这些都是从用户处得到的输入和使用输入构成的 SQL 查询语句来实现的。

SQL 查询语句赋值给一个 SqlCommand 对象，只是一个简单的字符串。当进行一个过滤查询时，可以动态的绑定字符串，下面是一个过滤查询示例：

```
string str = Console.ReadLine();
SqlCommand cmd = new SqlCommand();
cmd.CommandText = "select * from Customers where city = '" + str + "'";
```

注意，不能以这种方式来创建查询输入变量 str 是从键盘得到输入，键盘上输入的字符串将直接存入 str 并添加到 SQL 的字符串中。黑客可以使用恶意的代码来替换这段字符串，更严重的是，能够进而控制计算机。

针对上面的例子，可以使用 Parameters 动态创建字符串的替代。任何放置在

Parameters 中的东西都将被看作字段数据,而不是 SQL 语句的一部分,从而让应用程序更加安全。使用参数化查询分如下面 3 步:

(1) 使用 Parameters 构建 SqlCommand 命令字符串。

首先创建包含参数"占位符"对象的字符串。占位符在 SqlCommand 执行时填充实际的参数值。Parameters 使用一个'@'符号作为参数名的前缀,如下所示。

```
SqlCommand cmd = new SqlCommand(" select * from Customers where city = @City", myConn);
```

上例中只使用一个参数。可以根据需要为查询定制需要的参数个数,每一个参数都必须匹配一个 SqlParameter 对象。

(2) 声明 SqlParameter 对象,将适当的值赋给它。

在 SQL 语句中的每一个参数必须被定义。代码必须为每一个在 SqlCommand 对象 SQL 命令中的参数定义一个 SqlParameter 实体,下面的代码为"@City"参数定义实体。

```
string str = Console.ReadLine();
SqlParameter param = new SqlParameter();
param.ParameterName = "@City";
param.Value = str;
```

注意:

SqlParameter 实体的 ParameterName 属性必须和 SqlCommand SQL 命令字符串中使用的参数一致。当 SqlCommand 对象执行的时候,此参数将被它的值替换。

(3) 将 SqlParameter 对象赋值给 SqlCommand 对象的 Parameters 属性。

SqlComamd 对象的 Parameters 属性的 Add() 方法将 SqlParameter 对象赋值给 SqlCommand 对象的参数集合中。代码如下:

```
cmd.Parameters.Add(param);
```

9.8.3 应用举例

在 VS 2008 中,新建名为"E07 - SqlParameter"的控制台应用程序项目,如图 9 - 15 所示。

创建名为"Demo"的数据库和名为"tb_user"的表,并插入一行数据。SQL 语句如下所示:

```
create database Demo
use Demo
create table tb_user
(
    uid int identity(100000,1),
    username varchar(20) not null,
```

第9章 ADO.NET 数据访问模型

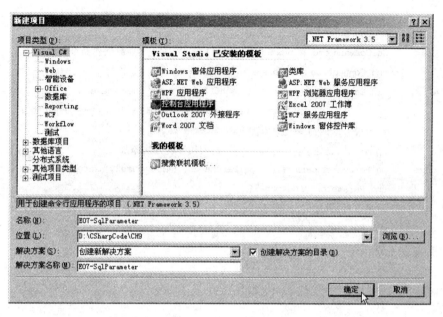

图 9-15 创建 "E07-SqlParameter" 控制台应用程序

```
password varchar(20) not null
)
insert into tb_user values('admin','admin')
```

> **说明：**
> 字段 uid 通过 identity 函数被设置为种子标识列。种子初始值设为 100 000，增量设为 1。种子不能标识列赋值，因为当执行 INSERT 语句时，种子标识列的值会自动增加。

后台代码如下所示。

```
using System.Data.SqlClient;

namespace 参数对象
{
    class Program
    {
        static void Main(string[] args)
        {
            Console.Write("请输入用户名:");
            string username = Console.ReadLine();
            Console.Write("请输入密码:");
            string password = Console.ReadLine();
            SqlConnection myConn = new SqlConnection();    //创建数据库连接对象
            myConn.ConnectionString = "server=.\\SQLEXPRESS;database=demo;integrated
```

```
                                            security = sspi;";
myConn.Open();
SqlCommand cmd = new SqlCommand();          //创建命令对象
cmd.Connection = myConn;
cmd.CommandText = "select count(*) from tb_user where
                    username = @username and password = @password";
//两种方式向命令对象添加 Parameter 参数
//第一种:创建 Sqlparameter 对象,调用 Add 方法添加
SqlParameter para = new SqlParameter("@username", username);
cmd.Parameters.Add(para);
//第二种:调用 AddWithValue 方法添加
cmd.Parameters.AddWithValue("@password", password);
int i;
i = (int)cmd.ExecuteScalar();
myConn.Close();
if (i > 0)
    Console.WriteLine("登录成功");
else
    Console.WriteLine("登录失败");
        }
    }
}
```

> **说明:**
> 　　上述代码中,使用了两种方式向命令对象添加 SqlParameter 参数,其中第二种方式比较方便。调用 AddWithValue() 方法,传递两个参数:参数名和参数值。程序运行结果如图 9 -16 所示。
>
>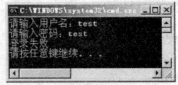
>
> 图 9-16 SqlParameter 对象的使用

9.9 存储过程

9.9.1 概 述

存储过程是由一些 SQL 语句和控制语句组成的被封装起来的过程,它驻留在数据

库中，可以被客户端应用程序调用，也可以被另一个过程或触发器调用，它的参数可以被传递和返回。与应用程序中的函数过程类似，存储过程可以通过名字来调用，而且它们同样有输入参数和输出参数。

根据返回值类型的不同，将存储过程分为3类：

（1）返回记录集的存储过程。执行结果是一个记录集，典型的例子是，从数据库中检索出符合某一个或某几个条件的记录集。

（2）返回数值的存储过程（也可以称为标量存储过程）。执行完以后返回一个值，如在数据库中执行一个有返回值的函数或命令。

（3）行为存储过程。仅仅是用来实现数据库的某个功能，而没有返回值，如在数据库中的更新和删除操作。

存储过程在开发过程中经常被使用，因为存储过程能够将数据操作和程序操作在代码上分离，而且存储过程相对于SQL语句而言，具有更好的性能和安全性，使用存储过程从而能够提高应用程序的性能和安全性。存储过程在软件开发过程中有很多优点，如下所示。

（1）事务处理

在存储过程中，可以包括多个SQL语句。存储过程中的SQL语句属于事务处理的范畴，它类似于一个函数，当执行存储过程时，存储过程中的SQL语句要么都执行，要么都不执行。

（2）速度和性能

存储过程由数据库服务器编译和优化。优化包括使用存储过程在运行时所必须的特定数据库的结构信息，这样在执行过程中会节约很多时间。存储过程完全在数据库服务器上执行，避免了大量SQL语句代码的传递。对于循环使用SQL语句而言，存储过程在速度和性能上都被优化。有两个原因：首先，在存储过程被创建的时候，数据库已经对其进行了一次解析和优化。其次，存储过程一旦执行，在内存中就会保留一份这个存储过程的副本，这样下次再执行同样的存储过程时，可以从内存中直接调用。

（3）过程控制

在编写存储过程时，可以使用IF-ELSE、FOR以及WHILE循环，这些语句并不能在SQL语句中编写，但是可以在存储过程中编写。当需要进行大量和复杂的操作时，SQL语句需要通过和编程语言一同编写才能实现，而且实现比较复杂。相比之下，存储过程可以对过程进行控制。

（4）安全性

存储过程也可以作为额外的安全层。开发人员或者用户，都只能对数据库中的存储过程进行使用，而无法直接对表进行数据操作。这样封装了数据操作，提高安全性。

（5）减少网络通信量

存储过程是在数据库服务器上运行的。在使用存储过程时，无需将大量的SQL语句代码传递给数据库服务器，只要说明数据库服务器执行哪个存储过程即可。而数据库服务器则会自动执行中间处理操作，不会通过网络传递不必要的数据。调用一个行数不多的存储过程与直接调用SQL语句的网络通信量可能不会有很大的差别，可是如果存储过程包含上百行 SQL 语句，那么其性能绝对比一条一条的调用 SQL 语句要高得多。

(6) 分布式模块化工作

正如代码编写规范和设计模式一样，通常情况下，开发团队或者公司需要严谨的代码编写风格和良好的协调能力。例如，一个团队程序员（Programer）专门负责编码，数据库管理员（DBA）专门负责数据库开发，那么可以让数据库开发人员负责数据库的开发，而编码的程序员只需要使用数据库开发人员设计的存储过程即可。在这种情况下，数据库操作和应用程序编码的操作被分开，在维护、管理中，也非常方便。如果数据库存储过程的代码出现问题，则只需要修改存储过程中的代码即可。

(7) 适应性

由于存储过程对数据库的访问是通过存储过程名称来进行的，因此，数据库开发人员可以在不改动存储过程接口的情况下对数据库进行任何改动，而这些改动不会对应用程序造成影响。

9.9.2 创建存储过程

存储过程声明语法如下所示：

```
CREATE PROC[EDURE] procedure_name [;number]
[{@parameter data_type}
[VARYING][ = default][OUTPUT]
][,…n]
[WITH
{RECOMPILE|ENCRYPTION|RECOMPILE,ENCRYPTION}]
[FORREPLICATION]
AS
   sql_statement[…n]
```

存储过程各个参数的使用如下所示。

(1) procedure_name：存储过程的名称。过程名称必须符合标识符规则，且对于其所有者必须唯一。

(2) number：是可选的整数。用来对同名的过程分组，以便用一条 DROP PROCEDURE 语句即可将同组的过程一起除去。

(3) @parameter：过程中的参数。在 CREATE PROCEDURE 语句中可以声明一个或多个参数，用户必须在执行过程时提供每个所声明参数的值，并且参数名必须以'@'开始。

(4) data_type：参数的数据类型。所有数据类型（如 int、ntext 和 image）均可以用作存储过程的参数。而与之不同的是，cursor 数据类型只能用于 OUTPUT 参数。

(5) VARYING：指定作为输出参数支持的结果集，由存储过程动态构造，内容可以变化，仅适用于游标参数。

(6) default：参数的默认值。如果定义了默认值，不必指定该参数的值即可执行过程。默认值必须是常量或 NULL，如果过程对该参数使用 LIKE 关键字，那么默认值中可以包含通配符（*、_、[ ] 和 [^]）。

（7）OUTPUT：表明参数是返回参数。该选项的值可以返回给 EXEC［UTE］。使用 OUTPUT 参数可以将信息返回给调用过程。

（8）n：表示最多可以指定 2100 个参数的占位符。

（9）{RECOMPILE | ENCRYPTION | RECOMPILE，ENCRYPTION}：RECOMPILE 表示 SQL SERVER 不会缓存该过程的计划，该过程将在运行时重新编译；ENCRYPTION 表示 SQLSERVER 加密 syscomments 表中包含 CREATEPROCEDURE 语句文本的条目。使用 ENCRYPTION 可以防止将过程作为 SQLSERVER 复制的一部分发布。

通过以上参数可以声明一个存储过程，以下 4 个示例代码给出存储过程的基本创建方法。

（1）使用带有复杂 SELECT 语句的简单过程

```
CREATE PROCEDURE au_info_all
AS
SELECT au_lname, au_fname, title, pub_name
    FROM authors a INNER JOIN titleauthor ta
        ON a.au_id = ta.au_id INNER JOIN titles t
        ON t.title_id = ta.title_id INNER JOIN publishers p
        ON t.pub_id = p.pub_id
```

上述名为"au_info_all"的存储过程，不带参数，使用内连接从 authors、titleauthor、titles 和 publishers 4 张表获取数据。

（2）使用带有参数的简单过程

```
CREATE PROCEDURE au_info
    @lastname varchar(40),
    @firstname varchar(20)
AS
SELECT au_lname, au_fname, title, pub_name
    FROM authors a INNER JOIN titleauthor ta
        ON a.au_id = ta.au_id INNER JOIN titles t
        ON t.title_id = ta.title_id INNER JOIN publishers p
        ON t.pub_id = p.pub_id
    WHERE   au_fname = @firstname
        AND au_lname = @lastname
```

上述名为"au_info"的存储过程，带了两个名为"@lastname"和"@firstname"输入类型参数。使用内连接并根据输入参数值，从 authors、titleauthor、titles 和 publishers 4 张表获取数据。

（3）使用带有通配符参数的简单过程

```
CREATE PROCEDURE au_info2
```

```
    @lastname varchar(30) = 'D%',
    @firstname varchar(18) = '%'
AS
SELECT au_lname, au_fname, title, pub_name
FROM authors a INNER JOIN titleauthor ta
    ON a.au_id = ta.au_id INNER JOIN titles t
    ON t.title_id = ta.title_id INNER JOIN publishers p
    ON t.pub_id = p.pub_id
WHERE au_fname LIKE @firstname
    AND au_lname LIKE @lastname
```

上述名为"au_info2"的存储过程，带了两个名为"@lastname"和"@firstname"带通配符"%"的输入类型参数，并给第一个参数赋了默认值"D%"。使用内连接并根据输入参数值，从 authors、titleauthor、titles 和 publishers 4 张表获取数据。

（4）使用 OUT 参数的简单过程

```
CREATE PROCEDURE titles_sum
    @TITLE varchar(40) = '%',
    @SUM money OUT
AS
SELECT 'Title Name' = title
FROM titles
WHERE title LIKE @TITLE
SELECT @SUM = SUM(price)
FROM titles
WHERE title LIKE @TITLE
```

上述名为"titles_sum"的存储过程，带了一个名为"@TITLE"输入类型参数和"@SUM"的输出类型参数，执行两条独立的 SELECT 语句，其中第二条语句给输出参数"@SUM"赋值。

9.9.3 调用存储过程

SqlCommand 类型能够被存储过程所使用。需要有两件事情发生：首先让 SqlCommand 对象知道哪一个存储过程被执行，其次告诉 SqlCommand 对象执行的是存储过程。代码如下所示：

```
SqlConnection myConn = new SqlConnection();
myConn.ConnectionString = "server=.\\SQLEXPRESS;database=northwind;integrated security=sspi";
SqlCommand cmd = new SqlCommand("Ten Most Expensive Products",myConn);
cmd.CommandType = CommandType.StoredProcedure;
```

在上面声明 SqlCommand 对象声明时，第一个参数设置为"Ten Most Expensive

Products",这是在 Northwind 数据库中自带的存储过程的名字;第二个参数是连接对象。

通过设置 CommandType 属性为 CommandType 枚举中存储过程的值(StoredProcedure)的方式,告诉 SqlCommand 对象将执行何种命令。SqlCommand 构造函数中的第一个参数被默认为 SQL 查询字符串解析。

对存储过程使用的参数与对 SqlCommand 使用的查询字符串相同。代码如下所示:

```
SqlConnection myConn = new SqlConnection();
myConn.ConnectionString = "server=.\\SQLEXPRESS;database=northwind;integrated security=sspi";
SqlCommand cmd = new SqlCommand("CustOrderHist", myConn);
cmd.CommandType = CommandType.StoredProcedure;
SqlParameter param = newSqlParameter("@customerid", SqlDbType.Char);
param.Direction = ParameterDirection.Input;
param.Value = Console.ReadLine();
cmd.Parameters.Add(param);
```

为了执行存储过程,在 SqlCommand 构造函数的第一个参数中指定存储过程的名字,将 SqlCommand 的 CommandType 设置为 StoredProcedure。

使用 SqlParameter 对象将参数传递给存储过程,它与使用 SqlCommand 对象执行查询字符串一样。

9.9.4 应用举例

本小节使用 Visual Studio 2008 和 SQL Server 2005,实现使用 C#代码、调用存储过程的实例。在数据库中,创建"Demo"数据库,在"Demo"数据库中创建"tb_user"表和"CheckUser"存储过程,代码如下所示。

```
--创建 Demo 数据库
create database Demo
--使用 Demo 数据库
use Demo
--创建 tb_user 表
create table tb_user
(
    uid int identity(100000,1),
    username varchar(40) not null unique,
    password varchar(40) not null
)
--插入数据
insert into tb_user values('admin','admin')
--创建 CheckUser 存储过程
create procedure CheckUser
```

@username varchar(40),
@password varchar(40),
@result int out
as
select @result = count(*) from tb_user where username = @username and password = @password

> **说明:**
> (1) 上述存储过程 CheckUser 返回 tb_user 表中符合条件的数据行数。该存储过程中包含 3 个参数:"@username"表示用户名;"@password"表示密码;此存储过程将返回"@result"的值,表示用户名和密码匹配的行数。
> (2) 在 SQL Server 数据库中,参数名必须用'@'开头。
> (3) 参数分输入参数和输出参数,默认为输入参数,如上例中的"@username"和"@password"。而输出参数需用显示通过的关键字 out 指明,如上例中的"@result"。
> (4) 表 tb_user 的第一列 uid 通过 identity 属性,将其设定为种子标识列。第一个参数表示种子值,第二个参数表示增量值。注意,不能人工的给种子标识列赋值。

在 C# 中,调用存储过程的示例代码如下所示。

在 VS2008 中,新建名为"E08-Procedure"的控制台应用程序项目,如图 9-17 所示。

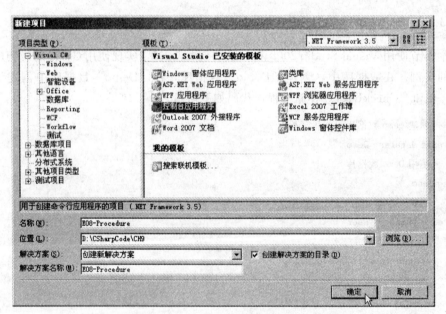

图 9-17 创建"E08-Procedure"控制台应用程序

后台代码如下所示。

```
using System.Data.SqlClient;
using System.Data;
```

```csharp
namespace 存储过程
{
    class Program
    {
        static void Main(string[] args)
        {
            Console.Write("请输入用户名:");
            string username = Console.ReadLine();
            Console.Write("请输入密码:");
            string password = Console.ReadLine();
            SqlConnection myConn = new SqlConnection();              //创建数据库连接对象
            myConn.ConnectionString = "server=.\\SQLEXPRESS;database=demo;integrated security=sspi;";
            myConn.Open();
            SqlCommand cmd = new SqlCommand();                        //创建命令对象
            cmd.Connection = myConn;
            cmd.CommandText = "CheckUser";                            //指定存储过程名称
            cmd.CommandType = CommandType.StoredProcedure;            //指定命令类型是存储过程
            //向命令对象中添加@password参数,与存储过程中参数名称一致
            cmd.Parameters.AddWithValue("@username", username);
            //向命令对象中添加@password参数,与存储过程中参数名称一致
            cmd.Parameters.AddWithValue("@password", password);
            //向命令对象中添加@result参数,并指明数据类型,与存储过程中参数名称和类型一致
            cmd.Parameters.Add("@result", SqlDbType.Int);
            //指定参数@result的传值方向
            cmd.Parameters["@result"].Direction = ParameterDirection.Output;
            cmd.ExecuteNonQuery();
            //获取命令对象中输出参数@result值
            int i = Convert.ToInt32(cmd.Parameters["@result"].Value);
            myConn.Close();
            if (i > 0)
                Console.WriteLine("登录成功");
            else
                Console.WriteLine("登录失败");
        }
    }
}
```

> **说明:**
> (1) 在上述代码中,调用数据库中名为 CheckUser 的存储过程,为其指定了 3 个参数。程序运行结果如图 9-18 所示。
> (2) 存储过程 CheckUser 的第三个参数 @result 为 out 型参数,因此调用存储过程时,必须通过枚举类型 ParameterDirection 的 Output 成员指明参数的传递方向为输出型。

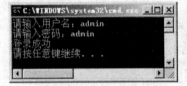 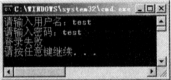

图 9-18 存储过程的调用

练 习 题

填空题

1. ADO .NET 中操作 SQL Server 数据库应用的类属于_____和_____命名空间。
2. 访问 SQL Server 2005 数据库服务器的两种方式是_____和_____。
3. SqlDataReader 对象是通过_____对象的 ExecuteReader ( ) 方法创建的。
4. SqlCommand 对象的 ExecuteScalar ( ) 方法只能返回_____个_____类型的值。
5. SqlCommand 对象的 ExecuteNonQuery ( ) 方法返回值为_____类型,表示影响的行数。
6. 调用存储过程时,需要指定 SqlCommand 对象的 CommandType 属性为_____。
7. 用于指定参数方向的枚举类型为_____。

选择题

1. 以下不属于 System.Data.SqlClient 命名空间是 (   )。
   A. SqlConnection   B. SqlCommand   C. SqlDataAdapter   D. DataSet
2. SqlCommand 对象用于执行 SELECT 语句返回多行多列数据的方法是 (   )。
   A. ExecuteScalar ( )   B. ExecuteSelect ( )
   C. ExecuteReader ( )   D. ExecuteNonQuery ( )
3. 使用 Windows 身份认证访问 SQL Server 2005 数据库时,数据库连接字符串由几部分组成 (   )。
   A. 2   B. 3   C. 4   D. 5
4. DataSet 对象是存在于 (   )。
   A. 硬盘   B. 内存   C. U 盘   D. 以上都对

判断题

1. Visual Studio 2008 集成了数据库 SQL Server 2008。(   )
2. SqlDataReader 对象的 HasRows 属性是 int 型,表示行数。(   )
3. SqlCommand 对象的 CommandType 属性默认值为 Text 文本型。(   )
4. 连接 SQL Server 数据库只有一种安全登录模式。(   )

5. SqlDataReader 对象可以随意向前和向后读取数据。（　　）
6. 使用 SqlDataAdapter 对象访问数据库时，可以不显示地打开和关闭数据库连接。（　　）
7. 存储过程驻留在数据库中，执行效率高。（　　）

简答题

1. 创建 SqlDataAdapter 对象的方式包括哪四种？
2. 使用 DataSet 对象的操作可以划分为哪四种？
3. 简述 SqlDataSource 的操作步骤。

第 10 章 网页制作基础

■ 本章导读

本章主要介绍超文本标记语言的定义、文件组成、标记规则、文件结构和 XHTML 语言。介绍层叠样式表的定义、规则的组成、引入 CSS 的方法和选择器的分类。最后讲解 JavaScript 脚本的基本语法规则和使用方法。

■ 学习目标

（1）熟练掌握 HTML 常用标记的使用规则；
（2）掌握 CSS 规则的定义和在 HTML 网页中引用 CSS 的方法；
（3）掌握网页中插入 JavaScript 脚本的方法。

10.1 HTML

10.1.1 定 义

HTML 是 Hyper Text Markup Language（超文本标记语言）的缩写，它是构成 Web 页面（Page）的主要工具，是用来表示网上信息的符号标记语言。

HTML 是一种用于网页制作的排版语言，是 Web 最基本的构成元素，但 HTML 并非一种编程语言。用 HTML 标记文档或给文档添加标记，使文档可以在 WWW 上发布。用 HTML 准备的文档包含引用图形和格式标记，用 Web 浏览器可以查看这些 HTML 文档。HTML 文档属于纯文本文件（它能用任意的文本编写器书写），用 HTML 的语法规则建立的文档可以运行在不同操作系统的平台上。

10.1.2 HTML 的作用

HTML 语言作为一种网页编辑语言，易学易懂，能制作出精美的网页，其作用如下：

(1) 格式化文本。如设置标题、字体、字号、颜色；设置文本的段落、对齐方式等。

(2) 建立超链接。通过超链接检索在线的信息，只需用鼠标单击，就可以到达任何一处。

(3) 创建列表。把信息用一种易读的方式表现出来。

(4) 插入图像。使网页图文并茂，还可以设置图像的各种属性，如大小、边框、布局等。

(5) 建立表格。表格为浏览者提供了快速找到需要信息的显示方式，还可以用表格来设定整个网页的布局。

(6) 加入多媒体。可以在网页中加入音频、视频、动画，还能设定播放的时间和次数。

(7) 交互式窗体、计数器等。为获取远程服务而设计窗体，可以用于检索信息、定购产品等。

10.1.3 HTML 的编辑环境

HTML 的编辑环境很简单，任何一台计算机都可以编辑网页。但用户要看到自己设计的网页效果，就需要安装一个浏览器，如 Internet Explorer、Netscape Navigator 等。因此，只要计算机能运行某个浏览器，就具备了网页制作的硬件环境。HTML 要求的软件环境更为简单，任何文本编辑器都可以用来制作网页。常用的编辑环境有 Macromedia Dreamweaver、FrontPage 等。在本书中，均使用 VS 2008 作为编辑环境。

10.1.4 HTML 文件的组成

一个 HTML 文件由下列 3 部分组成。

(1) 标记：HTML 的基本元素。一个 HTML 文件大部分都是由字符信息加上一些标记呈现出来的。也就是说，只要在 HTML 文件中适当的位置加上所需标记，就可以依照各标记所代表的意义实现各种特殊的功效。基本的标记有两种，即单标记（只要一个标记就能完成所要表示的功能）和双标记（需要两个标记组合才能完成所需功能）。

(2) 文字与图形资料：指要提供给浏览信息的人阅读的内容。WWW 显示的图形一般都以独立文件的形式存在，如果要显示图形（图形文件要用其他程序建立），就必须用特殊的标记指向图形文件。

(3) 统一资源定位器 URL (Uniform Resource Locator)：WWW 上文件的参照格式，浏览者在浏览器的地址处输入 URL 格式的内容，就可以获取所指主机的主页。

10.1.5 标 记

HTML 文件由标记和被标记的内容组成。标记（tag）能产生所需要的各种效果，就像一个排版程序,它将网页的内容排成理想的效果。这些标记名称大都为相应的英文单词首字母或缩写,如字母 P 表示 Paragraph (段落)、IMG 为 Image (图像) 的缩写,很好记忆。各种标记的效果差别很大,但总的表示形式却大同小异,大多数成对出现,格式为:

<标记> 受标记影响的内容 </标记>

> **说明:**
> (1) 每个标记都用"<"(小于号)和">"(大于号)围住,如<P>,<Table>,以表示这是 HTML 代码而非普通文本。注意,"<"与标记名之间不能留有空格或其他字符。
> (2) 在标记名前加上符号"/"便是其结束标记,表示这种标记内容的结束,如</FONT>。标记也有不用</标记>结尾的,称之为单标记。
> (3) 标记字母大小写皆可,没有限制。

对于同一段要标记的内容,可以用多个标记来共同作用,产生一定的效果。此时,各个标记间的顺序也是任意的。

标记的属性:标记只是规定这是什么信息(或是文本,或是图片),但怎样显示或控制这些信息,就需要在标记后面加上相关的属性来表示,每个标记有一系列的属性。标记要通过属性来制作出各种效果。格式为:

<标记 属性1=属性值 属性2=属性值 …>
受影响的内容
</标记>

例如,字体标记<FONT>,有属性 size 和 color 等。属性 size 表示文字的大小,属性 color 表示文字的颜色。表示为:

<FONT size=5 color=blue> 属性示例 </FONT>

需要注意的是:
(1) 并不是所有的标记都有属性,如换行标记
就没有。
(2) 根据需要可以用该标记的所有属性,也可以只用需要的几个属性。在使用时,属性之间没有顺序。多个属性之间用空格隔开。

常用标记如表 10-1 所示。

表 10-1 HTML 标记一览表

标 记	类型	译名或意义		作 用
<HTML>	●	文件声明	文件标记	让浏览器知道这是 HTML 文件
<HEAD>	●	开头		提供文件整体资讯
<TITLE>	●	标题		定义文件标题,将显示于浏览顶端
<BODY>	●	正文		设计文件格式及内文所在

(续表)

标 记	类型	译名或意义		作 用
<!--注解-->	○	说明标记	排版标记	为文件加上说明，但不被显示
<P>	○	段落标记		为字、画、表格等之间留一空白行
 	○	换行标记		令字、画、表格等显示于下一行
<HR>	○	水平线		插入一条水平线
<CENTER>	●	居中		令字、画、表格等显示于中间
<PRE>	●	预设格式		令文件按照原始码的排列方式显示
<DIV>	●	区隔标记		设定字、画、表格等的摆放位置
<NOBR>	●	不折行		令文字不因太长而绕行
<WBR>	●	建议折行		预设折行部位
<STRONG>	●	加重语气	字体标记	产生字体加粗 Bold 的效果
<B>	●	粗体标记		产生字体加粗的效果
<EM>	●	强调标记		字体出现斜体效果
<I>	●	斜体标记		字体出现斜体效果
<TT>	●	打字字体		Courier 字体，字母宽度相同
<U>	●	加上底线		加上底线
<H1>	●	一级标题标记		将字体变粗、变大、加宽，程度与级数成反比
<H2>	●	二级标题标记		将字体变粗、变大、加宽
<H3>	●	三级标题标记		将字体变粗、变大、加宽
<H4>	●	四级标题标记		将字体变粗、变大、加宽
<H5>	●	五级标题标记		将字体变粗、变大、加宽
<H6>	●	六级标题标记		将字体变粗、变大、加宽
<FONT>	●	字形标记		设定字形、大小、颜色
<BASEFONT>	○	基准字形标记		设定所有字形、大小、颜色
<BIG>	●	字体加大		令字稍为加大
<SMALL>	●	字体缩小		令字稍为缩小
<STRIKE>	●	画线删除		为字体加一删除线
<CODE>	●	程式码		字体稍为加宽，如<TT>
<KBD>	●	键盘字		字体稍为加宽，单一空白
<SAMP>	●	范例		字体稍为加宽，如<TT>
<VAR>	●	变数		斜体效果
<CITE>	●	传记引述		斜体效果
<BLOCKQUOTE>	●	引述文字区块		缩排字体
<DFN>	●	述语定义		斜体效果
<ADDRESS>	●	地址标记		斜体效果
<SUB>	●	下标字		指数
<SUP>	●	下标字		下标字

(续表)

标记	类型	译名或意义		作用
<OL>	●	顺序清单	清单标记	清单项目将以数字、字母顺序排列
<UL>	●	无序清单		清单项目将以圆点排列
<LI>	○	清单项目		每一标记标示一项清单项目
<MENU>	●	选单清单		清单项目将以圆点排列，如<UL>
<DIR>	●	目录清单		清单项目将以圆点排列，如<UL>
<DL>	●	定义清单		清单分两层出现
<DT>	○	定义条目		标示该项定义的标题
<DD>	○	定义内容		标示定义内容
<TABLE>	●	表格标记	表格标记	设定该表格的各项参数
<CAPTION>	●	表格标题		定义表格标题
<TR>	●	表格列		设定该表格的列
<TD>	●	表格栏		设定该表格的栏
<TH>	●	表格标头		相等于<TD>，但其内之字体会变粗
<FORM>	●	表单标记	表单标记	决定单一表单的运作模式
<TEXTAREA>	●	文字区块		提供文字方盒以输入大量文字
<INPUT>	○	输入标记		决定输入形式
<SELECT>	●	选择标记		建立 pop - up 卷动清单
<OPTION>	○	选项		每一个标记标示一个选项
<IMG>	○	图形标记	图形标记	用以插入图形及设定图形属性
<A>	●	连结标记	连结标记	加入连结
<BASE>	○	基准标记		可将相对 URL 转换成绝对及指定连结目标
<FRAMESET>	●	框架设定	框架标记	设定框架
<FRAME>	○	框窗设定		设定框窗
<IFRAME>	○	页内框架		于网页中间插入框架
<NOFRAMES>	●	不支援框架		设定当浏览器不支援框架时的提示
<MAP>	●	影像地图名称	影像地图	设定影像地图名称
<AREA>	○	连结区域		设定各连结区域
<BGSOUND>	○	背景声音	多媒体	背景播放声音或音乐
<EMBED>	○	多媒体		加入声音、音乐或影像

(续表)

标　记	类型	译名或意义	作　用	
<MARQUEE>	●	走动文字	其他标记	令文字左右走动
<BLINK>	●	闪烁文字		闪烁文字
<ISINDEX>	○	页内寻找器		可输入关键字在该页寻找
<META>	○	开头定义		让浏览器知道这是 HTML 文件
<LINK>	○	关系定义		定义该文件与其他 URL 的关系
<STYLE>	●	样式表	StyleSheet	控制网页版面
<span>	●	自订标记		独立使用或与样式表同用

注：● 表示该标记属于双标记，即需要关闭标记，如 </标记>；○ 表示该标记属于单标记，即不需要关闭标记。

10.1.6　HTML 文件的基本结构

　　HTML 文件是一种纯文本格式的文件，HTML 文件包括头部（HEAD）和主体（BODY）。文件的基本结构为：

```
<HTML>
  <HEAD>
    <TITLE>网页的标题</TITLE>
  </HEAD>
  <BODY>
    网页的内容
  </BODY>
</HTML>
```

📖 **说明：**

　　（1）HTML 文件以 <HTML> 开头，以 </HTML> 结尾。
　　（2）<HEAD>…</HEAD> 表示网页的头部，用来说明文件命名和文件本身的相关信息，包括网页的标题部分，即 <TITLE>…</TITLE>。
　　（3）<BODY>…</BODY> 表示网页的主体即正文部分。
　　（4）HTML 语言并不要求在书写时缩进，但为了程序的易读性，建议网页设计制作者使标记的首尾对齐，内部的内容向右缩进几格。

10.1.7 XHTML

在 ASP.NET 前台页面中使用的都是 XHTML（eXtensible Hyper Text Markup Language）。XHTML 基于 HTML，它是更严密、代码更整洁的 HTML 版本。注意以下区别：

1. 添加 DTD（Document Type Definition）文档类型声明

DOCTYPE 是 Document Type（文档类型）的简写，用来说明文件用的 XHTML 或 HTML 版本。在 XHTML 中必须声明文档类型，以便浏览器知道该浏览的文件类型及检查文档，并且声明必须放在文档的 XHTML 标记前。

XHTML 1.0 提供了 3 种 DTD 声明可供选择，如下所示。

（1）过渡的（Transitional）：要求非常宽松的 DTD，它允许继续使用 HTML 的标识（但是要符合 XHTML 的写法）。完整代码如下所示。

```
<!DOCTYPE html PUBLIC "-//W3C//DTD XHTML 1.0 Transitional//EN"
         "http://www.w3.org/TR/xhtml1/DTD/xhtml1-transitional.dtd">
```

（2）严格的（Strict）：要求严格的 DTD，不能使用任何表现层的标识和属性，如
。完整代码如下所示。

```
<!DOCTYPE html PUBLIC "-//W3C//DTD XHTML 1.0 Strict//EN"
         "http://www.w3.org/TR/xhtml1/DTD/xhtml1-strict.dtd">
```

（3）框架的（Frameset）：专门针对框架页面设计使用的 DTD，如果页面中包含有框架，需要采用这种 DTD。完整代码如下所示。

```
<!DOCTYPE html PUBLIC "-//W3C//DTD XHTML 1.0 Frameset//EN"
         "http://www.w3.org/TR/xhtml1/DTD/xhtml1-frameset.dtd">
```

> 📖 说明：
> （1）ASP.NET 前台页面中使用的是过渡的 DTD（XHTML 1.0 Transitional）。
> （2）DOCTYPE 声明不是 XHMTL 文档的一部分，也不是文档的一个元素，没必要加上结束标记。

2. 设定一个命名空间（NameSpace）

允许通过一个在线地址指向来识别命名空间。命名空间就是给文档做一个标记，告诉别人，这个文档是属于谁的，只不过这个"谁"用了一个网址来代替。例如：

```
<html xmlns="http://www.w3.org/1999/xhtml">
```

> 📖 说明：
> w3.org 的校验器不会由于这个属性没有出现而报告错误，这是一个固定的值，即使文档里没有包含，它也会自动加上。

3. 所有标记一定要小写

在 HTML 中，标记大小写均可。但是在 XHTML 中，所有标记都要小写。

4. 所有标记一定要关闭

在 XHTML 中，不允许出现单标记。例如，回车换行要写成
。

5. 标记的属性一定要小写且值必须加双引号

10.2 CSS

10.2.1 定 义

CSS（Cascading Styles Sheets），中文译为层叠样式表，是用于控制网页样式并允许将样式信息与网页内容分离的一种标记性语言。CSS 是 1996 年由 W3C 审核通过并推荐使用的。简单地说，CSS 的引入就是为了使 HTML 能够更好地适应页面的美工设计。

CSS 以 HTML 为基础，提供了丰富的格式化功能，如字体、颜色、背景、整体排版等，并且网页设计者可以针对各种可视化浏览器设置不同的样式风格，包括显示器、打印机、打字机、投影仪、PDA 等。CSS 的引入随即引发了网页设计的一个又一个新高潮，使用 CSS 设计的优秀页面层出不穷。

10.2.2 CSS 的作用

HTML 和 CSS 的关系就是"内容"和"形式"的关系，由 HTML 组织网页的结构和内容，而通过 CSS 来决定页面的表现形式。

由于 HTML 的主要功能是描述网页的结构，所以控制网页外观和表现的能力很差。例如：

```
<body>
    <h2><font color="#FF0000" face="黑体">CSS 标记 1</font></h2>
    <p>CSS 标记的正文内容 1</p>
    <h2><font color="#FF0000" face="黑体">CSS 标记 2</font></h2>
    <p>CSS 标记的正文内容 2</p>
    <h2><font color="#FF0000" face="黑体">CSS 标记 3</font></h2>
    <p>CSS 标记的正文内容 3</p>
    <h2><font color="#FF0000" face="黑体">CSS 标记 4</font></h2>
    <p>CSS 标记的正文内容 4</p>
</body>
```

上述代码产生的问题有：代码冗余，写了 4 次相同的<font>标记；如果要修改元素的样式，也要逐个的修改，修改工作量大。但使用 CSS 后，就能够解决上述问题，如下所示。

```
<style type="text/css">
h2{
    font-famliy:黑体;
    color:red;
}
</style>
<h2>CSS 标记 1</h2>
<p>CSS 标记的正文内容 1</p>
<h2>CSS 标记 2</h2>
<p>CSS 标记的正文内容 2</p>
<h2>CSS 标记 3</font></h2>
<p>CSS 标记的正文内容 3</p>
<h2>CSS 标记 4</font></h2>
<p>CSS 标记的正文内容 4</p>
```

上述代码定义了一个名为 h2 的 CSS 规则，设定字体为黑体，文字颜色为红色。网页中所有 `<h2>` 标记作用的内容均按照该样式规则显示。

10.2.3 CSS 规则

CSS 样式表由一系列样式规则组成，浏览器将这些规则应用到相应的元素上，下面是一条样式规则。

```
h1
{
    color: red;
    font-size: 25px;
}
```

一条 CSS 样式规则由选择器（Selector）和声明（Declarations）组成。

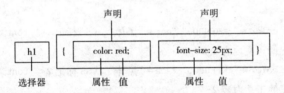

选择器是为了选中网页中某些元素的。选择器可以是一个标记名，表示将网页中该标记的所有元素都选中，也就是定义了 CSS 规则的作用对象。选择器也可以是一个自定义的类名，表示将自定义的一类元素全部选中，为了对这一类元素进行标识，必须在这一类每个元素的标记里添加一个 html 属性 class="类名"；选择器还可以是一个自定义的 id 名，表示选中网页中某一个唯一的元素。同样，该元素也必须在标记中添加一个 html 属性 id="id名" 让 CSS 来识别。

声明则用于定义元素样式。在上面的示例中，h1 是选择器，介于花括号"{ }"之间的所有内容都是声明，声明又可以分为属性和值，属性和值用"冒号"隔开。属性和值可以设置多个,从而实现对同一标记声明多种样式风格。如果要设置多个属性和值,则每条声明之间要用"分号"隔开。

CSS 属性值的写法如下所示。

(1) 如果属性的某个值不是一个单词,则值要用引号引起来:

```
p{font-family:"Times New Roman"};
```

(2) 如果一个属性有多个值,则每个值之间要用空格隔开:

```
a{margin:4px 4px 5px 5px};
```

(3) 要为某个属性设置多个候选值,则每个值之间用逗号隔开:

```
p{font-family:"Times New Roman",Arial,serif};
```

10.2.4 选择器分类

选择器分为 4 种:标记选择器、伪类选择器、类选择器和 id 选择器。

1. 标记选择器

CSS 标记选择器用来声明哪种标记采用哪种 CSS 样式,每一种 HTML 标记的名称都可以作为相应的标记选择器的名称。标记选择器将网页中拥有同一个标记的所有元素全部选中。例如:

```
<style type="text/css">
P{
    color:blue;
    font-size:18px;
}
</style>
```

2. 伪类选择器

伪类就是指标记的状态,网页中的链接标记能响应浏览者的点击。a 标记有 4 种状态能描述这种响应,分别是 a:link、a:visited、a:hover、a:active,a 标记在这几种状态下的样式能够通过伪类选择器来分别定义,伪类选择器的标记和伪类之间用":"隔开。

如果分别定义 a 标记在 4 种不同的状态下具有不同的颜色,如下所示:

```
<style type="text/css">
a:link{
    color:red;
}
a:visited{
    color:blue;
}
a:hover{
```

```
        color:yellow;
}
a:active{
        color:green;
}
</style>
```

> **说明：**
> （1）链接伪类选择器的书写应遵循 LVHA 的顺序，即 CSS 代码中 4 个选择器出现的顺序为 a：link→ a：visited→ a：hover→ a：active。若违反这种顺序，鼠标停留和激活样式就不起作用了。
> （2）各种伪类选择器将继承 a 标记选择器定义的样式。

3. 类选择器

标记选择器一旦声明，则页面中所有该标记的元素都会产生相应的变化。例如，当声明<p>标记为红色时，页面中所有<p>元素都将显示为红色。

如果希望其中某一些<p>元素不是红色，而是蓝色，就需要将这些<p>元素自定义为一类，用类选择器来选中它们；或者希望不同标记的元素应用同一样式，也可以将这些不同标记的元素定义为同一类。

类选择器以半角"."开头，且类名称的第一个字母不能为数字

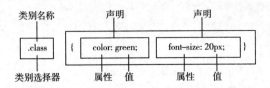

```
<style type="text/css">
.one{
        color: red;
}
.two{
        font-size:20px;
}
</style>
<p>选择器之标记选择器 1</p>
<p class = "one">应用第一种 class 选择器样式</p>
<p class = "two">应用第二种 class 选择器样式</p>
<p class = "one two">同时应两种 class 选择器样式</p>
<h3 class = "two">h3 同样适用</h3>
```

4. id 选择器

id 选择器的使用方法与 class 选择器的使用方法基本相同，不同之处在于一个 id 选择器只能应用于 HTML 文档中的一个元素，因此其针对性更强，而 class 选择器可以应用于多个元素。id 选择器以半角"#"开头，且 id 名称的第一个字母不能为数字。

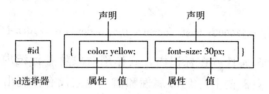

```
<style type="text/css">
#one{
    font-weight:bold;
}
#two{
    font-size:30px;
    color:#009900;
}
</style>
<body>
    <p id="one">ID 选择器 1</p>
    <p id="two">ID 选择器 2</p>
    <p id="two">ID 选择器 3</p>
    <p id="one two">ID 选择器 3</p>
</body>
```

📖 说明：

（1）上例中，第一行应用了#one 的样式，第二行和第三行将一个 id 选择器应用到了两个元素上，显然违反了一个 id 选择器只能应用在一个元素上的规定，但浏览器却也显示了 CSS 样式风格且没有报错。虽然如此，我们在编写 CSS 代码时，还是应该养成良好的编码习惯。一个 id 最多只能赋予一个 html 元素，因为每个元素定义的 id 不只是 CSS 可以调用，JavaScript 等脚本语言也可以调用。如果一个 html 中有两个相同 id 属性的元素，那么将导致 JavaScript 在查找 id 时出错，如函数 getElementById( )。

（2）第四行在浏览器中没有任何 CSS 样式风格显示，这意味着 id 选择器不支持像 class 选择器那样的多风格同时使用。因为元素和 id 是一一对应的关系，不能为一个元素指定多个 id，也不能将多个元素定义为一个 id，类似 id="one two" 这样的写法是完全错误的。

10.2.5 在 HTML 中引入 CSS 的方法

HTML 和 CSS 是两种作用不同的语言，它们同时对一个网页产生作用，因此必须通过一些方法,将 CSS 与 HTML 连接在一起,才能正常工作。

在 HTML 中,引入 CSS 的方法有行内式、嵌入式、链接式和导入式。

1. 行内式

HTML 标记都有一个通用的 style 属性,行内式就是在该属性内添加 CSS 属性和值。例如:

```
<td style = "color: #FF0000; text - decoration: underline" width = "88%">
```

这种方式由于 CSS 属性就在标记内,其作用对象就是标记内的元素,所以不需要指定 CSS 的选择器,只需要书写 CSS 属性和值。但它没有体现出 CSS 统一设置许多元素样式的优势。

2. 嵌入式

嵌入式将页面中各种元素的 CSS 样式设置集中写在 <style> 和 </style> 之间。<style> 标记是专门用于引入嵌入式 CSS 的一个 HTML 标记,它只能放置在文档头部,即下面这段代码只能放置在 HTML 文档的 <HEAD> 和 </HEAD> 之间。

```
<style type = "text/css">
h1{
    color: red;
    font - size: 25px;
}
</style>
```

对于单一的网页,这种方式很方便。但是对于一个包含很多页面的网站,如果每个页面都以嵌入式的方式设置各自的样式,不但麻烦,冗余代码多,而且网站每个页面的风格不好统一。

3. 链接式和导入式

链接式和导入式的目的都是将一个独立的 CSS 文件引入到 HTML 文件。在制作单个网页时,为了方便可以采取行内式或嵌入式方法。但若要制作网站,则主要采用链接式方法引入 CSS。CSS 样式表文件扩展名为 "*.css"。

链接式和导入式最大的区别在于:链接式用 HTML 标记引入外部 CSS 文件,而导入式用 CSS 的规则引入外部 CSS 文件。

链接式是在网页文档头部通过 link 标记引入外部 CSS 文件,格式如下:

```
<link href = "style1.css" rel = "stylesheet" type = "text/css" />
```

而使用导入式,则需要使用如下语句:

```
<style type = "text/css">
    @import url("style2.css");
</style>
```

> **说明：**
> （1）使用链接式时，会在装载页面主体部分之前装载 CSS 文件，这样显示出来的网页从一开始就是带有样式效果的。
> （2）而使用导入式时，要在整个页面装载完之后再装载 CSS 文件。如果页面文件比较大，则开始装载时会显示无样式的页面。从浏览者的感受来说，这是使用导入式的一个缺陷。
> （3）import 把 CSS 文件的内容复制到 HTML 文件中，link 直接向 CSS 文件读取所定义的 CSS 样式。

10.2.6 CSS 特性

CSS 具有两个特性：层叠性和继承性。

1. 层叠性

层叠性是指当有多个选择器都作用于同一元素时，CSS 该怎样处理。CSS 的处理原则是：

（1）如果多个选择器定义的规则不发生冲突，则元素将应用所有选择器定义样式。

（2）如果多个选择器定义的规则发生了冲突，则 CSS 按选择器的优先级让元素应用优先级高的选择器定义的样式。

CSS 规定选择器的优先级从高到低为：

行内样式 > ID 样式 > 类别样式 > 标记样式

总的原则是越特殊的样式，优先级越高。例如：

```
<html>
<head>
    <title>层叠性</title>
    <style type = "text/css">
    p{ color:blue; font-style: italic; }
    .green{ color:green; }
    .purple{ color:purple; }
    #red{ color:red; }
    </style>
</head>
<body>
    <p>这是第 1 行文本
    <p class = "green">这是第 2 行文本
    <p class = "green" id = "red">这是第 3 行文本
    <p id = "red" style = "color:orange;">这是第 4 行文本
    <p class = "purple green">这是第 5 行文本
</body>
</html>
```

> 📖 **说明：**
> (1) 第 1 行文本为蓝色斜体。
> (2) 第 2 行文本为绿色，因为类选择器的优先级高于标记选择器的优先级。
> (3) 第 3 行文本为红色，因为 id 选择器的优先级比类选择器和标记选择器的优先级高。
> (4) 第 4 行文本为橘色，因为行内样式的优先级最高。
> (5) 第 5 行文本为紫色，当多个类选择器同时作用时，遵循左边第一个类选择器。

2. 继承性

继承性是指如果子元素定义的样式没有和父元素定义的样式发生冲突，那么子元素将继承父元素的样式风格，并可以在父元素样式的基础上再加以修改，自己定义新的样式，而子元素的样式风格又不会影响父元素。

CSS 的继承贯穿整个 CSS 设计的始终，每个标记都遵循着 CSS 继承的概念。可以利用这种巧妙的继承关系，大大缩减代码的编写量，并提高可读性，尤其在页面内容很多且关系复杂的情况下。

10.3 JavaScript

10.3.1 定义

JavaScript 是一种基于对象（Object）和事件驱动（Event Driven）并具有安全性能的脚本语言。使用它的目的是与 HTML（超文本标记语言）一起实现在一个 Web 页面中链接多个对象，与 Web 客户交互作用，从而可以开发客户端的应用程序等。它是通过嵌入或调入在标准的 HTML 语言中实现的。JavaScript 的出现弥补了 HTML 语言的缺陷，具有以下几个基本特点：

1. 脚本编写语言

JavaScript 是一种脚本语言，它采用小程序段的方式实现编程。像其他脚本语言一样，JavaScript 同样也是一种解释性语言，它提供了一种容易的开发过程。

它的基本结构形式与 C、C++、VB、Delphi 十分类似，但它不像这些语言一样需要先编译，而是在程序运行过程中被逐行地解释。它与 HTML 标识结合在一起，从而方便用户使用操作。

2. 基于对象的语言

JavaScript 是一种基于对象的语言，同时也可以看作是一种面向对象的语言，这意味着它能运用自己已经创建的对象。因此，许多功能可以来自于脚本环境中对象的方法与脚本的相互作用。

3. 简单性

JavaScript 的简单性主要体现在：首先，它是一种基于 Java 基本语句和控制流之上的简单而紧凑的设计，从而对于学习 Java 是一种非常好的过渡。其次，它的变量类型是采用弱类型，并未使用严格的数据类型。

4. 安全性

JavaScript 是一种安全性语言，它不允许访问本地的硬盘，并不能将数据存入到服务器上，不允许对网络文档进行修改和删除，只能通过浏览器实现信息浏览或动态交互，从而有效地防止数据的丢失。

5. 动态性

JavaScript 是动态的，它可以直接对用户或客户输入做出响应，无须经过 Web 服务程序。它对用户的反映响应，是采用以事件驱动的方式进行的。所谓事件驱动，就是指在主页（Home Page）中执行了某种操作所产生的动作，就称为"事件"（Event），如按下鼠标、移动窗口、选择菜单等都可以视为事件。当事件发生后，可能会引起相应的事件响应。

6. 跨平台性

JavaScript 是依赖于浏览器本身，但与操作环境无关。只要能运行浏览器的计算机，并支持 JavaScript 的浏览器就可以正确执行，从而实现了"编写一次，走遍天下"的梦想。

实际上 JavaScript 最杰出之处在于可以用很小的程序做大量的事。无须有高性能的电脑，软件仅需一个文字处理软件及一个浏览器，无须 WEB 服务器通道，通过自己的电脑即可完成所有的事情。

综上所述，JavaScript 是一种解释性语言，它可以被嵌入到 HTML 文件中。JavaScript 语言可以做到回应使用者的需求事件（如 form 的输入），而不用任何的网络来回传输资料。所以当一位使用者输入一项资料时，它不用经过传给服务端（server）处理再传回来的过程，而直接可以被客户端（client）的应用程序处理。

10.3.2 网页中插入 JavaScript 脚本的方法

JavaScript 的最大特点便是和 HTML 结合，JavaScript 需要被嵌入到 HTML 中才能对网页产生作用。就像网页中嵌入 CSS 一样，必须通过适当的方法将 JavaScript 引入到 HTML 中才能使 JavaScript 脚本正常的工作。在 HTML 语言中插入 JavaScript 脚本的方法有 3 种，即嵌入式、行内式和链接式。

1. 嵌入式

使用<script>标记对将脚本嵌入到网页中。示例代码如下所示：

```
<html>
    <head>
        <title>第一个 JavaScript 程序</title>
        <script language="javascript" type="text/javascript">
        function msg()     //JavaScript 注释:建立函数
        {
```

```
            alert ("Hello JavaScript, I am coming!")
        }
        </script>
    </head>
    <body>
        <p onClick = "msg()">Click Here</p>
    </body>
</html>
```

图 10-1 网页运行效果图

2. 行内式

直接将脚本嵌入到 HTML 标记的事件中。示例代码如下所示:

```
<html>
    <head>
        <title>行内式引入 JavaScript 脚本</title>
    </head>
    <body>
        <p onClick = "JavaScript:alert('Hello JavaScript, I am coming! ');">Click Here</p>
    </body>
</html>
```

3. 链接式

如果需要同一段脚本供多个网页文件使用,可以把这一段脚本保存成一个单独的文件,JavaScript 的外部脚本文件扩展名为"js"。示例代码如下所示:

```
<html>
    <head>
        <title>链接式插入 Js 脚本文件</title>
        <script type = " text/javascript " src = " common.js "></script>
    </head>
    <body>
        <p onClick = "msg()">Click Here</p>
```

</body>
</html>

common.js 的代码:

function msg(){//建立函数
　　alert("Hello JavaScript, I am coming!")
}

10.3.3　浏览器对象模型

JavaScript 是运行在浏览器中的,因此提供了一系列对象用于与浏览器窗口进行交互。这些对象主要有:window、document、location、navigator 和 screen 等,统称为 BOM(Browser Object Model,浏览器对象模型)。如图 10-2 所示。

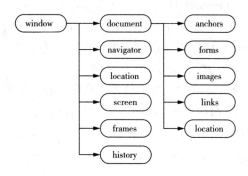

图 10-2　浏览器对象模型

1. window 对象

window 对象对应着 Web 浏览器的窗口,使用它可以直接对浏览器窗口进行操作。window 对象提供的主要功能可以分为以下 5 类:

(1) 调整窗口的大小和位置

① window.moveBy(dx,dy)

该方法将浏览器窗口相对于当前的位置移动指定的距离(相对定位),当 dx 和 dy 为负数时则向反方向移动。

② window.moveTo(x,y)

该方法将浏览器窗口移动到屏幕指定的位置(x、y 处)(绝对定位)。同样可以使用负数,只不过这样会把窗口移出屏幕。

③ window.resizeBy(dw,dh)

相对于浏览器窗口的当前大小,把宽度增加 dw 个像素,高度增加 dh 个像素。两个参数也可以使用负数来缩写窗口。

④ window.resizeTo(w,h)

把窗口大小调整为 w 像素宽,h 像素高,不能使用负数。

(2) 打开和关闭窗口

① window.open([url][,target][,options])

可以查找一个已经存在的或者新建的浏览器窗口。

② window.showModalDialog（sURL [, vArguments] [, sFeatures]）

用来创建一个显示网页内容的模态对话框。

③ window.showModelessDialog（sURL [, vArguments] [, sFeatures]）

用来创建一个显示网页内容的非模态对话框。与模式对话框的区别是：showModalDialog（）被打开后就会始终保持输入焦点，除非对话框被关闭，否则用户无法切换到主窗口，类似 alert 的运行效果；而 showModelessDialog（）被打开后，用户可以随机切换输入焦点，对主窗口没有任何影响。

④ window.close（）

关闭当前窗口。

(3) 系统对话框

① window.alert（[message]）

alert（）方法前面已经反复使用，它只接受一个参数，即弹出对话框要显示的内容。调用 alert（）语句后，浏览器将创建一个单按钮的消息框。

② window.confirm（[message]）

该方法将显示一个确认提示框，其中包括"确定"和"取消"按钮。

用户单击"确定"按钮时，window.confirm 返回 true；单击"取消"按钮时，window.confirm 返回 false。例如：

```
<script type="text/javascript">
    if(confirm("确认要删除吗？"))
        alert("正在删除...");
    else
        alert("取消删除");
</script>
```

③ window.prompt（[message] [, default]）

该方法将显示一个消息提示框，其中包含一个文本输入框。输入框能够接受用户输入的参数，从而实现进一步的交互。该方法接受两个参数，第一个参数是显示给用户的文本，第二个参数是文本框中的默认值（可以为空）。整个方法返回字符串，值即为用户的输入。例如：

```
<script type="text/javascript">
    var nInput = prompt("请输入你的名字","");
    if(nInput! = null)
        document.write("Hello! " + nInput);
</script>
```

(4) 状态栏控制

① 状态栏控制（status 属性）

浏览器状态栏的显示信息可以通过 window.status 属性直接进行修改。例如：

window.status = "看看状态栏中的文字变化了吗?";

② 浏览器后退和前进（history 属性）

window 有一个非常实用的属性是 history，它可以访问历史页面，但不能获取历史页面的 URL。

如果希望浏览器返回前一页，可以使用如下代码：

window.history.go(-1);

如果希望前进一页，只需要使用正数 1 即可，代码如下：

window.history.go(1);

如果希望刷新显示当前页，则使用 0 即可，代码如下：

window.history.go(0);

上面两句的效果还可以分别用 back () 和 forward () 实现，代码如下：

window.history.back();
window.history.forward();

(5) 定时操作

定时操作通常有两种使用目的：一种是周期性地执行脚本，如在页面上显示时钟，需要每隔一秒钟更新一次时间的显示；另一种则是将某个操作延时一段时间执行，如迫使用户等待一段时间才能进行操作，可以使用 window.setTimeout 函数使其延时执行，而后面的脚本可以继续运行不受影响。下面的代码实现了动态显示系统时间的功能。

```
<head>
<script type = "text/javascript">
function $ (id) {
    return document.getElementById(id);
}
function dispTime() {
    $("clock").innerHTML = (new Date()).toLocaleString();    // 将时间显示在 clock 的
                                                              //    div 中
}
function init() {                                             // 启动时钟显示
    dispTime();                                               // 显示时间
    window.setTimeout(init, 1000);// 过 1 秒钟更新执行一次 init()
}
</script>
</head>
<body onload = "init()">
<div id = "clock"></div>
</doby>
```

> **说明：**
> （1）上述代码定义了3个函数：$()、dispTime() 和 init()。
> （2）函数 $() 的作用是根据标记 id 获得文档中的指定标记。
> （3）函数 dispTime() 的作用是在网页中指定标记处显示当前用户电脑时间。
> （4）函数 init() 的作用是启动定时器，每隔1000毫米（1秒）进行一次递归调用，重新获取用户电脑时间，实现动态显示时间的效果。
> （5）在 BODY 标记的页面加载 onload 事件中，调用 init() 函数执行。
> （6）在网页中，通过 DIV 标记设定一个区域的 id 为 "clock"。

2. document 对象

每个载入浏览器的 HTML 文档都是 document 对象。document 对象可以从脚本中对 HTML 页面中的所有元素进行访问。document 对象是 window 对象的一部分，可以通过 window.document 属性对其进行访问，也可以直接写成 document。document 对象有如下所示的几个重要方法。

（1）document.getElementById()：返回对拥有指定 id 的第一个对象的引用。
（2）document.getElementByName()：返回带有指定名称的对象集合。
（3）document.write()：向 document 文档写 HTML 表达式或 JavaScript 代码。

```
<html>
<head>
    <script type = "text/javascript">
    function getValue()
    {
        var x = document.getElementById("myHeader")
        alert(x.innerHTML)
    }
    </script>
</head>
<body>
    <h1 id = "myHeader" onclick = "getValue()">这是一个标题</h1>
    <p>Click on the header to alert its value</p>
</body>
</html>
```

运行结果如图 10-3 所示。

图 10-3 网页运行效果图

练 习 题

填空题

1. CSS 是_____的简称，用于增强控制网页样式并允许将样式信息与网页内容分离的一种标记语言。
2. CSS 样式表按其位置的不同可以分为内联样式行内式、_____、_____和_____。
3. 外部样式表扩展名是_____。
4. 向页面中嵌入 JavaScript 脚本时，需要添加的标记是_____。
5. JavaScript 脚本中_____函数的作用是弹出警告消息框。

选择题

1. 不是 HTML 文件组成部分的是（　　）。
   A. 标记　　　B. 文档内容　　　C. Body　　　D. URL 地址
2. 以下写在 HTML 标记之中的且只针对自己所在的标记起作用是（　　）。
   A. 行内式　　B. 嵌入式　　　C. 链接式　　　D. 导入式
3. CSS 样式中优先级最低的是（　　）。
   A. 行内式　　B. 类选择器　　C. 标记选择器　D. id 选择器
4. 以下不属于 XHTML 的文档声明的是（　　）。
   A. 过渡的　　B. 严格的　　　C. 选择的　　　D. 框架的

判断题

1. HTML 是一门排版语言，而不是编程语言。（　　）
2. HTML 严格区分大小写。（　　）
3. 伪类选择器的书写应遵循固定顺序，即 CSS 代码中 4 个选择器出现的顺序应为 a：link→a：visited→a：hover→a：active。（　　）
4. 同一段文字可以用多个样式表从不同角度进行修饰，可以使用一个样式表设置颜色，使用另外一个样式表设置字体。（　　）
5. 内部样式表不只针对所在的 HTML 页面有效。（　　）
6. JavaScript 就是 Java 语言。（　　）

简答题

1. 简述 HTML 文件的组成。
2. 简述在 HTML 中引入 CSS 的方法。
3. 简述网页中插入 JavaScript 脚本的方法。
4. 简述 window 对象定时器的作用。

第 11 章

ASP.NET Web 服务器控件

■ **本章导读**

本章主要介绍 ASP.NET Web 服务器控件的属性和事件的概念。讲解标准控件（Label、TextBox、Button、RadioButton、RadioButtonList、CheckBox、DropDownList、ListBox 和 FileUpLoad）的使用方式。介绍验证控件（RequiredFieldValidator、RangeValidator、CompareValidator、RegularExpressionValidator 和 ValidationSummary）的使用方式。讲解导航控件（SiteMapPath、Menu 和 TreeView）和数据操作控件（SqlDataSource、GridView 和 DataList）的使用方法。

■ **学习目标**

(1) 掌握服务器控件属性的设置方法；
(2) 掌握控件订阅事件的步骤；
(3) 掌握各种控件的使用方法。

11.1 服务器控件

ASP.NET 框架为开发人员提供大量的服务器控件使用，控件不仅解决了代码重用性的问题，还简单易用并且能够轻松上手、投入开发。

11.1.1 概 述

ASP.NET 服务器控件是在服务器端运行并封装用户界面及其他相关功能的组件。服务器控件可以直接加入到"*.aspx"文件中。这些控件是使用标记＜asp：ServerControl＞声明的，所有的 ASP.NET 控件都必须以结束标记＜/asp：ServerControl＞结束。

必须赋予每个控件一个 ID 属性，并且指定 runat 属性为"server"，表示控件在服务器端执行。Web 控件设定属性的方式有两种：一种是开始在页面布置对象时便将属性设定好；另一种是由程序来设定。

1. 服务器端控件的执行过程

当用户请求一个包含有 Web 服务器端控件的 .aspx 页面时，服务器首先对页面进行处理，将页面中包含的服务端控件及其他内容解释成标准的 HTML 代码，然后将处理结果以标准 HTML 的形式一次性发送给客户端。

2. ASP.NET 页面的处理过程

当用户通过浏览器发出一个对 ASP.NET 页面的请求后，Web 服务器将用户的请求交由 ASP.NET 引擎来处理。系统首先会检查在服务器缓存中是否有该页面，或此页面是否已被编译成了 .dll 文件（Dynamic Link Library，动态链接库）。若没有则将页面转换为源程序代码，然后由编译器将其编译成 .dll 文件，否则直接利用已编译过的 .dll 文件建立对象，并将执行结果返回到客户端浏览器。

11.1.2 控件属性

ASP.NET 中，每个控件都有一些公共属性，如字体颜色、边框颜色、样式等。在 Visual Studio 2008 中，当开发人员将鼠标选择了相应的控件后，点击鼠标右键，选择"属性"，打开对应控件"属性对话框"。有两种显示属性的排列顺序：按分类顺序和字母顺序，如图 11-1 所示。

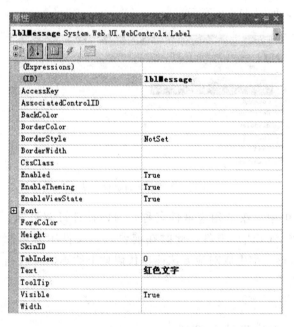

图 11-1 控件的属性

"属性对话框"用来设置控件的属性。当控件在页面被初始化时，这些将被应用到控件。控件的属性也可以通过编程的方法在页面相应代码区域编写，示例代码如下所示。

```
protected void Page_Load(object sender, EventArgs e)
```

```
{
    lblMessage.ForeColor = Color.Blue;           //设置 lblMessage 的文字颜色
    lblMessage.Font.Size = FontUnit.Larger;      //设置 lblMessage 的字号
    lblMessage.BackColor = Color.Green;          //设置 lblMessage 的背景色
}
```

> **说明：**
> 上述代码采用了 Page_Load 方法（页面加载事件）。当页面被加载时，会执行 Page_Load 中的代码。这里，通过编程的方法对控件的属性进行更改。当页面加载时，控件的属性会被应用并呈现在浏览器中。

11.1.3 控件事件

每个服务器控件都有事件，这些事件是在服务器端进行响应执行的，如单击事件（Click）、初始化事件（Init）和选择索引改变事件（SelectedIndexChanged）等。在 Visual Studio 2008 中，当开发人员将鼠标选择了相应的控件后，点击鼠标右键，选择"属性"，打开对应控件的"属性对话框"，点击上方"闪电"图标，打开该服务器控件所拥护的事件菜单，如图 11-2 所示。

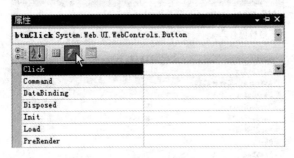

图 11-2 控件的事件列表

可以在事件菜单中，双击相应事件名称，为该控件订阅事件。例如，为按钮控件（Button）订阅单击（Click）事件，此时在前台网页文件中为该控件添加服务器端事件，在后台对应".cs"中生成对应方法体。代码如下所示。

```
//源中代码
<body>
    <form id = "form1" runat = "server">
        <asp:Button ID = "btnClick" runat = "server" onclick = "btnClick_Click" Text = "Click"
            Width = "57px" />
    </form>
</body>
//".cs"文件中代码
```

```
protected void btnClick_Click(object sender, EventArgs e)
{
    lblMessage.Text = "Hello C# Programing!";
}
```

在客户端浏览器中，当用户单击"Click"按钮时，程序运行结果如图 11-3 所示。

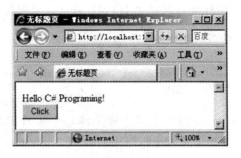

图 11-3 控件事件的使用

> **说明：**
> 每当为一个控件订阅了相应事件，在"*.aspx"网页的源文件和对应的"*.aspx.cs"后台文件中都发生变化，如上例所示。当要取消事件订阅时，两个位置代码都要手工删除掉。

11.2 标准控件

11.2.1 标签控件（Label）

在 Web 应用中，希望显式的文本不能被用户更改，或者当触发事件时，某一段文本能够在运行时更改，则可以使用标签控件（Label）。标签控件常用属性如下所示。

(1) ID：控件的名称。
(2) Text：显示的文字。

开发人员可以非常方便地将标签控件拖放到页面，然后该页面将自动生成一段标签控件的声明代码。示例代码如下所示。

```
<asp:Label ID = "lblMessage" runat = "server" Text = "用户名:"></asp:Label>
<asp:Label ID = "lblUsername" runat = "server"></asp:Label>
```

上述代码中，声明了两个标签控件，并将标签控件的 ID 属性分别设置为 lblMessage 和 lblUsername。由于该控件是服务器端控件，所以在控件属性中必须包含 runat＝"server"属性。该代码还将第一个标签控件的文本初始化为"用户名:"，开发人员能够配置该属性，从而进行不同文本内容的呈现。

同样，标签控件的属性能够在相应的.cs 代码中初始化。示例代码如下所示。

```
protected void Page_Load(object sender, EventArgs e)
{
    lblUsername.Text = "admin";
}
```

上述代码在页面初始化时把 lblUsername 的文本属性设置为"admin"。值得注意的是，对于 Label 标签，同样也可以显式 HTML 样式。示例代码如下所示。

```
protected void Page_Load(object sender, EventArgs e)
{
    lblUsername.Text = "<font size = \"7\" color = \"red\">admin</font>";
}
```

上述代码中，lblUsername 的文本属性被设置为一串 HTML 代码。当 Label 文本被呈现时，会以 HTML 效果显式，运行结果如图 11-4 所示。

图 11-4 Label 的 Text 属性的使用

> **说明：**
> 如果开发人员只是为了显示一般的文本或者 HTML 效果，如上例中 lblMessage 控件，仅仅是为了显示"用户名："，不会发生文字的变化，不推荐使用 Label 控件。因为当服务器控件过多时，会导致性能问题。使用静态的 HTML 文本能够让页面解析速度更快。

11.2.2 文本框控件（TextBox）

在网站开发中，应用程序通常需要和用户进行交互，如用户注册、登录、发帖等，那么就需要文本框控件（TextBox）来接受用户输入的信息。开发人员还可以使用文本框控件制作高级的文本编辑器用于 HTML，以及文本的输入、输出。文本框控件常用的控件属性如下所示。

（1）AutoPostBack：在文本被修改后，是否自动向服务器重发请求，默认为 false。在网页的交互中，如果用户提交了表单，或者执行了相应的方法，那么该页面将会发送到服务器，服务器将执行表单的操作或者执行相应的方法后，再呈现给用户，如按钮控件、下拉菜单控件等。如果将某个控件的 AutoPostBack 属性设置为 true 时，该控件的内容被修改,那么会使页面请求自动发回到服务器。

(2) EnableViewState:控件是否自动保存其状态以用于往返过程,默认为 true。

ViewState 是 ASP.NET 中用来保存 Web 控件回传状态的一种机制,它是由 ASP.NET 页面框架管理的一个隐藏字段。在回传发生时,ViewState 数据同样将回传到服务器,ASP.NET 框架解析 ViewState 字符串并为页面中的各个控件填充该属性。填充后,控件通过使用 ViewState 将数据重新恢复到以前的状态。在使用某些特殊的控件时(如数据库控件),来显示数据库,每次打开页面执行一次数据库往返过程是非常不明智的。开发人员可以绑定数据,在加载页面时仅需对页面设置一次,在后续的回传中,控件将自动从 ViewState 中重新填充。这样就减少了数据库的往返次数,从而不占用过多的服务器资源。

(3) MaxLength:用户输入的最大字符数。

(4) ReadOnly:规定输入字段为只读。在客户端浏览器中不能修改,默认为 False。

(5) Rows:作为多行文本框时所显式的行数。

(6) TextMode:文本框的模式。设置单行(SingleLine)、多行(MultiLine)或者密码(Password),默认为单行。

(7) Wrap:文本框是否换行,默认为 True。

文本框控件常用的控件事件如下所示。

TextChanged:当文本框中文字值发生变化时,触发此事件,向服务器提交表单。但此事件起作用的前提是 AutoPostBack 属性值修改为 True。

如下示例代码给出了文本框控件的基本使用。

```
<asp:TextBox ID = "txtSingleLine" runat = "server" Width = "168px"></asp:TextBox>
<br />
<asp:TextBox ID = "txtMultiLine" runat = "server" Height = "70px"TextMode = "MultiLine"
              Width = "168px">
</asp:TextBox>
<br />
<asp:TextBox ID = "txtPassword" runat = "server" TextMode = "Password"
              Width = "168px"></asp:TextBox>
<br />
<br />
<asp:TextBox ID = "txtUsername" runat = "server" AutoPostBack = "True"
  ontextchanged = "txtUsername_TextChanged" Width = "168px">
</asp:TextBox>
<br />
<asp:Label ID = "lblUsername" runat = "server"></asp:Label>
<br />
```

上述代码中,前 3 个文本框的 TextMode 属性分别为单行、多行和密码。第四个文本框订阅了 TextChanged 事件,并且设定 AutoPostBack 属性为 True。当文本框内容发生变化时，标签控件的文本属性会随着变化。为了实现相应的效果，可以通过编写 .cs 文件代码进行逻辑处理，示例代码如下所示：

```
protected void txtUsername_TextChanged(object sender, EventArgs e)
{
    lblUsername.Text = txtUsername.Text;
}
```

运行结果如图 11-5 所示。

图 11-5 文本框控件的使用

11.2.3 按钮控件（Button、LinkButton 和 ImageButton）

在网站应用程序和用户交互时，常常需要提交表单、获取表单信息等操作。按钮控件是非常必要的，它能够触发事件，或者将网页中的信息回传给服务器。在 ASP .NET 中，包含 3 种按钮控件，分别为 Button、LinkButton、ImageButton。它们在使用上基本一致，区别在于显示的形式不同：LinkButton 是以超链接的形式显示按钮，ImageButton 是以图片的形式显示按钮。按钮控件的常用通用属性如下所示。

（1）Causes Validation：按钮是否导致激发验证检查。默认值为 True。

（2）CommandArgument：与此按钮管理的命令参数。通常是数据绑定表达式。

（3）CommandName：与此按钮关联的命令。

（4）ValidationGroup：使用该属性可以指定单击按钮时调用页面上的哪些验证程序。如果未建立任何验证组，则会调用页面上的所有验证程序。

按钮控件常用的控件事件如下所示。

（1）Click：对按钮的单击事件。

（2）Command：按钮命令事件。Click 事件并不能传递参数，所以处理的事件相对简单。而 Command 事件可以传递参数，负责传递参数的是按钮控件的 CommandArgument 和 CommandName 属性。

如下示例代码给出了 3 种按钮控件的基本使用。

```
<asp:Label ID = "lblMessage" runat = "server"></asp:Label>
<br />
<asp:Button ID = "btnClick" runat = "server" Height = "23px" onclick = "btnClick_Click"
    Text = "普通按钮" Width = "66px" />
<br />
<asp:LinkButton ID = "lnkbtnClick" runat = "server" onclick = "lnkbtnClick_Click"
    >超链接按钮
</asp:LinkButton>
<br />
<asp:ImageButton ID = "imgbtnClick" runat = "server" ImageUrl = "~/img/43.jpg"
    onclick = "imgbtnClick_Click" />
<br />
<asp:Button ID = "btnCommand" runat = "server" CommandArgument = "Comand事件被触发"
    CommandName = "cmd" oncommand = "btnCommand_Command" Text = "命令事件" Height
    = "23px"
    Width = "66px" />
```

上述代码中，前 3 种按钮控件分别是 Button、LinkButton 和 ImageButton，为它们订阅了 Click 单击事件。当点击不同按钮时，Label 控件显示不同文字。

第四个按钮订阅了 Command 事件，并且设定 CommandName 属性为"cmd"，CommandArgument 属性为"Comand事件被触发"。当点击该按钮时，Label 控件显示 CommandArgument 属性值。为了实现相应的效果，可以通过编写 .cs 文件代码进行逻辑处理，示例代码如下所示：

```
protected void btnClick_Click(object sender, EventArgs e)
{
    lblMessage.Text = "普通按钮触发事件";
}
protected void lnkbtnClick_Click(object sender, EventArgs e)
{
    lblMessage.Text = "超链接按钮触发事件";
}
protected void imgbtnClick_Click(object sender, ImageClickEventArgs e)
{
    lblMessage.Text = "图片按钮触发事件";
}
protected void btnCommand_Command(object sender, CommandEventArgs e)
{
    if (e.CommandName == "cmd")
    {
        lblMessage.Text = e.CommandArgument.ToString();
    }
}
```

运行结果如图 11-6 所示。

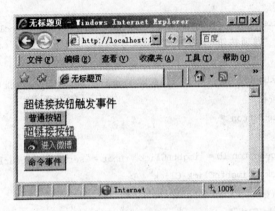

图 11-6 按钮控件的使用

> **注意：**
> （1）当一个按钮控件同时包含 Click 和 Command 事件时，通常情况下会执行 Command 事件。
> （2）设定 ImageButton 的 ImageUrl 属性，为其指定显示的图片。

11.2.4 单选按钮控件（RadioButton 和 RadioButtonList）

在投票等系统中，通常需要使用单选控件和单选组控件。在单选控件和单选组控件的项目中，只能在有限种选择中进行一个项目的选择。每个 RadioButton 只能显示一个候选项，而 RadioButtonList 可以根据需要动态地显示若干个候选项。RadioButton 控件的常用属性如下所示。

（1）AutoPostBack：在单选按钮被选中后，是否自动向服务器重发请求，默认为 False。

（2）Checked：控件是否被选中，默认值为 False。通常用 Checked 属性来判断某个选项是否被选中。

（3）GroupName：单选控件所在的组名。同一组的单选按钮此属性必须相同，否则可以多选。

（4）Text：设定单选按钮显示文字。

RadioButtonList 控件的常用属性如下所示。

（1）AutoPostBack：在单选组按钮中某个选项被选中后，是否自动向服务器重发请求，默认为 False。

（2）DataMember：在数据集用做数据源时作为数据绑定。

（3）DataSource：向列表填入项时所使用的数据源。

（4）DataTextFiled：提供项文本数据源中的字段，表示显示的文字域。

（5）DataTextFormat：应用于文本字段的格式。

(6) DataValueFiled：数据源中提供项值的字段，表示对应的数据值域。

(7) Items：列表中项的集合。当点击 Items 属性的按钮时，会弹出"ListItem 集合编辑器"对话框，如图 11-7 所示。项集合由若干个 ListItem 组成，每一个 ListItem 主要由文本（Text）和值（Value）组成，可以指定其中一个 ListItem 的 Selected 属性为 True，设为默认选中项。

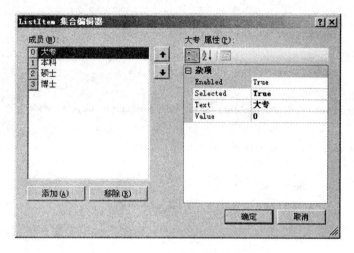

图 11-7 ListItem 集合编辑器

(8) RepeatColumn：用于布局项的列数。

RadioButtonList 控件的常用事件如下所示。

SelectedIndexChanged：当选中项被改变时，触发此事件，向服务器提交表单。但此事件起作用的前提是 AutoPostBack 属性值修改为 True。

如下示例代码给出了单选控件的基本使用。

```
<asp:Label ID = "lblSex" runat = "server"></asp:Label><br />
<asp:Label ID = "lblEducation" runat = "server"></asp:Label><br />
性别：<asp:RadioButton ID = "rbtnMale" runat = "server" Checked = "True" GroupName
    = "sex" Text = "Male" />
 <asp:RadioButton ID = "rbtnFemale" runat = "server" GroupName = "sex" Text = "
 Female" />
<br />
<asp:Button ID = "btnSelect" runat = "server" onclick = "Button1_Click" Text = "选
择" Width = "57px" /><br />
学历：<asp:RadioButtonList ID = "rbtnlstEdu" runat = "server" AutoPostBack = "True"
    onselectedindexchanged = "RadioButtonList1_SelectedIndexChanged">
    <asp:ListItem Selected = "True" Value = "0">大专</asp:ListItem>
    <asp:ListItem Value = "1">本科</asp:ListItem>
    <asp:ListItem Value = "2">硕士</asp:ListItem>
    <asp:ListItem Value = "3">博士</asp:ListItem>
</asp:RadioButtonList>
```

上述代码中,将两个 RadioButton 的 GroupName 属性设置为 "sex",使它们在同一组中,实现了二者只能选其一。将 RadioButtonList 的 AutoPostBack 属性设置为 True,为其订阅 SelectedIndexChanged 事件,后台代码如下所示。

```csharp
protected void Button1_Click(object sender, EventArgs e)
{
    if (rbtnMale.Checked)
        lblSex.Text = "性别:男";
    else
        lblSex.Text = "性别:女";
}
protected void RadioButtonList1_SelectedIndexChanged(object sender, EventArgs e)
{
    foreach (ListItem i in rbtnlstEdu.Items)
    {
        if (i.Selected)
            lblEducation.Text = "学历:" + i.Text;
    }
}
```

运行结果如图 11-8 所示。

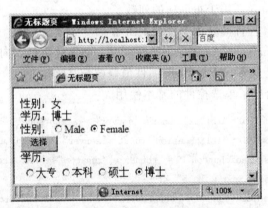

图 11-8 单选控件的使用

11.2.5 复选框控件(CheckBox 和 CheckBoxList)

当一个投票系统需要用户能够选择多个选择项时,则单选框控件就不符合要求了。ASP.NET 还提供了复选框控件(CheckBox)和复选组控件(CheckBoxList)来满足多选的要求。复选框控件和复选组控件同单选框控件和单选组控件一样,都是通过 Checked 属性来判断是否被选择。每个 CheckBox 只能显示一个候选项,而 CheckBoxList 可以根据需要动态地显示若干个候选项。CheckBox 控件的常用属性如下所示。

（1）AutoPostBack：在复选框按钮被选中后，是否自动向服务器重发请求，默认为 False。

（2）Checked：控件是否被选中，默认值为 False。通常用 Checked 属性来判断某个选项是否被选中。

（3）TextAlign：文本标签相对于控件的对齐方式。

CheckBoxList 控件的常用属性如下所示。

（1）AutoPostBack：在复选组按钮中某个选项被选中后，是否自动向服务器重发请求，默认为 False。

（2）DataMember：在数据集用做数据源时做数据绑定。

（3）DataSource：向列表填入项时所使用的数据源。

（4）DataTextFiled：提供项文本的数据源中的字段，表示显示的文字域。

（5）DataTextFormat：应用于文本字段的格式。

（6）DataValueFiled：数据源中提供项值的字段，表示对应的数据值域。

（7）Items：列表中项的集合。当点击 Items 属性的按钮时，会弹出"ListItem 集合编辑器"对话框，如图 11-9 所示。项集合由若干个 ListItem 组成，每一个 ListItem 主要由文本（Text）和值（Value）组成，可以指定其中若干个 ListItem 的 Selected 属性为 True，设为默认选中项。

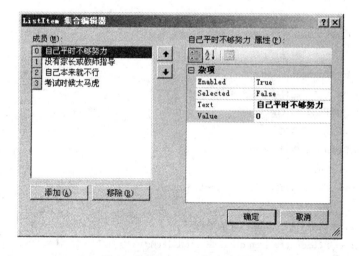

图 11-9　ListItem 集合编辑器

RadioButtonList 控件的常用事件如下所示。

SelectedIndexChanged：当选中项被改变时，触发此事件，向服务器提交表单。但此事件起作用的前提是 AutoPostBack 属性值修改为 True。

如下示例代码给出了复选框控件的基本使用。

```
<asp:Label ID = "lblFavorite" runat = "server"></asp:Label>  <br />
<asp:Label ID = "lblReason" runat = "server"></asp:Label>  <br />
兴趣爱好：<asp:CheckBox ID = "chkRunning" runat = "server" Text = "跑步" />
<asp:CheckBox ID = "chkSwimming" runat = "server" Text = "游泳" />
```

```
<asp:CheckBox ID = "chkFootball" runat = "server" Text = "足球" />
<asp:CheckBox ID = "chkReading" runat = "server" Text = "读书" />  <br />
<asp:Button ID = "btnSubmit" runat = "server" onclick = "btnSubmit_Click" Text = "
    确认" Width = "53px" /><br />
考试成绩不好的原因:<asp:CheckBoxList ID = "chklstReason" runat = "server"
    AutoPostBack = " True " onselectedindexchanged = " CheckBoxList1_
    SelectedIndexChanged">
<asp:ListItem Value = "0">自己平时不够努力</asp:ListItem>
<asp:ListItem Value = "1">没有家长或教师指导</asp:ListItem>
<asp:ListItem Value = "2">考试时太紧张</asp:ListItem>
<asp:ListItem Value = "3">考试时太马虎</asp:ListItem>
</asp:CheckBoxList>
```

上述代码中,创建了 4 个 CheckBox 控件。将 CheckBoxList 的 AutoPostBack 属性设置为 True,为其订阅 SelectedIndexChanged 事件,后台代码如下所示。

```
protected void btnSubmit_Click(object sender, EventArgs e)
{
    string s = "兴趣爱好:";
    if (chkRunning.Checked)
        s + = "跑步 ";
    if (chkSwimming.Checked)
        s + = "游泳 ";
    if (chkFootball.Checked)
        s + = "足球 ";
    if (chkReading.Checked)
        s + = "读书";
    lblFavorite.Text = s;
}
protected void CheckBoxList1_SelectedIndexChanged(object sender, EventArgs e)
{
    string s = "考试成绩不好的原因:";
    foreach (ListItem i in chklstReason.Items)
    {
        if (i.Selected)
            s + = i.Text + " ";
    }
    lblReason.Text = s;
}
```

运行结果如图 11-10 所示。

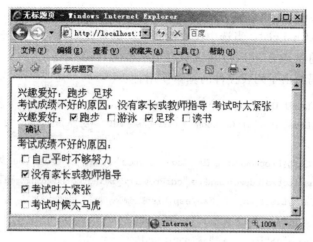

图 11-10 复选框控件的使用

> **说明：**
> 复选组控件与单选组控件不同的是，不能够直接获取复选组控件某个选中项目的值。因为复选组控件返回的是第一个选择项的返回值，只能够通过 Item 集合来获取选择某个或多个选中的项目值。

11.2.6 列表控件（DropDownList 和 ListBox）

在网站开发中，经常需要使用列表控件，让用户的输入更加简单。例如，在用户注册时，用户的所在地是有限的集合，而且用户不喜欢经常键入，这种情况下就可以使用列表控件。同时，列表控件还能够简化用户输入并且防止用户输入在实际中不存在的数据。ASP.NET 提供了下拉菜单（DropDownList）和列表框（ListBox）两种列表控件供用户使用。二者的区别在于：DropDownList 一次只能显示一个表项（ListItem），而 ListBox 一次可以显示若干个表项（ListItem），并且按住 Ctrl 键，可以进行多选。

DropDownList 控件和 ListBox 控件的常用公用属性如下所示。

（1）AutoPostBack：在列表项被选中后，是否自动向服务器重发请求，默认为 False。

（2）DataMember：在数据集用做数据源时做数据绑定。

（3）DataSource：向列表填入项时所使用的数据源。

（4）DataTextFiled：提供项文本数据源中的字段，表示显示的文字域。

（5）DataTextFormat：应用于文本字段的格式。

（6）DataValueFiled：数据源中提供项值的字段，表示对应的数据值域。

（7）Items：列表中项的集合。当点击 Items 属性的按钮时，会弹出"ListItem 集合编辑器"对话框。

ListBox 控件独有的属性如下所示。

（1）Rows：设定显示的可见行数。

（2）SelectionMode：设定列表框的选择模式（Single 和 Multiple），默认为 Single。

DropDownList 控件和 ListBox 控件的常用公用事件如下所示。

SelectedIndexChanged：当选中项被改变时，触发此事件，向服务器提交表单。但此事件起作用的前提是 AutoPostBack 属性值修改为 True。

如下示例代码给出了列表控件的基本使用。

```
<asp:Label ID = "lblProvince" runat = "server"></asp:Label><br />
<asp:Label ID = "lblCartoon" runat = "server"></asp:Label>
<br />
省份：<asp:DropDownList ID = "ddlProvince" runat = "server" AutoPostBack = "True"
    onselectedindexchanged = "ddlProvince_SelectedIndexChanged">
        <asp:ListItem>北京</asp:ListItem>
        <asp:ListItem>上海</asp:ListItem>
        <asp:ListItem>天津</asp:ListItem>
        <asp:ListItem>辽宁</asp:ListItem>
        <asp:ListItem>吉林</asp:ListItem>
        <asp:ListItem>黑龙江</asp:ListItem>
</asp:DropDownList>
<br />
喜欢的动画片：<br />
<asp:ListBox ID = "lstFavorite" runat = "server" AutoPostBack = "True"
    onselectedindexchanged = "lstFavorite_SelectedIndexChanged" Rows = "6"
    SelectionMode = "Multiple" Width = "91px">
        <asp:ListItem>灌篮高手</asp:ListItem>
        <asp:ListItem>机器猫</asp:ListItem>
        <asp:ListItem>忍者神龟</asp:ListItem>
        <asp:ListItem>圣斗士</asp:ListItem>
        <asp:ListItem>聪明的一休</asp:ListItem>
        <asp:ListItem>变形金刚</asp:ListItem>
</asp:ListBox>
```

上述代码中，将 DropDownList 的 AutoPostBack 属性设置为 True，为其订阅 SelectedIndexChanged 事件；将 ListBox 的 AutoPostBack 属性设置为 True，也为其订阅 SelectedIndexChanged 事件，后台代码如下所示。

```
protected void ddlProvince_SelectedIndexChanged(object sender, EventArgs e)
{
    lblProvince.Text = "省份:" + ddlProvince.SelectedItem.Text;
}
protected void lstFavorite_SelectedIndexChanged(object sender, EventArgs e)
{
    string s = "喜欢的动画片:";
    foreach(ListItem i in lstFavorite.Items)
    {
```

```
            if(i.Selected)
                s += i.Text + " ";
    }
        lblCartoon.Text = s;
}
```

运行结果如图 11-11 所示。

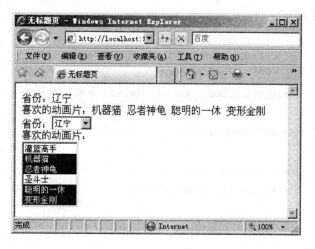

图 11-11　列表控件的使用

11.2.7　文件上传控件（FileUpLoad）

在网站开发中，如果需要加强用户与应用程序之间的交互，就需要上传文件。例如，在论坛中，用户需要上传文件分享信息或在博客中上传视频分享快乐等等。在 ASP.NET 中，开发环境默认的提供了文件上传控件来实现上传的工作。当开发人员使用文件上传控件时，将会显示一个文本框，用户可以键入或通过"浏览"按键浏览和选择希望上传到服务器的文件。

文件上传控件可视化设置属性较少，大部分都是通过代码控制完成的。当用户选择了一个文件并提交页面后，该文件作为请求的一部分上传，文件将被完整的缓存在服务器内存中。当文件完成上传，页面才开始运行。在代码运行的过程中，可以检查文件的特征，然后保存该文件。同时，上传控件在选择文件后，并不会立即执行操作，需要其他的控件来完成操作，如按钮控件（Button）。实现文件上传的 HTML 核心代码如下所示。

```
<asp:FileUpload ID="fuPhoto" runat="server" />   
<asp:Button ID="btnUpload" runat="server" Height="23px"
       onclick="btnUpload_Click" Text="上传" Width="62px" />
<br />
<asp:Image ID="imgPhoto" runat="server" Height="127px" Width="257px" />
```

上述代码通过一个 Button 控件来操作文件上传控件。当用户单击按钮控件后就能够将上传控件中选中的文件上传到服务器空间中,并且把上传的图片显示在图片控件中,后台代码如下所示。

```csharp
protected void btnUpload_Click(object sender, EventArgs e)
{
    if (fuPhoto.HasFile)     //判断用户是否选择了要上传的文件
    {
        if (fuPhoto.PostedFile.ContentLength < 100000)//判断文件大小是否小于100KB
        {
            int i = fuPhoto.PostedFile.FileName.IndexOf('.');     //在文件名中查找"."的索引
            string extFileName = fuPhoto.PostedFile.FileName.Substring(i);
                                                                 //获取文件后缀名
            string[] extFileNameAllow = {".jpg",".jpeg",".gif",".bmp"};
                                                         //判断文件格式是否合法
            Boolean flag = false;
            foreach(string s in extFileNameAllow)
            {
                if (s == extFileName)
                {
                    flag = true;
                    break;
                }
            }
            if (flag)
            {
                string year = DateTime.Now.Year.ToString();     //为用户上传的文件起一个唯一的名字
                string month = DateTime.Now.Month.ToString();
                string day = DateTime.Now.Day.ToString();
                string hour = DateTime.Now.Hour.ToString();
                string minute = DateTime.Now.Minute.ToString();
                string second = DateTime.Now.Second.ToString();
                string mil = DateTime.Now.Millisecond.ToString();
                string newFileName = year + month + day + hour + minute + second
                                    + mil + extFileName;
                string path = Server.MapPath("photo");     //获取服务器端的photo文件夹的绝对路径
                fuPhoto.PostedFile.SaveAs(path + "\\" + newFileName);//将文件上传
                imgPhoto.ImageUrl = "photo\\" + newFileName;     //用Image控件显示上传的图片
            }
```

```
            else
            {
                Response.Write("<script>alert('文件格式不正确')</script>");
            }
        }
    else
    {
        Response.Write("<script>alert('文件请小于100KB')</script>");
    }
}
else
{
    Response.Write("<script>alert('请选择文件')</script>");
}
```

上述代码将一个文件上传到了 photo 文件夹内,并且根据上传的系统时间,为每一个图片重新命名,存放到服务器上;另外对图片的大小(小于100K)、格式(".jpg"、".jpeg"、".gif"、".bmp")进行了限定。运行结果如图 11-12 所示。

图 11-12 文件上传控件的使用

> **说明:**
> 上传的文件在 .NET 中,默认上传文件最大为 4M 左右,不能上传超过该限制的任何内容。当然,开发人员可以通过配置 .NET 相应的配置文件来更改此限制,但是推荐不要更改此限制,否则可能造成潜在的安全威胁。如果需要更改默认上传文件大小的值,通常可以直接修改存放在 C:\WINDOWS\Microsoft.NET\FrameWork\V2.0.50727\CONFIG 的 ASP .NET 2.0 配置文件。通过修改文件中的 maxRequestLength 标签的值,或者可以通过 web.config 来覆盖配置文件。

11.3 验证控件

ASP .NET 提供了强大的验证控件，它可以验证服务器控件中用户的输入，并在验证失败的情况下显示一条自定义错误消息。验证控件直接在客户端执行，用户提交后执行相应的验证无需使用服务器端进行验证操作，从而减少了服务器与客户端之间的往返过程。

11.3.1 必填控件（RequiredFieldValidator）

在实际应用中（如在用户填写表单时），有一些项目是必填项，如用户名和密码。必填控件（RequiredFieldValidator）的常用属性如下所示。

（1）ControlToValidate：指定绑定控件 ID 名。

（2）ErrorMessage：当验证的控件无效时，在 ValidationSummary 控件中显示的信息。

（3）Text：当验证的控件无效时，显示的报错提示信息。

使用 RequiredFieldValidator 控件能够指定某个用户在特定的控件中必须提供相应的信息，如果不填写相应的信息，RequiredFieldValidator 控件就会提示错误信息。示例代码如下所示。

```
<body>
    <form id="form1" runat="server">
        <table style="width: 373px">
            <tr>
                <td class="style1">
                    用户名：
                </td>
                <td class="style2">
                    <asp:TextBox ID="txtUsername" runat="server" Width="160px"></asp:TextBox>
                </td>
                <td>
                    <asp:RequiredFieldValidator ID="rfvUsername" runat="server"
                        ControlToValidate="txtUsername" Text="用户名必须填写">
                    </asp:RequiredFieldValidator>
                </td>
            </tr>
            <tr>
                <td class="style1">
                    密码：
                </td>
                <td class="style2">
                    <asp:TextBox ID="txtPWD" runat="server" TextMode="Password"
```

```
                    Width = "160px">
                </asp:TextBox>
            </td>
            <td>
                <asp:RequiredFieldValidator ID = "rfvPWD" runat = "server"
                    ControlToValidate = "txtPWD"Text = "密码必须填写">
                </asp:RequiredFieldValidator>
            </td>
        </tr>
        <tr>
            <td colspan = "3">
                <asp:Button ID = "btnSubmit" runat = "server" Text = "提交" Width = "
                60px" />
            </td>
        </tr>
    </table>
</form>
</body>
```

在进行验证时，RequiredFieldValidator 控件必须绑定一个服务器控件，通过将其 ControlToValidate 属性设置为绑定服务器控件的 ID 名来实现。在上述代码中，验证控件 rfvUsername 控件的服务器控件绑定为 txtUsername，验证控件 rfvPWD 控件的服务器控件绑定为 txtPWD。当 txtUsername 和 txtPWD 中的值为空时，则会提示自定义错误信息"用户名必须填写"和"密码必须填写"，如图 11-13 所示。

图 11-13 RequiredFieldValidator 验证控件

当必填选项未填写时，会提示必填字段不能为空，并且该验证在客户端执行。当发生此错误时，用户会立即看到该错误提示而不会立即进行页面提交，当用户填写完成并再次单击按钮控件时，页面才会向服务器提交。

11.3.2 范围验证控件（RangeValidator）

范围验证控件（RangeValidator）可以检查用户的输入是否在指定的上限与下限之

间,通常情况下用于检查数字、日期、货币等。范围验证控件(RangeValidator)控件的常用属性如下所示。

(1) ControlToValidate:指定绑定控件 ID 名。

(2) ErrorMessage:当验证的控件无效时,在 ValidationSummary 控件中显示的信息。

(3) MinimumValue:指定有效范围的最小值。

(4) MaximumValue:指定有效范围的最大值。

(5) Type:指定要比较值的数据类型。

(6) Text:当验证的控件无效时,显示的报错提示信息。

通常情况下,为了控制用户输入的范围,可以使用该控件。当输入学生的成绩时,要求成绩分数在 0~100 之间,示例代码如下所示。

```
<body>
    <form id = "form1" runat = "server">
    <table>
        <tr>
            <td>
                成绩:
            </td>
            <td>
                <asp:TextBox ID = "txtScore" runat = "server"></asp:TextBox>
            </td>
            <td>
                <asp:RangeValidator ID = "rvAge" runat = "server" ControlToValidate = "txtScore"
                    MaximumValue = "100" MinimumValue = "0" Type = "Integer">分数不合法
                    (0 - 100 之间)
                </asp:RangeValidator>
            </td>
        </tr>
        <tr>
            <td colspan = "3">
                <asp:Button ID = "btnSubmit" runat = "server" Text = "提交" Width = "52px" />
            </td>
        </tr>
    </table>
    </form>
</body>
```

上述代码将 MinimumValue 属性值设置为 0,并能将 MaximumValue 的值设置为 100。当学生的成绩低于最小值或高于最高值时,则提示错误,如图 11-14 所示。

第 11 章
ASP.NET Web 服务器控件

图 11-14 RangeValidator 验证控件

> 说明：
> RangeValidator 验证控件在进行控件值的范围设定时，其范围不仅可以是一个整数值，还可以是时间、日期等值。

11.3.3 比较验证控件（CompareValidator）

比较验证控件对照特定的数据类型来验证用户的输入。因为当用户输入信息时，难免会输入错误信息。例如，当需要了解用户的密码时，因为密码不是明文显示，用户很可能输入了其他的字符串。CompareValidator 比较验证控件能够比较控件中的值是否符合开发人员的需要。比较验证控件的常用属性如下所示。

（1）ControlToCompare：指定与绑定控件比较的控件 ID 名。
（2）ControlToValidate：指定绑定控件 ID 名。
（3）ErrorMessage：当验证的控件无效时，在 ValidationSummary 控件中显示的信息。
（4）Operator：要使用的比较操作。
（5）Type：指定要比较的两个值的数据类型。
（6）Text：当验证的控件无效时，显示的报错提示信息。

当使用 CompareValidator 控件时，可以方便的判断用户密码是否正确输入，示例代码如下所示。

```
<body>
    <form id = "form1" runat = "server">
    <table class = "style1">
        <tr>
            <td class = "style2" style = "text-align: right" >
                用户名:</td>
            <td class = "style5">
                <asp:TextBox ID = "txtUsername" runat = "server"></asp:TextBox>
            </td>
```

```
                <td>
                     </td>
            </tr>
            <tr>
                <td class = "style2" style = "text - align: right">
                    密码:</td>
                <td class = "style5">
                    <asp:TextBox ID = "txtPWD" runat = "server" TextMode = "Password"></asp:TextBox>
                </td>
                <td> </td>
            </tr>
            <tr>
                <td class = "style3" style = "text - align: right">
                    确认密码:</td>
                <td class = "style6">
                    <asp:TextBox ID = "txtConfirmPWD" runat = "server" TextMode = "Password">
                    </asp:TextBox>
                </td>
                <td class = "style4">
                    <asp:CompareValidator ID = "cvPWD" runat = "server" ControlToCompare = "txtPWD"
                        ControlToValidate = "txtConfirmPWD">两次密码不一致</asp:CompareValidator>
                </td>
            </tr>
            <tr>
                <td colspan = "3" style = "text - align: right">
                    <asp:Button ID = "btnSubmit" runat = "server" Text = "提交" Width = "54px" />
                </td>
            </tr>
        </table>
    </form>
</body>
```

上述代码判断两次输入密码的格式是否正确,当输入的格式错误时,会提示错误,如图 11 - 15 所示。

如果两个控件之间的值不相等,CompareValidator 验证控件会将自定义错误信息呈现在用户的客户端浏览器中。

图 11-15　CompareValidator 验证控件

11.3.4　正则表达式验证控件（RegularExpressionValidator）

正则表达式验证控件（RegularExpressionValidator）的功能非常强大，它用于确定输入控件的值是否与某个正则表达式所定义的模式相匹配，如电子邮件、电话号码以及序列号等。正则表达式验证控件（RegularExpressionValidator）的常用属性如下所示。

（1）ControlToValidate：指定绑定控件 ID 名。

（2）ErrorMessage：当验证的控件无效时，在 ValidationSummary 控件中显示的信息。

（3）Text：当验证的控件无效时，显示的报错提示信息。

（4）ValidationExpression：指定用于验证输入控件的正则表达式。客户端的正则表达式验证语法和服务器端的正则表达式验证语法不同。因为在客户端使用的是 JSript 正则表达式语法，而在服务器端使用的是 Regex 类提供的正则表达式语法。使用正则表达式能够实现强大字符串的匹配并验证用户输入的格式是否正确。系统提供了一些常用的正则表达式，开发人员可以选择相应的选项进行规则筛选，如图 11-16 所示。

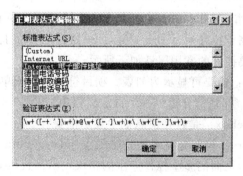

图 11-16　系统提供的正则表达式

当选择了正则表达式后，系统自动生成的 HTML 代码如下所示。

<asp:RegularExpressionValidator ID = "revEmail" runat = "server" ControlToValidate = "txtE-

```
mail"
    ValidationExpression = "\w+([-+.']\w+)*@\w+([-.]\w+)*\.\w+([-.]\w+)
    *">邮箱地址不正确
</asp:RegularExpressionValidator>
```

运行后当用户光标离开文本框控件时,如果输入的信息与相应的正则表达式不匹配,则会提示错误信息,如图 11-17 所示。

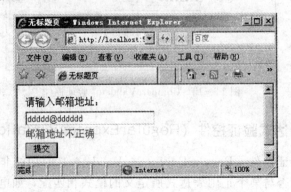

图 11-17 RegularExpressionValidator 验证控件

同样,开发人员也可以自定义正则表达式来规范用户的输入。使用正则表达式能够加快验证速度并在字符串中快速匹配。此外,使用正则表达式能够减少复杂应用程序的功能开发和实现。

> **注意:**
> 在用户输入为空时,其他的验证控件都会验证通过。所以,在验证控件的使用中,通常需要同必填控件(RequiredFieldValidator)一起使用。

11.3.5 验证总结摘要控件(ValidationSummary)

验证总结摘要控件(ValidationSummary)能够对同一页面上的多个控件进行验证。同时,验证总结摘要控件通过 ErrorMessage 属性为页面上的每个验证控件显式错误信息。验证总结摘要控件的常用属性如下所示。

(1) DisplayMode:摘要可显示为列表、项目符号列表或单个段落。
(2) HeaderText:标题部分指定一个自定义标题。
(3) ShowMessageBox:是否在消息框中显示摘要。
(4) ShowSummary:控制是显示还是隐藏 ValidationSummary 控件。

验证控件能够显示页面的多个控件产生的错误,示例代码如下所示。

```
<body>
    <form id = "form1" runat = "server">
    <table class = "style1">
        <tr>
```

```html
            <td class = "style4">
                用户名:</td>
            <td class = "style5">
                <asp:TextBox ID = "txtUsername" runat = "server"></asp:TextBox>
            </td>
            <td>
                <asp:RequiredFieldValidator ID = "rfvUsername" runat = "server"
                    ControlToValidate = "txtUsername" ErrorMessage = "用户名必须填写">
                </asp:RequiredFieldValidator>
            </td>
        </tr>
        <tr>
            <td class = "style4">
                密码:</td>
            <td class = "style5">
                <asp:TextBox ID = "txtPWD" runat = "server" TextMode = "Password"></asp:TextBox>
            </td>
            <td>
                 </td>
        </tr>
        <tr>
            <td class = "style4">
                确认密码:</td>
            <td class = "style5">
                <asp:TextBox ID = "txtConfirmPWD" runat = "server" TextMode = "Password">
                </asp:TextBox>
            </td>
            <td>
                <asp:CompareValidator ID = "cvPWD" runat = "server"
                    ControlToCompare = "txtConfirmPWD" ControlToValidate = "txtPWD"
                    ErrorMessage = "两次密码不一致"></asp:CompareValidator>
            </td>
        </tr>
        <tr>
            <td class = "style4">
                邮箱地址:</td>
            <td class = "style5">
                <asp:TextBox ID = "txtEmail" runat = "server"></asp:TextBox>
            </td>
            <td>
                <asp:RegularExpressionValidator ID = "RegularExpressionValidator1" runat
```

```
                = "server"
                    ControlToValidate = "txtEmail" ErrorMessage = "RegularExpressionVali-
                    dator"
                    ValidationExpression = "\w+([-+.']\w+)*@\w+([-.]\w+)*\.\
                    w+([-.]\w+)*">邮箱地址不正确
                </asp:RegularExpressionValidator>
            </td>
        </tr>
        <tr>
            <td class = "style4">
                年龄：</td>
            <td class = "style5">
                <asp:TextBox ID = "txtAge" runat = "server"></asp:TextBox>
            </td>
            <td>
                <asp:RangeValidator ID = "RangeValidator1" runat = "server"
                    ControlToValidate = "txtAge" ErrorMessage = "年龄不在正确范围内(0-120)"
MaximumValue = "120" MinimumValue = "0">
</asp:RangeValidator>
            </td>
        </tr>
        <tr>
            <td class = "style2" colspan = "3">
                <asp:Button ID = "btnSubmit" runat = "server" Text = "提交" Width = "58px" />
            </td>
        </tr>
        <tr>
            <td class = "style2" colspan = "3">
                <asp:ValidationSummary ID = "ValidationSummary1" runat = "server" />
            </td>
        </tr>
    </table>
    </form>
</body>
```

运行结果如图 11-18 所示。

当有多个错误发生时，ValidationSummary 控件能够捕获多个验证错误并呈现给用户，这样就避免了一个表单需要多个验证时使用多个验证控件进行绑定，使用 ValidationSummary 控件就无需为每个需要验证的控件进行绑定。ValidationSummary 控件要想显示错误信息，必须为上面每一个控件的 ErrorMessage 属性赋值。

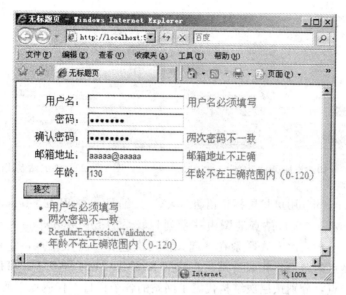

图 11-18 ValidationSummary 验证控件

11.4 导航控件

在网站制作中，常常需要制作导航使用户能够更加方便、快捷的查阅到相关的信息和资讯，或跳转到相关的版块。在 Web 应用中，导航是非常重要的。ASP.NET 提供了站点导航的简单方法，即用站点图形站点导航控件 SiteMapPath、Menu、TreeView 等控件。这 3 个导航控件都能够快速的建立导航，并且能够调整相应的属性为导航控件进行自定义。

开发人员在网站开发的时候，可以通过使用导航控件来快速的建立导航，为浏览者提供方便，也为网站做出信息指导。在用户使用的过程中，通常情况下导航控件中的导航值是不能被用户所更改的，但是开发人员可以通过编程的方式让用户也能够修改站点的节点。

11.4.1 站点地图 (Web.sitemap)

使用 ASP.NET 站点导航，必须描述站点结构以便站点导航。在默认情况下，站点导航系统使用一个包含站点层次结构的 XML 文件。创建站点地图最简单的方法是创建一个名为 Web.sitemap 的 XML 文件，该文件按站点的分层形式组织页面。ASP.NET 站点创建站点地图过程如下所示。

（1）在 Visual Studio 2008 中，打开"文件"→"新建"→"文件"，为网站依次添加 Home.aspx、Products.aspx、Hardware.aspx、Software.aspx、Services.aspx、Training.aspx、Consulting.aspx 和 Support.aspx 8 个 "Web 窗体"。如图 11-19 所示。

（2）打开"文件"→"新建"→"文件"，创建一个站点地图（Web.sitemap）。如图 11-20 所示。

 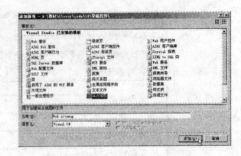

图 11-19　添加 Web 窗体　　　　图 11-20　添加站点地图

(3) Web.sitemap 用可扩展标记语言（XML）编写。在 Web.sitemap 文件中必须包含根结点 siteMap。一张站点地图由一系列相联系的 SiteMapNode 对象组成，这些 SiteMapNode 以一种层次方式联系在一起。该层次包含单个根结点，它是该层中唯一的一个没有父结点的结点，代表首页。在该父 SiteMapNode 结点下，可以有若干个子 SiteMapNode 结点，分别按层次结构代表了网站的各子栏目。代码如下所示。

```xml
<?xml version="1.0" encoding="utf-8"?>
<siteMap xmlns="http://schemas.microsoft.com/AspNet/SiteMap-File-1.0">
    <siteMapNode title="主页" description="Home" url="~/Home.aspx">
        <siteMapNode title="产品" description="Our products"
            url="~/Products.aspx">
            <siteMapNode title="硬件"
                description="Hardware we offer"
                url="~/Hardware.aspx" />
            <siteMapNode title="软件"
                description="Software for sale"
                url="~/Software.aspx" />
        </siteMapNode>
        <siteMapNode title="服务" description="Services we offer"
            url="~/Services.aspx">
            <siteMapNode title="培训" description="Training"
                url="~/Training.aspx" />
            <siteMapNode title="咨询" description="Consulting"
                url="~/Consulting.aspx" />
            <siteMapNode title="支持" description="Support"
                url="~/Support.aspx" />
        </siteMapNode>
    </siteMapNode>
</siteMap>
```

11.4.2　站点地图路径控件（SiteMapPath）

站点地图路径控件（SiteMapPath）可以检索用户当前所在的页面，并显示层次结构的控件，使用户可以导航回到层次结构中的其他页。使用 SiteMapPath 之前必须先建立站点地图（Web.sitemap），因为 SiteMapPath 控件要依赖站点地图才能显示。

接着 11.4.1 小节实例，做如下操作。

(1) 打开 Products.aspx 页并切换至"设计"视图。

(2) 从工具箱的"导航"组中将"SiteMapPath"控件拖动到页面上。

(3) SiteMapPath 控件显示当前页在页层次结构中的位置。在默认情况下，SiteMapPath 控件表示在 Web.sitemap 文件中创建的层次结构。此时，Products.aspx 页面如图 11-21 所示。

图 11-21 SiteMapPath 控件

(4) 也可以在本实例中创建的其他页重复此过程，"主页"除外，如图 11-22 所示。

图 11-22 网页运行效果图

11.4.3 菜单控件（Menu）

菜单控件（Menu）提供当用户将鼠标指针悬停在某一项时弹出附加子菜单的水平或垂直用户界面。接着 11.4.1 小节实例，做如下操作。

(1) 打开 Support.aspx 页并切换至"设计"视图。

(2) 从工具箱的"导航"组中，将"Menu"控件拖动到页面上。

(3) 在"Menu 任务"菜单上，在"选择数据源"框中单击"新建数据源"。

(4) 在"数据配置源向导"对话框中，单击"站点地图"，然后单击"确定"，如图 11-23 所示。

(5) 保存页面，运行网站如图 11-24 所示。

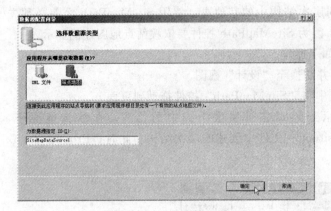

图 11-23 为 Menu 选择数据源　　　　图 11-24 Menu 导航控件

11.4.4 树视图控件（TreeView）

树视图控件（TreeView）提供纵向用户界面以展开和折叠网页上的选定节点，以及为选定项提供复选框功能，并且 TreeView 控件支持数据绑定。

接着 11.4.1 小节实例，做如下操作。

（1）打开 Home.aspx 页。

（2）从"工具箱"的"数据"组中，将"SiteMapDataSource"控件拖动到页面上。

在其默认配置中，SiteMapDataSource 控件从在"创建网站地图"（本演练的前面部分）中创建的 Web.sitemap 文件中检索其信息，这样就不必为该控件指定任何额外信息。

（3）从"工具箱"的"导航"组中，将"TreeView"控件拖动到页面上。

（4）在"TreeView 任务"菜单上，在"选择数据源"框中单击"SiteMapDataSource1"。

（5）保存页面，运行网站如图 11-25 所示。

图 11-25 Treeview 导航控件

11.5 数据操作控件

11.5.1 SQL 数据源控件（SqlDataSource）

SqlDataSource 控件是连接到 SQL Server 数据库的数据源控件。此外，SqlDataSource 能够与任何一种 ADO.NET 支持的数据库进行交互，这些数据库包括 SQL Server、ACCESS、Oledb、Odbc 以及 Oracle。

SqlDataSource 控件能够支持数据的检索、插入、更新、删除、排序等，以至于数据绑定控件可以在这些能力被允许的条件下自动完成该功能，而不需要手动的代码实现。此时，SqlDataSource 控件所属的页面被打开时，SqlDataSource 控件能够自动打开数据库，执行 SQL 语句或存储过程，返回选定的数据，然后关闭连接。SqlDataSource 控件强大的功能极大地简化了开发人员的开发，缩减了开发中的代码。但是 SqlDataSource 控件也有一些缺点，就是在性能上不太适应大型的开发，而对于中小型的开发，SqlDataSource 控件已经足够了。

ASP.NET 提供的 SqlDataSource 控件能够方便的添加到页面，当 SqlDataSource 控件被添加到 ASP.NET 页面中时，会生成 ASP.NET 标签，示例代码如下所示。

<asp:SqlDataSource ID = "SqlDataSource1" runat = "server"></asp:SqlDataSource>

切换到视图模式下，点击 SqlDataSource 控件会显式"配置数据源…"，单击"配置数据源…"连接时，系统能够智能的提供 SqlDataSource 控件配置向导，如图 11-26 所示。由于现在没有连接，单击"新建连接"按钮选择或创建一个数据源。单击后，系统会弹出添加连接对话框。

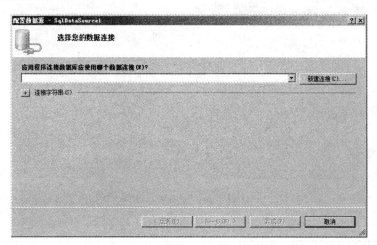

图 11-26　配置 SqlDataSource 控件

当选择完后，配置信息就会显式在 web.config 中。当需要对用户控件进行维护时，可以直接修改 web.config，而不需要修改每个页面的数据源控件，这样就方便了开发和维护。当选择了数据源后,需要对数据源的连接进行配置,这一步与 ADO.NET 中的 Connection 对象一样,就是要与数据库建立连接。当配置好连接后,可以单击"测试连接"按钮来测试是否连接成功,如图 11-27 所示。

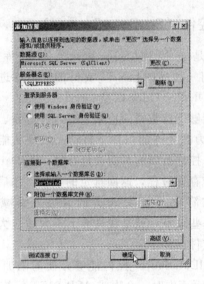

图 11-27 添加连接

连接成功后,单击"确定"按钮,系统会自动添加连接,如图 11-28 所示。连接添加成功后,在 web.config 配置文件中,就有该连接的连接字串,代码如下所示。

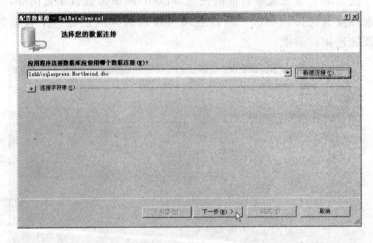

图 11-28 成功添加连接

```
<connectionStrings>
    <add name = "NorthwindConnectionString" connectionString = "Data Source = .\SQLEXPRESS;
    Initial Catalog = Northwind; Integrated Security = True" providerName = "System.Data.SqlClient"/>
```

</connectionStrings>

数据源控件可以指定开发人员所需要使用的 Select 语句或存储过程，开发人员能够在配置 Select 语句窗口中进行 Select 语句的配置和生成。如果开发人员希望手动编写 Select 语句或其他语句，可以单击"指定自定义 SQL 语句或存储过程"按钮进行自定义配置。Select 语句的配置和生成如图 11-29 所示。

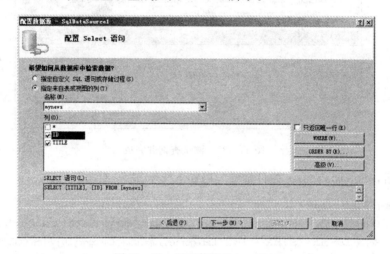

图 11-29　配置使用 Select 语句

对于开发人员来说，只需要勾选相应的字段，选择 Where 条件和 Order By 语句就可以配置一个 Select 语句。但是，通过选择只能查询一个表，并实现简单的查询语句。如果要实现复杂的 SQL 查询语句，可以单击"指定自定义 SQL 语句或存储过程"进行自定义 SQL 语句或存储过程的配置，如图 11-30 所示。开发人员设定 Where 条件。添加 WHERE 子句时，SQL 语句中的值可以选择默认值、控件、Cookie 或者是 Session 等。当配置完成后，就可以测试查询，如果测试后显示的结果和预期一样，则可以单击完成，如图 11-31 所示。

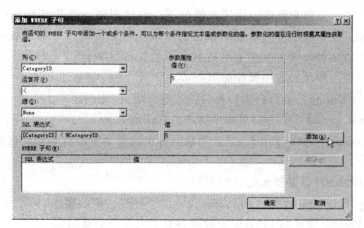

图 11-30　添加 WHERE 子句

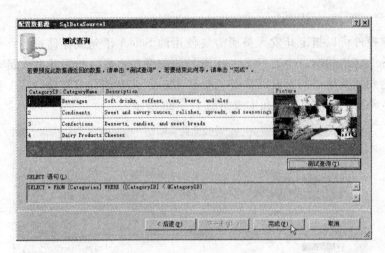

图 11-31 测试查询并完成

完成后，SqlDataSource 控件标签代码如下所示。

```
<asp:SqlDataSource ID = "SqlDataSource1" runat = "server"
    ConnectionString = "<% $ ConnectionStrings:NorthwindConnectionString %>"
    SelectCommand = "SELECT * FROM [Categories] WHERE ([CategoryID] &lt; @CategoryID)">
    <SelectParameters>
        <asp:Parameter DefaultValue = "5" Name = "CategoryID" Type = "Int32" />
    </SelectParameters>
</asp:SqlDataSource>
```

11.5.2 网格视图控件（GridView）

1. 概述

网格视图（GridView）服务器端控件以表格形式显示数据内容，同时还支持数据项的分页、排序、选择和修改。在缺省情况下，网格视图为数据源中每一个域绑定一个列，并且根据数据源中每一个域中数据的出现次序把数据填入数据表格中的每一个列中。数据源的域名将成为数据表格的列名，数据源的域值以文本标识形式填入数据表格中。网格视图控件的常用属性如下所示。

（1）AllowPaging：是否启用分页功能。默认值为 False。

（2）AllowSorting：是否启用排序功能。默认值为 False。

（3）AutoGenerateColumns：是否为数据源中的每个字段自动创建绑定字段。默认值为 True。

（4）EditIndex：设置要编辑行的索引。

（5）PagerSettings：设置 GridView 控件中页导航按钮的属性。

（6）PageSize：设置 GridView 控件在每页上所显示记录的数目。

（7）SelectedIndex：设置 GridView 控件中选中行的索引。

网格视图控件的常用事件如下所示。

（1）PageIndexChanging：在单击某一页导航按钮时，但在 GridView 控件处理分页操作之前发生。

（2）RowCancelingEdit：单击编辑模式中某一行的"取消"按钮，在该行退出编辑模式之前发生。

（3）RowCommand：当单击 GridView 控件中的按钮时发生。

（4）RowDeleting：在单击某一行的"删除"按钮时，但在 GridView 控件删除该行之前发生。

（5）RowEditing：发生在单击某一行的"编辑"按钮以后，GridView 控件进入编辑模式之前。

（6）RowUpdating：发生在单击某一行的"更新"按钮以后，GridView 控件对该行进行更新之前。

（7）SelectedIndexChanging：发生在单击某一行的"选择"按钮以后，GridView 控件对相应的选择操作进行处理之前。

（8）Sorting：单击用于列排序的超链接时，但在 GridView 控件对相应的排序操作进行处理之前发生。

2. 列字段

网格视图列类型的定义有两种方式：用户自定义列字段和自动产生的列字段。当两种列字段定义方式一起使用时，先使用用户自定义列字段产生列的类型定义，再使用自动列定义规则产生出其他的列字段定义。右键单击网格视图控件，选择"显示智能标记"→"编辑列"，打开"字段"对话框，如图 11-32 所示。在对话框的左下角有个复选框"自动生成字段"，在默认情况下被选中，表示网格视图控件会根据绑定数据的情况，自动生成列字段。在"可用字段"中，列出了网格控件自带的字段。

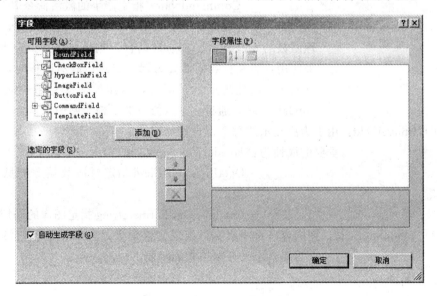

图 11-32 网格视图字段对话框

(1) BoundField：列可以进行排序和填入内容。这是大多数列的缺省用法。

　　　　　　　　重要的属性为：HeaderText 指定列的表头显示；
　　　　　　　　　　　　　　　DataField 指定对应数据源的域；
　　　　　　　　　　　　　　　ReadOnly 指定该字段是否允许被编辑。

(2) CheckBoxField：列以复选框显示的布尔型字段。

　　　　　　　　重要的属性为：HeaderText 指定列的表头显示
　　　　　　　　　　　　　　　DataField 指定对应数据源的域

(3) HyperLinkField：列内容以 HyperLink 控件的方式表现出来，它主要用于从网格视图的一个数据项跳转到另外的一个页面上，做出更详尽的解释或显示。

　　　　　　　　重要的属性为：HeaderText 指定列的表头显示；
　　　　　　　　　　　　　　　DataNavigateUrlField 指定对应数据源的域作为跳转时的参数；
　　　　　　　　　　　　　　　DataNavigateUrlFormatString 指定跳转时的 url 格式；
　　　　　　　　　　　　　　　DataTextField 指定数据源的域作为显示列内容的来源。

(4) ButtonField：把一行数据的用户处理交给数据表格所定义的事件处理函数，通常用于对某一行数据进行某种操作。例如，加入一行或者是删去一行数据等等。

　　　　　　　　重要的属性为：HeaderText 指定列的表头显示；
　　　　　　　　　　　　　　　Text 指定按钮上显示的文字；
　　　　　　　　　　　　　　　CommandName 指定产生的激活命令名。

(5) CommandField：当网格视图的数据项发生编辑、更新、取消修改时，相应处理函数的入口显示。它通常结合数据表格的 EditIndex 属性来使用，当某行数据需要编辑、更新、取消操作时，通过它进入相应的处理函数。例如，当需要对某行数据进行修改（update）时，通过它进入修改的处理步骤中。

(6) ImageField：用于为所显示的每个记录显示图像。

　　　　　　　　重要的属性为：HeaderText 指定列的表头显示；
　　　　　　　　　　　　　　　DataImageUrlField 指定对应数据源的域作为图像的 url；
　　　　　　　　　　　　　　　DataImageUrlFormatString 指定图像的 url 格式。

(7) TemplateField：列内容以自定义控件组成的模板方式显示出来。通常用作用户需要自定义显示格式的时候。

3. 应用举例

(1) 分页功能（Paging）

属性：AllowPaging 属性改为 true。

PageSize 属性为修改每页显示的行数。

订阅事件：PageIndexChanging。

```csharp
protected void Page_Load(object sender, EventArgs e)
{
    if (! IsPostBack)
    {
        ViewState["sortExpression"] = "CustomerID";
        ViewState["sortRule"] = " DESC";
        this.BindGridView();
    }
}
protected void gvOrders_PageIndexChanging(object sender, GridViewPageEventArgs e)
{
    this.gvOrders.PageIndex = e.NewPageIndex;
    this.BindGrid();
}
private void BindGridView()
{
    string connString = "server = . ;database = northwind;uid = sa;pwd = sa ";
    SqlConnection myConn = new SqlConnection(connString);
    DataSet ds = new DataSet();
    SqlDataAdapter sda = new SqlDataAdapter("select * from orders",myConn);
    sda.Fill(ds, "orders");
    this.gvOrders.DataSource = ds.Tables["orders"];      //指定数据源
    this.gvOrders.DataBind();                            //进行数据绑定
}
```

> 📖 说明：
> 当改变当前页的索引时，需要为 GridView 重新进行数据绑定。

（2）排序功能（Sorting）

属性：AllowSorting 属性改为 true。

订阅事件：Sorting。

```csharp
protected void Page_Load(object sender, EventArgs e)
{
    if (! IsPostBack)
    {
        ViewState["sortExpression"] = "CustomerID";
        ViewState["sortRule"] = "ASC";
        this.BindGridView();
```

```csharp
        }
    }
    private void BindGridView()
    {
        string connString = "server = .;database = northwind;uid = sa;pwd = sa";
        SqlConnection myConn = new SqlConnection(connString);
        DataSet ds = new DataSet();
        SqlDataAdapter sda = new SqlDataAdapter("select * from customers",myConn);
        sda.Fill(ds, "orders");
        DataView myView = ds.Tables["orders"].DefaultView;
        myView.Sort = ViewState["sortExpression"].ToString() + " " + ViewState["sortRule"]
                    .ToString();
        this.gvOrders.DataSource = myView;
        this.gvOrders.DataBind();
    }
    protected void gvOrders_Sorting(object sender, GridViewSortEventArgs e)
    {
        ViewState["sortExpression"] = e.SortExpression;
        if (ViewState["sortRule"].ToString() == " DESC")
        {
            ViewState["sortRule"] = " ASC";
            this.BindGridView();
        }
        else
        {
            ViewState["sortRule"] = " DESC";
            this.BindGridView();
        }
    }
}
```

> 📖 **说明:**
> 当改变排序时,需要为 GridView 重新进行数据绑定。通过 DataView 的 Sort 属性,设定排序规则。Sort 属性有两部分组成:列名和排序规则(ASC 和 DESC),两部分用空格分开即可。当包括多列时,列名用逗号","分开。

(3) 命令域功能(CommandField)

打开"编辑列",添加 CommandField 下的"选择"、"删除"和"编辑、更新、取消"字段,如图 11-33 所示。

订阅事件:选择命令 SelectedIndexChanging;
　　　　　删除命令 RowDeleting;
　　　　　编辑命令 RowEditing;

更新命令 RowUpdating;

取消命令 RowCancelingEdit。

图 11-33 CommandField 的使用

```
protected void Page_Load(object sender, EventArgs e)
{
    if (! IsPostBack)
    {
        this.BindGridView();
    }
}
private void BindGridView()
{
    string connString = "server = . ;database = northwind;uid = sa;pwd = sa ";
    SqlConnection myConn = new SqlConnection(connString);
    DataSet ds = new DataSet();
    SqlDataAdapter sda = new SqlDataAdapter("select * from [order details]",myConn);
    sda.Fill(ds, "orderdetails");
    this.gvOrderDetails.DataSource = ds.Tables["orderdetails"];
    this.gvOrderDetails.DataKeyNames = new string[ ] { "orderid","productid" };
    this.gvOrderDetails.DataBind();
}
protected void gvCustomers_RowDeleting(object sender, GridViewDeleteEventArgs e)
{
    string connString = "server = . ;database = northwind;uid = sa;pwd = sa ";
    SqlConnection myConn = new SqlConnection(connString);
    myConn.Open();
```

```csharp
        SqlCommand cmd = new SqlCommand();
        cmd.Connection = myConn;
        cmd.CommandText = "delete from [order details] where orderid = @orderid and productid = @productid";
        cmd.Parameters.AddWithValue("@orderid", gvOrderDetails.DataKeys[e.RowIndex][0].ToString());
        cmd.Parameters.AddWithValue("@productid", gvOrderDetails.DataKeys[e.RowIndex][1].ToString());
        cmd.ExecuteNonQuery();
        myConn.Close();
        BindGridView();
    }
    protected void gvCustomers_RowEditing(object sender, GridViewEditEventArgs e)
    {
        this.gvOrderDetails.EditIndex = e.NewEditIndex;
        BindGridView();
    }
    protected void gvCustomers_RowUpdating(object sender, GridViewUpdateEventArgs e)
    {
        string connString = "server=.;database=northwind;uid=sa;pwd=sa";
        SqlConnection myConn = new SqlConnection(connString);
        myConn.Open();
        SqlCommand cmd = new SqlCommand();
        cmd.Connection = myConn;
        cmd.CommandText = "update [order details] set unitprice=@unitprice,quantity=@quantity,discount=@discount where orderid=@orderid and productid=@productid";
        cmd.Parameters.AddWithValue("@unitprice", Convert.ToDecimal(((TextBox)(gvOrderDetails.Rows[e.RowIndex].Cells[5].Controls[0])).Text.ToString()));
        cmd.Parameters.AddWithValue("@quantity", ((TextBox)(gvOrderDetails.Rows[e.RowIndex].Cells[6].Controls[0])).Text.ToString());
        cmd.Parameters.AddWithValue("@discount", Convert.ToDecimal(((TextBox)(gvOrderDetails.Rows[e.RowIndex].Cells[7].Controls[0])).Text.ToString()));
        cmd.Parameters.AddWithValue("@orderid", gvOrderDetails.DataKeys[e.RowIndex][0].ToString());
        cmd.Parameters.AddWithValue("@productid", gvOrderDetails.DataKeys[e.RowIndex][1].ToString());
        cmd.ExecuteNonQuery();
        myConn.Close();
```

```
        gvOrderDetails.EditIndex = -1;
        BindGridView();
}
protected void gvCustomers_RowCancelingEdit(object sender, GridViewCancelEditEventArgs e)
{
        this.gvOrderDetails.EditIndex = -1;
        BindGridView();
}
protected void gvCustomers_SelectedIndexChanging(object sender, GridViewSelectEventArgs e)
{
        Response.Write("<script>alert('" + gvOrderDetails.DataKeys[e.NewSelectedIndex][0]
.ToString() + " " +
        gvOrderDetails.DataKeys[e.NewSelectedIndex][1].ToString() + "');</script>");
}
```

> **说明:**
> 当完成相应命令后,都需要为 GridView 重新进行数据绑定。

(4) 模板功能 (TemplateField)

① 打开"编辑列",添加 3 个 BoundField 字段,DataField 属性为 "customerid"、"companyname" 和 "contactname"。

② 添加 "TemplateField 字段",打开"编辑模板",添加 CheckBox 控件,ID 为 "CheckBox1"。

③ 在 web 窗体中添加 Button 控件,ID 为 "btnSelectAll"。为 Button 控件订阅单击事件,代码如下所示。

```
protected void Page_Load(object sender, EventArgs e)
{
        if (! IsPostBack)
        {
                this.BindGridView();
        }
}
private void BindGridView()
{
        string connString = "server=.;database=northwind;uid=sa;pwd=sa";
        SqlConnection myConn = new SqlConnection(connString);
        DataSet ds = new DataSet();
        SqlDataAdapter sda = new SqlDataAdapter("select * from customers",myConn);
        sda.Fill(ds, "customers");
        this.gvCustomers.DataSource = ds.Tables["customers"];
```

```csharp
            this.gvCustomers.DataBind();
        }
        protected void btnSelectAll_Click(object sender, EventArgs e)
        {
            int count = this.gvCustomers.Rows.Count;
            if (btnSelectAll.Text == "全选")
            {
                for (int i = 0; i < count; i++)
                {
                    ((CheckBox)gvCustomers.Rows[i].Cells[3].FindControl("CheckBox1")).Checked
                        = true;
                }
                btnSelectAll.Text = "取消全选";
            }
            else
            {
                for (int i = 0; i < count; i++)
                {
                    ((CheckBox)gvCustomers.Rows[i].Cells[3].FindControl("CheckBox1"))
                        .Checked = false;
                }
                btnSelectAll.Text = "全选";
            }
        }
```

> **说明：**
> FindControl 方法的作用是在当前单元格（Cell）中，根据 ID 名称进行查找控件，返回值类型为 Control 类型，需要根据实际情况进行强制类型转换。

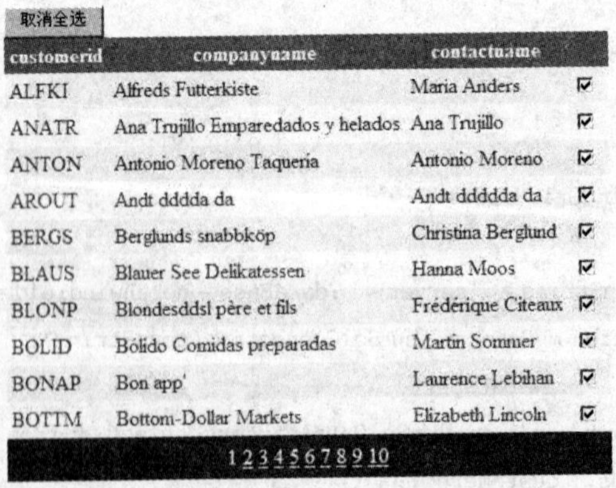

图 11-34 TemplateField 的使用

(5) 行命令 (RowCommand)

① 打开"编辑列",添加 5 个 BoundField 字段,分别设定 DataField 属性为"productid"、"orderid"、"unitprice"、"quantity"和"discount"。

② 添加"TemplateField 字段",打开"编辑模板",向"项模板"中添加两个 LinkButton 控件,第一个设定 ID 为"lbtnSelect",Text 为"选择",CommandName 为"选择",CommandArgument 进行数据绑定为<%#Eval("orderid")+","+Eval("productid")%>;第二个设定 ID 为"lbtnDelete",Text 为"删除",CommandName 为"删除",CommandArgument 进行数据绑定为<%#Eval("orderid")+","+Eval("productid")%>。

③ 在 web 窗体中添加 5 个 TextBox 控件,控件 ID 分别为:"txtOrderid"、"txtProductid"、"txtUnitPrice"、"txtQuantity"和"txtDiscount";一个 Button 控件,ID 为"btnUpdate"。为 Button 控件订阅单击事件,代码如下所示。

```csharp
protected void Page_Load(object sender, EventArgs e)
{
    if (!IsPostBack)
    {
        this.BindGridView();
    }
}
protected void gvCustomers_RowCommand(object sender, GridViewCommandEventArgs e)
{
    if (e.CommandName == "选择" || e.CommandName == "删除")
    {
        string[] arr = e.CommandArgument.ToString().Split(',');
        string orderid = arr[0];
        string productid = arr[1];
        if (e.CommandName == "选择")
        {
            string connString = "server=.;database=northwind;uid=sa;pwd=sa";
            SqlConnection myConn = new SqlConnection(connString);
            myConn.Open();
            SqlCommand cmd = new SqlCommand("select * from [order details] where orderid = @oid
                                                                and productid = @pid", myConn);
            cmd.Parameters.AddWithValue("@oid", orderid);
            cmd.Parameters.AddWithValue("@pid", productid);
            SqlDataReader sdr = cmd.ExecuteReader();
            while (sdr.Read())
            {
                this.txtOrderid.Text = sdr[0].ToString();
```

```csharp
                this.txtProductid.Text = sdr["productid"].ToString();
                this.txtUnitPrice.Text = sdr[2].ToString();
                this.txtQuantity.Text = sdr[3].ToString();
                this.txtDiscount.Text = sdr[4].ToString();
            }
            sdr.Close();
            myConn.Close();
        }
        if (e.CommandName == "删除")
        {
            string connString = "server=.;database=northwind;uid=sa;pwd=sa ";
            SqlConnection myConn = new SqlConnection(connString);
            myConn.Open();
            SqlCommand cmd = new SqlCommand("delete from [order details] where orderid
              =@oid
                                            and productid=@pid", myConn);
            cmd.Parameters.AddWithValue("@oid", orderid);
            cmd.Parameters.AddWithValue("@pid", productid);
            cmd.ExecuteNonQuery();
            myConn.Close();
            this.BindGridView();
        }
    }
}
private void BindGridView()
{
    string connString = "server=.;database=northwind;uid=sa;pwd=sa ";
    SqlConnection myConn = new SqlConnection(connString);
    DataSet ds = new DataSet();
    SqlDataAdapter sda = new SqlDataAdapter("select * from [order details]", myConn);
    sda.Fill(ds, "ordersdetails");
    this.gvOrderDetails.DataSource = ds.Tables["ordersdetails"];
    this.gvOrderDetails.DataKeyNames = new string[] {"orderid","productid" };
    this.gvOrderDetails.DataBind();
}
protected void btnUpdate_Click(object sender, EventArgs e)
{
    string connString = "server=.;database=northwind;uid=sa;pwd=sa ";
    SqlConnection myConn = new SqlConnection(connString);
    myConn.Open();
    SqlCommand cmd = new SqlCommand("update [order details] set unitprice=@unitprice,
                quantity=@quantity,discount=@discount where orderid=@orderid
```

```
                and productid = @productid", myConn);
        cmd.Parameters.AddWithValue("@unitprice", Convert.ToDecimal(txtUnitPrice.Text.
ToString()));
        cmd.Parameters.AddWithValue("@quantity", txtQuantity.Text.ToString());
        cmd.Parameters.AddWithValue("@discount", Convert.ToDecimal(txtDiscount.Text.
ToString()));
        cmd.Parameters.AddWithValue("@orderid", txtOrderid.Text.ToString());
        cmd.Parameters.AddWithValue("@productid", txtProductid.Text.ToString());
        cmd.ExecuteNonQuery();
        myConn.Close();
        this.BindGridView();
    }
    protected void gvOrderDetails_PageIndexChanging(object sender, GridViewPageEventArgs e)
    {
        this.gvOrderDetails.PageIndex = e.NewPageIndex;
        BindGridView();
        txtOrderid.Text = "";
        txtProductid.Text = "";
        txtUnitPrice.Text = "";
        txtQuantity.Text = "";
        txtDiscount.Text = "";
    }
```

图 11-35　RowCommand 的使用

11.5.3　数据列表控件 (DataList)

1. 概述

DataList 控件可以用自定义的格式显示数据库行的信息。显示数据的格式在创建的模板中定义,可以为项、交替项、选定项和编辑项创建模板。标头、脚注和分隔符模板也用于自定义 DataList 的整体外观。DataList 控件的常用属性如下所示。

(1) AltermatingItemStyle:编写交替行的样式。

(2) EditItemStyle:正在编辑项的样式。

(3) FooterStyle:列表结尾处脚注的样式。

(4) HeaderStyle:列表头部标头的样式。

(5) ItemStyle:单个项的样式。

(6) SelectedItemStyle:选定项的样式。

(7) SeparatorStyle:各项之间分隔符的样式。

通过属性生成器,同样可以勾选相应的项目来生成属性。这些属性为开发人员制作 DataList 控件的界面样式带来了极大的方便,如图 11 - 36 所示。

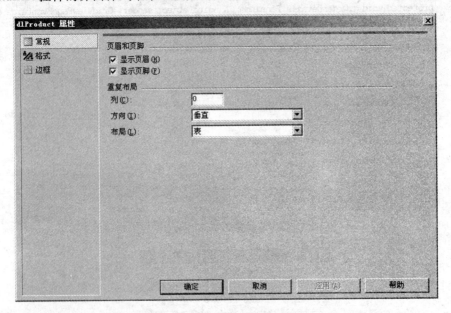

图 11 - 36 DataList 属性生成器

DataList 控件的常用事件如下所示。

(1) ItemCommand:当单击 DataList 控件中的任一按钮时发生。

(2) SelectedIndexChanged:在数据列表控件中选择了不同的项时发生。

2. 应用举例

(1) 在数据库中创建名为"DataList"的数据库,创建名为"Common"和"Product"的两张表,基于两张表创建视图"productView"。SQL 文本如下所示。

```
CREATE DATABASE DataList
CREATE TABLE [common]
(
    [cid] [int] IDENTITY (1, 1) PRIMARY KEY,
    [cname] [varchar] (50)
```

)
CREATE TABLE [product]
(
    [pid] [int] IDENTITY (1000,1) PRIMARY KEY,
    [pname] [varchar] (100),
    [singer] [varchar] (50),
    [type] [int] FOREIGN KEY REFERENCES[common](cid),
    [pubDate] [datetime] NOT NULL,
    [disp] [varchar] (500) NOT NULL,
    [price] [money] NOT NULL,
    [discount] [float] NOT NULL,
    [photo] [varchar] (30) NOT NULL,
)
create view productView
as
select * ,price * discount newprice,
(select cname from common where cid = product.type) typename from product
```

(2) 打开"智能标记",选择"编辑模板"。对项模板进行添加控件,如图 11-37 所示。

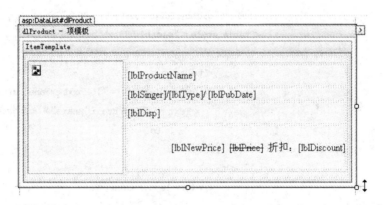

图 11-37 DataList 模板编辑器

(3) 对 DataList 控件进行数据绑定,代码如下所示。

```
protected void Page_Load(object sender, EventArgs e)
{
    if (! IsPostBack)
    {
        BindDataList();
    }
}
private void BindDataList()
{
```
```

```
            SqlConnection conn = DBAccess.CreateConn();
            SqlDataAdapter sda = new SqlDataAdapter("select * from productview",conn);
            DataSet ds = new DataSet();
            sda.Fill(ds, "product");
            dlProduct.DataSource = ds.Tables[0];
            dlProduct.DataBind();
}
```

(4) 对 DataList 控件项模板中的控件进行数据绑定,源中代码如下所示。

```
<asp:DataList ID = "dlProduct" runat = "server" Height = "29px" Width = "198px" CellPadding
= "4" >
        <ItemTemplate>
            <table style = "width: 517px; height: 194px">
                <tr>
                    <td style = "width: 187px; height: 190px">
                        <asp:ImageButton ID = "ImageButton1" runat = "server"
                        CommandArgument = '<%#Eval("pid")%>' CommandName = "photo"
                        Height = "177px" ImageUrl = '<%#Eval("photo")%>' Width
                        = "154px" />
                    </td>
                    <td style = "width: 162px; height: 190px">
                        <table style = "width: 535px; height: 169px;">
                            <tr>
                                <td>
                                    <asp:Label ID = "lblProductName" runat = "server"
                                    Text = '<%#Eval("pname")%>'></asp:Label
                                    ></td>
                            </tr>
                            <tr>
                                <td style = "height: 21px">
                                    <asp:Label ID = "lblSinger" runat = "server"
                                    Text = '<%#Eval("singer")%>'></asp:
                                    Label>
                                    /<asp:Label ID = "lblType" runat = "server">
                                    <%#Eval("typename")%></asp:Label>/
                                    <asp:Label ID = "lblPubDate" runat = "server"
                                    Text = '<%#Eval("pubDate")%>'></asp:
                                    Label></td>
                            </tr>
                            <tr>
                                <td>
                                    <asp:Label ID = "lblDisp" runat = "server"
```

```
                                                    Text='<%#Eval("disp") %>'></asp:Label
                                                    ></td>
                                            </tr>
                                            <tr>
                                                <td style="height: 69px; text-align: right">
                                                    <asp:Label ID="lblNewPrice" runat="server">
                                                    <%#Eval("newprice") %></asp:Label> 
                                                    <asp:Label ID="lblPrice" runat="server"
                                                    Font-Overline="False" Font-Strikeout="True"
                                                    Text='<%#Eval("price") %>'></asp:Label
                                                    > 
                                                    折扣:<asp:Label ID="lblDiscount" runat="server"
                                                    Text='<%#Eval("discount") %>'></asp:
                                                    Label>
                                                </td>
                                            </tr>
                                        </table>
                                    </td>
                                </tr>
                            </table>
                        </ItemTemplate>
                        <FooterStyle BackColor="#5D7B9D" Font-Bold="True" ForeColor="White" />
                        <SelectedItemStyle BackColor="#E2DED6" Font-Bold="True" ForeColor="#333333" />
                        <AlternatingItemStyle BackColor="White" ForeColor="#284775" />
                        <ItemStyle BackColor="#F7F6F3" ForeColor="#333333" />
                        <HeaderStyle BackColor="#5D7B9D" Font-Bold="True" ForeColor="White" />
</asp:DataList>
```

(5) 为 DataList 订阅事件 ItemCommand。

```
protected void dlProduct_ItemCommand(object source, DataListCommandEventArgs e)
{
    if ("photo" == e.CommandName)
    {
        Response.Redirect("Detail.aspx?pid=" + e.CommandArgument);
    }
}
```

> **说明:**
> 对 DataList 进行数据绑定后,不会显示数据,必须再给 DataList 模板添加控件,对子控件进行数据绑定。绑定的方式是<%#Eval("列名")%>。

练 习 题

填空题

1. Label 控件即_____，用于在页面上显示文本。
2. CheckBox 控件即_____控件。
3. CheckBoxList 控件常用的事件为_____，代表选项发生变化时引发的事件。
4. RadioButton 是_____。RadioButtonList 控件呈现为一组互相_____的单选按钮。在任一时刻，只有_____个单选按钮被选中。
5. DropDownLis 是下拉列框控件，该控件类似于_____控件。
6. HiddenField 控件可实现_____，一般用于控制页面的一些隐藏变量信息。
7. RangeValidator 控件设定的最小和最大值可以是_____、_____、货币或字符串等类型。
8. 站点地图控件是_____文件。
9. GridView 控件最常用的属性是 DataSourceID，用于_____。

选择题

1. 下面为单选按钮的是（   ）。
   A. ImageButton   B. LinkButton   C. RadioButton   D. Button
2. Wizard 是我们常用的控件，它是指（   ）。
   A. 列表框   B. 文本框   C. 向导控件   D. 标签
3. RegularExpressionValidator 控件的功能是（   ）。
   A. 用于验证规则
   B. 用于展示验证结果
   C. 用于判断输入的内容是否满足制定的范围
   D. 用于判断输入的内容是否符合指定的格式
4. 用于在页面上显示文本的控件是（   ）。
   A. Label   B. TextBox   C. Button   D. LinkButton
5. 可以同时被选中多个的按钮是（   ）。
   A. RadioButton   B. CheckBox   C. ListBox   D. TextBox
6. 为 ListBox 外观设置属性的是（   ）。
   A. SelectedIndex   B. CausesValidation
   C. BorderColor   D. Checked
7. 可以使用户能够方便地在网站的不同页面之间实现跳转的控件是（   ）。
   A. CausesValidation   B. HyperLink
   C. Checked   D. SelectedIndex

判断题

1. Lable 控件显示的信息可分为静态和动态两种。（   ）
2. LinkButton 控件是一个超文本按钮，它的功能不同于 Button 控件。（   ）
3. 位于同一个 CheckBoxList 中的复选框允许同时选中几个或全部选项。（   ）
4. 每个单选按钮可以被选中或不被选中，在任一时刻，可以有多个单选按钮被选中。（   ）

5. DropDownList 控件与 ListBox 控件的不同之处在于它只在框中显示选定项，同时还显示下拉按钮。（ ）
6. 列表框可以为用户提供所有选项的列表。（ ）
7. MultiView 和 View 控件主要用作其他控件和标记的容器。（ ）
8. TextBox 常用的事件有 TextChanged，该事件在文本框被点击时发生。（ ）
9. SqlDataSource 控件的用户界面层与业务逻辑层分离。（ ）

简答题

1. 在网站的页面中添加控件有哪两种方法及步骤？
2. 进入代码编辑窗口有哪两种方法？

第 12 章

ASP.NET 内置对象

■ 本章导读

本章介绍 ASP.NET 中包含了 5 个常用的内置对象，分别是 Request 对象、Response 对象、Application 对象、Session 对象和 Server 对象。最后介绍页面间的跳转和页面间数据传递的方式。

■ 学习目标

（1）掌握 ASP.NET 应用程序中常用对象的使用；
（2）掌握页面的切换和页面之间的数据传递。

12.1 Request

12.1.1 概 述

Request 对象的作用是从浏览器获取信息，它是 System.Web 命名空间中 HttpRequest 类的一个实例，Request 对象用于读取客户端在 Web 请求期间发送的 HTTP 值。Request 对象的常用属性如下所示。

（1）Brower：获取有关正在请求的客户端浏览器功能的信息。可以判断正在浏览网站的客户端浏览器的版本，以及浏览器的一些信息。

（2）Path：获取当前请求的虚拟路径。当在应用程序开发中使用 Request.Path.ToString() 时，就能够获取当前正在被请求文件虚拟路径的值。

（3）UserHostAddress：获取远程客户端 IP 主机的地址。在有些系统中，需要对来访的 IP 进行筛选，使用 Request.UserHostAddress 就能够轻松的判断用户 IP 并进行筛选操作。

（4）QueryString：获取 HTTP 查询字符串变量的集合。通过 QueryString 属性能够获取页面传递的参数。在超链接中，往往需要从一个页面跳转到另外一个页面，跳转的页面需要获取 HTTP 的值来进行相应的操作，在 12.7 小节中将详细讲解。

12.1.2 应用举例

在 VS 2008 中，新建名为 "E01 - Reuest 对象" 的 ASP.NET 网站项目，代码如下所示。

```
public partial class _Default : System.Web.UI.Page
{
    protected void Page_Load(object sender, EventArgs e)
    {
        if (Request.Browser.Browser ! = "IE")
        {
            lblIE.Text = "您使用的不是 Internet Explorer 浏览器";
        }
        else if (Request.Browser.MajorVersion < 6)
        {
            lblIE.Text = "请使用 Internet Explorer 浏览器 6.0 以上的版本运行本程序";
        }
        else
        {
            lblIE.Text = "您使用的是 Internet Explorer 浏览器,版本号为" + Request.Browser.Version;
        }
        lblIP.Text = Request.UserHostAddress.ToString();
        lblPath.Text = Request.Path.ToString();
        lblMapPath.Text = Request.MapPath(Request.Path.ToString());
    }
}
```

运行结果如图 12 - 1 所示。

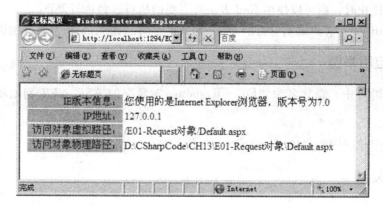

图 12 - 1　Request 对象的应用

> **说明：**
> Request 不仅包括这些常用的属性，还包括其他属性，如用于获取当前目录在服务器虚拟主机中的绝对路径（如 ApplicationPath），获取 HTTP 集合的 Headers 属性。另外，开发人员也可是使用 Request 中的 Form 属性进行页面中窗体的值集合的获取。

12.2 Reponse

12.2.1 概述

Response 对象的作用是向浏览器输出信息，它是 System.Web 命名空间中的 HttpResponse 类的一个实例。HttpResponse 类用户封装页面操作的 HTTP 响应信息。

1. Response 对象的常用属性

（1）BufferOutput：获取或设置一个值，该值指示是否缓冲输出，并在处理整个页面之后将其发送。

（2）Cache：获取 Web 页面的缓存策略。

（3）Charset：获取或设置输出流的 HTTP 字符集类型。

（4）IsClientConnected：获取一个值，通过该值指示客户端是否仍连接在服务器上。

（5）ContentEncoding：获取或设置输出流的 HTTP 字符集。

2. Response 的常用方法

Response 方法可以输出 HTML 流到客户端，其中包括发送信息到客户端和客户端 URL 重定向。不仅如此，Response 还可以设置 Cookie 的值以保存客户端信息。

（1）Write：向客户端发送指定的 HTTP 流，并呈现给客户端浏览器。

（2）End：停止页面的执行并输出相应的结果。当希望在 Response 对象运行，能够中途进行停止时，则可以使用 End 方法对页面的执行过程进行停止。

（3）Redirect：客户端浏览器的 URL 地址重定向。在 12.6 小节将详细讲解。

12.2.2 应用举例

在 VS 2008 中，新建名为"E02 - Response 对象"的 ASP.NET 网站项目，代码如下所示。

```
public partial class _Default : System.Web.UI.Page
{
    protected void Page_Load(object sender, EventArgs e)
    {
        Response.Write("现在时间是:" + DateTime.Now + "<hr/>");
        for (int i = 0; i < 100; i++)                                    //循环100次
```

```
        {
            if (i < 3)                              //判断 i<3
            {
                Response.Write("当前输出了第" + (i+1) + "行<hr/>");//i<3 则输出 i
            }
            else                                    //否则停止输出
            {
                Response.End();                     //使用了 End 方法停止执行
            }
        }
    }
```

> 说明:
> (1) 在上述代码中,第 1 条 Response.Write 代码会向浏览器输出显示当前系统时间的 HTML 流,并被浏览器解析,如图 12-2 所示。
> (2) for 循环代码循环输出 HTML 流 "当前输出了第 X 行",当输出到 3 行时,则停止输出。

运行结果如图 12-2 所示。

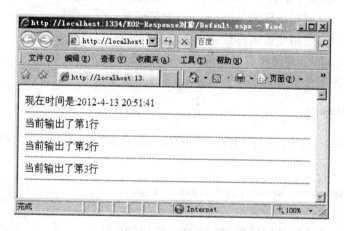

图 12-2 Response 对象的应用

12.3 Application

12.3.1 概 述

Application 对象是为所有用户提供共享信息的手段。它是 System.Web 命名空间中 HttpApplication 类的一个实例,将在客户端第一次向某个特定的 ASP.NET 应用程序的虚拟目录中请求任何 URL 资源时创建。对于 Web 应用上的每个 ASP.NET 应用程序都要创建一个单独的实例,然后通过内部 Application 对象公开对每个实例进行引用。

1. Application 对象的特性

(1) 数据可以在 Application 对象之内进行数据共享,一个 Application 对象可以覆盖多个用户。

(2) Application 对象可以用 Internet Service Manager 来设置而获得不同的属性。

(3) 单独的 Application 对象可以隔离出来并运行在内存中。

(4) 可以停止一个 Application 对象而不会影响到其他 Application 对象。

2. Application 对象的常用属性

(1) AllKey:获取 HttpApplicationState 集合中的访问键。

(2) Count:获取 HttpApplicationState 集合中的对象数。

3. Application 对象的常用方法

(1) Add:新增一个 Application 对象变量。

(2) Clear:清除全部的 Application 对象变量。

(3) Get:通过索引关键字或变量名称得到变量的值。

(4) GetKey:通过索引关键字获取变量名称。

(5) Lock:锁定全部的 Application 对象变量。

(6) UnLock:解锁全部的 Application 对象变量。

(7) Remove:使用变量名称移除一个 Application 对象变量。

(8) RemoveAll:移除所有的 Application 对象变量。

(9) Set:使用变量名更新一个 Application 对象变量。

12.3.2 应用举例

在 VS 2008 中,新建名为 "E03-Application 对象" 的 ASP.NET 网站项目,代码如下所示。

```
public partial class _Default : System.Web.UI.Page
{
    protected void Page_Load(object sender, EventArgs e)
    {
        Application.Add("App1","第一个对象");                      //①
        Application.Add("App2","第二个对象");                      //②
        Application.Add("App3","第三个对象");                      //③
        Response.Write(Application["App1"].ToString() + "<br>");   //④
        for (int i = 0; i < Application.Count; i++)
        {
            Response.Write(Application.Get(i).ToString() + "<br>");  //⑤
        }
```

```
        Application.Lock();                                        //⑥
        Application["App4"] = "第四个对象";                         //⑦
        Application.UnLock();
    }
}
```

> **说明：**
> （1）代码①②③通过使用 Application 对象的 Add 方法能够创建 Application 对象。第一个参数表示名称，第二个参数表示值。
> （2）若需要使用 Application 对象，可以通过索引 Application 对象的变量名进行访问。代码④直接通过使用变量名来获取 Application 对象的值。
> （3）代码⑤通过 Application 对象的 Get 方法也能够获取 Application 对象的值。
> （4）Application 对象可以用来统计在线人数。当页面加载后，可以通过配置文件使用 Application 对象的 Add 方法进行 Application 对象的创建；当用户离开页面时，可以使用 Application 对象的 Remove 方法进行 Application 对象的移除。当 Web 应用不希望用户在客户端修改已经存在的 Application 对象时，可以使用 Lock 对象进行锁定，当执行完毕相应的代码块后，可以解锁。上述代码⑤当用户进行页面访问时，其客户端的 Application 对象被锁定，所以用户的客户端不能够进行 Application 对象的更改。在锁定后，也可以使用 UnLock 方法进行解锁操作。

运行结果如图 12-3 所示。

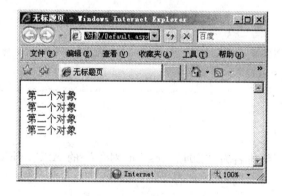

图 12-3 Application 对象的应用

12.4 Session

12.4.1 概述

Session 对象用来存储客户端信息，保留在服务器端，它是 System.Web 命名空间中 HttpSessionState 类的一个实例。Session 是用来存储跨页程序的变量或对象，功能基本与 Application 对象的功能一样。但是，Session 对象的特性与 Application 对象的特性不同，Session 对象变量只针对单一网站的使用者。也就是说，各个机器之间的 Session 对象不尽相同。

例如，用户 A 和用户 B，当用户 A 访问该 Web 应用时，应用程序可以显式地为该用户增加一个 Session 值，同时用户 B 访问该 Web 应用时，应用程序同样可以为用户 B 增加一个 Session 值。用户 A 无法存取用户 B 的 Session 值，用户 B 也无法存取用户 A 的 Session 值。Application 对象终止于 IIS 服务停止，但是 Session 对象变量终止于联机机器离线时。也就是说，当网站使用者关闭浏览器或者网站使用者在页面进行的操作时间超过系统规定时，Session 对象将会自动注销。

1. Session 对象的常用属性

（1）IsNewSession：如果用户访问页面时是创建新会话，则此属性将返回 true，否则将返回 false。

（2）TimeOut：传回或设置 Session 对象变量的有效时间。如果在有效时间内客户没有任何反应，则会自动注销。如果不设置 TimeOut 属性，则系统默认的超时时间为 20 分钟。

2. Session 对象的常用方法

（1）Add：创建一个 Session 对象。

（2）Abandon：结束当前会话并清除对话中的所有信息。如果用户重新访问页面，则可以创建新会话。

（3）Clear：清除全部的 Session 对象变量，但不结束会话。

> 📖 说明：
> Session 对象可以不需要 Add 方法进行创建，直接使用 Session ["变量名"] = 变量值; 的语法也可以进行 Session 对象的创建。

12.4.2 应用举例

在 VS 2008 中，新建名为"E04 - Session 对象"的 ASP .NET 网站项目，代码如下所示。

```
public partial class _Default : System.Web.UI.Page
{
    protected void Page_Load(object sender, EventArgs e)
    {
        if (Session["admin"] ! = null)              //如果 Session["admin"]不为空
        {
            btnLogin.Visible = false;                //显式注销控件
            btnLogoff.Visible = true;                //隐藏注销控件
        }
```

```
protected void btnLogin_Click(object sender, EventArgs e)
{
    Session["admin"] = "admin";                    //新增 Session 对象
    Response.Redirect("Default.aspx");             //页面跳转
}
protected void btnLogoff_Click(object sender, EventArgs e)
{
    Session.Clear();                               //删除所有 Session 对象
    Response.Redirect("Default.aspx");
}
}
```

> 📖 **说明：**
>
> （1）Session 对象可以使用于安全性相比之下较高的场合，如后台登录。在后台登录的制作过程中，管理员有一定的操作时间。而如果管理员在这段时间不进行任何操作的话，为了保证安全性，后台将自动注销。如果管理员需要再次进行操作，则需要再次登录。
>
> （2）在管理员登录时，如果登录成功，则赋给管理员一个 Session 对象，示例代码如 btnLogin_Click 方法所示。
>
> （3）当管理员单击"注销"按钮时，则会注销 Session 对象，示例代码如 btnLogoff_Click 方法所示。
>
> （4）在 Page_Load 方法中，可以判断是否已经存在 Session 对象。如果存在 Session 对象，则说明管理员当前的权限是正常的。而如果不存在 Session 对象，则说明当前管理员的权限可能是错误的，或者是非法用户正在访问该页面。
>
> （5）上述代码中，当管理员没有登录时，则会出现登录按钮；如果登录了，存在 Session 对象，则登录按钮被隐藏，只显示注销按钮。当再次单击"注销"按钮时则会清空 Session 对象，再次返回登录窗口。

运行结果如图 12-4 所示。

（a）登录前　　　　　　　　　　　　（b）登录后

图 12-4　Session 对象的应用

12.5 Server

12.5.1 概　述

Server 对象用于获取服务器端信息。它是 System.Web 命名空间中 HttpServerUtility 类的一个实例，提供用于处理 Web 请求的 Helper 方法，称之为 Server 对象。

1. Server 对象的常用属性

（1）MachineName：获取服务器的计算机名称。

（2）ScriptTimeout：获取和设置请求超时值（以秒计）。

2. Server 对象的常用方法

（1）Execute：在当前请求的上下文中执行指定资源的处理程序，然后将执行返回给调用它的页。

（2）HtmlEncode：对要在浏览器中显示的字符串进行编码。

（3）UrlEncode：编码字符串，以便通过 URL 从 Web 服务器到客户端进行可靠的 HTTP 传输。

（4）MapPath：返回与 Web 服务器上的指定虚拟路径相对应的物理文件路径。

12.5.2 应用举例

在 VS 2008 中，新建名为"E05 - Server 对象"的 ASP.NET 网站项目，代码如下所示。

```csharp
public partial class _Default : System.Web.UI.Page
{
    protected void Page_Load(object sender, EventArgs e)
    {
        Response.Write("计算机名:" + Server.MachineName + "<br/>");
        Response.Write("访问页面的物理路径:" + Server.MapPath("Default.aspx") + "<br/>");
        Response.Write("不使用 HtmlEncode 显示 HTML 代码:<html> <br/>");
        Response.Write("使用 HtmlEncode 显示 HTML 代码::" + Server.HtmlEncode("<html>") + "<br/>");
        Response.Write("使用 UrlEncode 显示 URL:" + Server.UrlEncode("http://www.baidu.com") + "<br/>");
        Server.Execute("Default2.aspx");
    }
}
```

> **说明：**
> "Hello，Server"为Default2.aspx页面上的文字。

运行结果如图12-5所示。

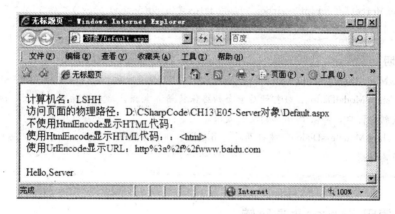

图12-5 Server对象的应用

12.6 网页间的跳转

12.6.1 使用Response对象跳转

1. 使用Response.Redirect()方法

```
Response.Redirect("Second.aspx", false);
```

目标页面和原始页面可以在两个服务器上，可以输入网址或相对路径。后面的bool值为是否停止执行当前页，跳转向新的页面，原窗口被代替。浏览器中的URL为新路径。

Response.Redirect()方法致使浏览器链接到一个指定的URL。当Response.Redirect()方法被调用时，服务器会创建一个应答，应答中指出了状态代码302（表示目标已经改变）以及新的目标URL。浏览器从服务器收到该应答，利用应答头中的信息发出一个对新URL的请求。使用Response.Redirect()方法时重定向操作发生在客户端，总共涉及两次与服务器的通信（两个来回）：第一次是对原始页面的请求，得到一个302应答，第二次是请求302应答中声明的新页面，得到重定向之后的页面。

2. 使用Response.Write()方法

```
Response.Write("<script language='javascript'>window.open('Second.aspx');</script>");
```

目标页面和原始页面可以在两个服务器上，可以输入网址或相对路径。

原窗口保留，另外新增一个页面。

```
Response.Write("<script language='javascript'>window.location='Second.aspx'</script>");
```

打开新的页面，原窗口被代替。

```
Response.Write("<script>window.showModalDialog('Second.aspx')</script>");
Response.Write("<script>window.showModelessDialog(Second.aspx')</script>");
```

> 📖 **说明：**
> showModalDialog 和 showModelessDialog 的不同点如下所示。
> （1）showModalDialog：被打开后就会始终保持输入焦点。除非对话框被关闭，否则用户无法切换到主窗口。类似于 alert 的运行效果。
> （2）showModelessDialog：被打开后，用户可以随机切换输入焦点，对主窗口没有任何影响（最多是被挡住一下）。

12.6.2 使用 Server 对象跳转

1. 使用 Server.Transfer（）方法

```
Server.Transfer("Second.aspx? name=zhangsan", true);
```

目标页面和原始页面在同一个服务器上。

跳转向新的页面，原窗口被代替。浏览器中的 URL 为原路径。

在默认情况下，Server.Transfer（）方法不会把表单数据或查询字符串从一个页面传递到另一个页面，但只要把该方法的第二个参数设置成 true，就可以保留第一个页面的表单数据和查询字符串。

同时，使用 Server.Transfer（）时应注意一点：目标页面将使用原始页面创建的应答流，这导致 ASP.NET 的机器验证检查（Machine Authentication Check，MAC）认为新页面的 ViewState 已被篡改。因此，如果要保留原始页面的表单数据和查询字符串集合，必须把目标页面 Page 指令的 EnableViewStateMac 属性设置成 false。

2. 使用 Server.Execute（）方法

```
Server.Execute("Second.aspx? name=lisi");
```

目标页面和原始页面在同一个服务器上。

跳转向新的页面，再跳转回原始页面。浏览器中的 URL 为原路径不变。

当指定的 aspx 页面执行完毕，控制流程重新返回原页面发出 Server.Execute（）调用的位置。

这种页面导航方式类似于针对 aspx 页面的一次函数调用，被调用的页面能够访问发出调用页面的表单数据和查询字符串集合。所以，要把被调用页面 Page 指令的 EnableViewStateMac 属性设置成 false。

12.7 网页间的数据传递

12.7.1 使用 Request 对象传值

使用 Request 对象的 QuerySting 属性在页面间传递值已经是一种很老的机制了,这种方法的主要优点是实现起来非常简单。然而,它的缺点是传递的值会显示在浏览器的地址栏上(不安全),同时又不能传递对象。如果在传递的值少而安全性要求不高的情况下,这个方法还是一个不错的方案。使用这种方法的步骤如下:

(1) 使用控件创建 web 表单(form)。
(2) 创建可以返回表单的按钮和链接按钮。
(3) 在按钮或链接按钮的单击事件里创建一个保存 URL 的字符变量。
(4) 在保存的 URL 里添加 QueryString 参数。
(5) 使用 Response.Redirect() 重定向到上面保存的 URL。

下面的代码片断演示了如何实现这个方法。

源页面 First.aspx.cs 中的部分代码:

```
private void Button1_Click(object sender, System.EventArgs e)
{
    string url;
    url = "Second.aspx? name = " + TextBox1.Text + "&email = " + TextBox2.Text;
    Response.Redirect(url);
}
```

目标页面 Second.aspx.cs 中的部分代码:

```
private void Page_Load(object sender, System.EventArgs e)
{
    Label1.Text = Request.QueryString["name"];
    Label2.Text = Request.QueryString["email"];
}
```

12.7.2 使用 Session 对象传值

使用 Session 对象,是在页面间传递值的的另一种方式。把控件中的值存在 Session 对象中,然后在另一个页面中使用,以实现不同页面间值传递的目的。需要注意的是,在 Session 对象存储过多的数据会消耗比较多的服务器资源,在使用 session 时应该慎重。同时,我们也应该使用一些清理动作来去除一些不需要的 session,从而降低资源的无谓消耗。使用 Session 对象传递值的一般步骤如下:

(1) 在页面中添加必要的控件。
(2) 创建可以返回表单的按钮和链接按钮。
(3) 在按钮或链接按钮的单击事件里,把控件的值添加到 session 对象中。

(4) 使用 Response.Redirect（或 Server.Transfer）方法重定向到另一个页面。

(5) 在另一个页面提取 session 的值，在确定不需要使用该 session 时，要显式清除它。

下面的代码片断演示了如何实现这个方法。

源页面 Third.aspx.cs 中的部分代码：

```
private void Button1_Click(object sender, System.EventArgs e)
{
    Session["name"] = TextBox1.Text;
    Session["email"] = TextBox2.Text;
    Server.Transfer("Fourth.aspx");
}
```

目标页面 Fourth.aspx.cs 中的部分代码：

```
private void Page_Load(object sender, System.EventArgs e)
{
    Label1.Text = Session["name"].ToString();
    Label2.Text = Session["email"].ToString();
    Session.Remove("name");
    Session.Remove("email");
}
```

12.7.3 使用 Server 对象传值

使用 Server 对象的 Transfer() 方法可以在另一个页面以对象属性的方式来存取显露的值。使用这种方法，需要额外写一些代码来创建属性，以便可以在另一个页面访问。使用这种方法的整个过程如下：

(1) 在页面中添加必要的控件。

(2) 创建返回值的 Get 属性。

(3) 创建可以返回表单的按钮和链接按钮。

(4) 在按钮单击事件处理程序中调用 Server.Transfer() 方法，转移到指定的页面。

(5) 在第二个页面中，使用 Context.Handler 属性来获得前一个页面实例对象的引用。通过它，就可以使用存取前一个页面控件的值了。

Fifth.aspx.cs 中的部分代码：

```
public string Name
{
    get
    {
        return TextBox1.Text;
    }
```

```
    }
    public string E-mail
    {
        get
        {
            return TextBox2.Text;
        }
    }
```

然后调用 Server.Transfer 方法。

```
private void Button1_Click(object sender, System.EventArgs e)
{
    Server.Transfer("Sixth.aspx");
}
```

目标页面代码：

在 Sixth.aspx 中务必在第一句话添加：

<%@ Reference Page = "~/Fifth.aspx" %>或
<%@ PreviousPageType VirtualPath = "~/Fifth.aspx" %>

然后在 Sixth.aspx.cs 中添加：

```
private void Page_Load(object sender, System.EventArgs e)
{
    Fifth f;
    f = (Fifth)Context.Handler;
    Label1.Text = f.Name;
    Label2.Text = f.EMail;
}
```

12.7.4 使用 Application 对象传值

Application 对象的作用范围是全局的，也就是说对所有用户都有效。其常用的方法有 Lock 和 UnLock。

Seventh.aspx.cs 的 C#代码：

```
private void Button1_Click(object sender, System.EventArgs e)
{
    Application["name"] = TextBox1.Text;
    Server.Transfer("Eighth.aspx");
}
```

Eighth.aspx.cs 的 C#代码：

```
private void Page_Load(object sender, EventArgs e)
```

```
{
    Application.Lock();
    Label1.Text = Application["name"].ToString();
    Application.UnLock();
}
```

练 习 题

填空题

1. Response 对象最主要的功能就是将请求的信息显示在浏览器上，该功能通过_____方法实现。
2. Application 对象应用最多的方法是_____和_____。
3. _____对象的功能是用来存储用户的私有数据，保存会话变量的值保存全局信息。
4. Request 对象用于读取客户端在 Web 请求期间发送的 HTTP 值。通过_____属性能够获取页面传递的参数。

选择题

1. Response 对象的一个功能是实现从当前页面跳转到指定页面，它完成该功能使用的主要方法是（　　）。
   A. Redirect（ ）　　　B. MapPath（ ）　　　C. End（ ）　　　D. Flush（ ）
2. Request 对象中获取 Get 方式提交数据的方法是（　　）。
   A. Cookies　　　B. ServerVariables　　　C. QueryString　　　D. Form
3. 页面的有效期进行设置应该使用的对象是（　　）。
   A. session　　　B. application　　　C. response　　　D. request

判断题

1. Application 对象是一个公有变量，允许多个用户对它访问。（　　）
2. Session 变量值可以在使用时随时读取。（　　）

简答题

1. ASP .NET 有哪些常用内置对象，它们的功能各是什么？
2. 简述使用 Application 加锁与解锁。

第13章 Web 应用程序开发实例

■ **本章导读**

本章介绍了办公自动化 Web 应用程序的开发过程，包括需求分析、总体规划和功能模块的划分。本章还介绍了三层架构（视图层 WebUI、业务逻辑层 Business、实体层 Entity 和数据访问层 DBAccess）的概念和搭建过程。最后给出了页面的具体实现过程。

■ **学习目标**

（1）理解三层架构的概念；
（2）掌握三层架构的搭建过程；
（3）掌握数据库的设计方法；
（4）掌握 Web 应用程序的设计。

13.1 系统分析与总体规划

办公自动化系统是伴随着企业对信息化建设和 Internet 技术的广泛应用应运而生的。当代社会正处在从"工业社会"向"信息社会"过渡的伟大时代。在这个信息技术突飞猛进的时代，每个企业都必须紧跟时代的步伐，加强企业竞争力和提升现代化企业的管理能力。伴随着企业对信息化需求的增长，计算机、网络技术已渗透到企业的日常工作中。传统企业信息的交流方式已逐渐不能满足企业对大量信息的快速传递与处理的需求。

13.1.1 需求分析

需求分析的基本任务：确定系统的目标和范围，调查用户的需求，分析系统必须做什么，编写需求规格说明书以及需求工程审查等其他相关文档。同时，还包括需求变更的控制、需求风险的控制、制定需求过程的基本计划等工作。

业务需求是反映组织机构或客户对软件高层次的目标要求，这项需求是用户高层领导机构决定的,它确定了系统的目标规模和范围。用户需求是用户使用该软件要完成的任务。功能需求是软件开发人员必须实现的软件功能。非功能需求是产品必须具备的属性或品质,包括对用户的重要属性(有效性、效率、灵活性、完整性、互操作性、可靠性、健壮性、可用性)和开发者的质量属性(可维护性、可复用性、可测试性)。

通过调查,要求系统具有以下功能:
(1) 要求有良好的人机界面,操作简单。
(2) 管理系统用户。由于该系统的使用对象较多,要求有良好的权限管理。
(3) 提供个人办公服务。
(4) 对企业员工的基本情况进行全面管理。
(5) 管理企业的会议信息、发文信息和公共信息。
(6) 在相应的权限下,删除数据方便简单,数据稳定性好。
(7) 功能完善,数据分布合理,可扩充性好。
(8) 系统运行率高,稳定性好。
(9) 当外界环境干扰本系统时,系统可以自动保护原始数据的安全。
(10) 系统退出。

13.1.2 总体规划

系统功能模块结构图反映了办公管理系统的系统功能模块的划分,如图 13-1 所示。

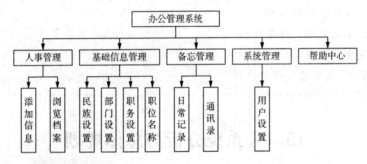

图 13-1 系统功能模块结构图

1. 人事管理模块功能描述
(1) 添加人事信息:
添加新进职员的基本资料及详细信息,修改、删除资料库中的信息。
(2) 人事档案浏览:
查询全体职员的概要列表、查询某个职员的详细信息。
2. 基础信息管理模块功能描述
(1) 民族档案管理:添加、修改、删除、查询民族档案信息。
(2) 部门设置管理:添加、修改、删除、查询部门信息。
(3) 职位设置管理:添加、修改、删除、查询职位信息。
(4) 职务设置管理:添加、修改、删除、查询职务信息。

3. 备忘管理模块功能描述

（1）日常记事：发布、更新公司公告，查询发布信息。

（2）通讯录：添加、删除联系人，查找号码，修改通讯信息。

4. 系统管理模块功能描述

用户权限设置，登录、退出系统。

5. 帮助中心模块功能描述

与管理员取得联系。

13.1.3 功能模块

办公管理系统主要包括：系统登录模块、人事管理模块、基础信息管理模块、备忘管理模块、系统管理模块和帮助中心。

（1）系统登录模块：主要用于用户登录管理。

（2）人事管理模块：主要包括人事档案浏览及人事资料的添加、查询、修改等方面。

（3）基础信息管理模块：主要包括民族档案管理、部门类别设置、职务类别设置和职位类别设置这几个部分。

（4）备忘管理模块：主要包括对日常记事和通讯录的管理。

（5）系统管理模块：通过用户设置这部分来区分用户类别，目前主要分为普通用户和管理用户这两大类别。

（6）帮助中心：当遇到问题时请及时与管理员联系，便于对系统的管理与维护。

13.2 系统框架设计

13.2.1 三层架构

前面编写的示例应用程序，由于功能比较简单，所有的代码都放在一起，没有涉及任何分层的概念。对于简单的应用程序来说，那样的处理尚能接受，但是对于一个大型的应用系统来说，如果所有代码都放在一起，既不利于以后功能的扩展，又没有任何灵活性可言。.NET 编程语言借鉴了 Java 的 MVC 思想，产生了三层架构体系。

三层体系结构，是在客户端与数据库之间加入了一个"中间层"。这里所说的三层体系，不是物理上的三层，而是指逻辑上的三层，是一种体系结构，它是源自并优化了经典体系模式 MVC 模式的产物。

1. 小餐馆的例子

在现实生活中，可以找到三层体系结构的影子。经营一个饭店，会请3种员工：一种是服务员，负责给客户提供服务；另一种是厨师，负责烹饪美食；还有一种是采购员，负责为厨师提供做菜的原料。如图 13-2 所示。饭店的整个业务分解为3部分来完成，每一部分各负其责：服务员只管接待顾客、向厨师传递顾客的需求；厨师只管烹炒不同口味、不同特色的美食；采购员只管提供美食原料。他们三者分工合作，共同为顾客提供满意的服务。在饭店为顾客提供服务期间，服务员、厨师、采购员，三者中任何一者的人员发生变化时，都会影响其他二者的正常工作，只有对变化者进行重新调整才能正常营业。有了良好而明确的分工后，管理就比较容易。如果客户批评饭店服务态度不好，肯定是服务员出了问题，不可能是厨师或采购员；如果是菜的味道不好，那就是厨师出了问题，与服务员无关。

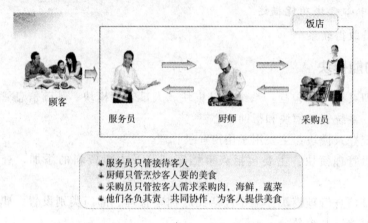

图 13-2 饭店三层架构图

用三层结构开发的软件系统与此相似，典型的三层结构包括表示层、业务逻辑层和数据访问层。使用三层结构创建的应用系统，由于层与层之间的低耦合、层内部的高内聚，使得解决方案的维护和增强变得更容易。如图 13-3 所示。

(1) 表示层就像饭店的服务员，直接和客户打交道，提供软件系统与用户交互的接口。

(2) 业务逻辑层是表示层和数据访问层之间的桥梁，负责数据处理和传递，就像饭店的厨师，负责把采购回来的食品加工完成，传递给服务员。

(3) 数据访问层只负责数据的存取工作，类似于饭店的采购员，系统里有什么数据取决于数据访问层的工作，饭店能够提供什么样的饭菜首先取决于采购员购买的材料。

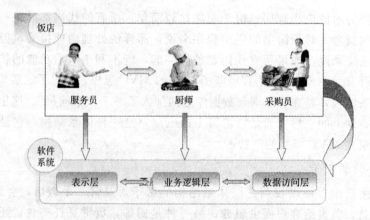

图 13-3 饭店与软件系统对应的三层架构图

2. 三层架构概念

.NET 项目 "三层架构" 的表示层、业务逻辑层和数据访问层，在项目依赖方向上是从表示层到数据访问层，在数据返回方向是从数据访问层到表示层，如图 13-4 所示。

（1）表示层：通俗讲就是展现给用户的界面，即用户在使用一个系统时的所见所得。位于最外层（最上层），离用户最近。用于显示数据和接收用户输入的数据，为用户提供一种交互式操作的界面。

（2）业务逻辑层：针对具体问题的操作，也可以说是对数据层的操作，对数据业务的逻辑处理。负责处理用户输入的信息，或者是将这些信息发送给数据访问层进行保存，以及调用数据访问层中的方法再次读出这些数据。中间业务层也可以包括一些对 "商业逻辑" 描述的代码在里面。

（3）数据访问层：直接操作数据库，对数据的增添、删除、更新和查找。仅实现对数据的保存和读取操作。数据访问，可以访问数据库系统、二进制文件、文本文档或是 XML 文档等。

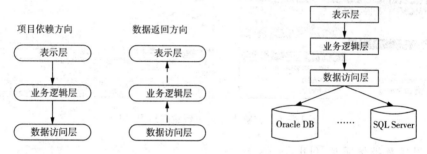

图 13-4 软件系统三层架构图

13.2.2 项目架构搭建

在 Visual Studio 2008 开发环境中，三层架构的搭建过程，具体步骤如下：

1. 建立解决方案

在 Visual Studio 2008 开发环境中，选择主菜单 "文件" → "新建" → "项目"，在弹出的 "新建项目" 对话框的 "项目类型" 中选中 "Visual Studio 解决方案"，然后在 "模板" 中选中 "空白解决方案"，最后在 "名称" 文本框中输入 "OA System" 作为解决方案名称，如图 13-5 所示。如果有必要，可以修改解决方案的所在 "位置"，最后单击 "确定" 按钮。

2. 创建视图层（WebUI）

在 Visual Studio 2008 开发环境中，选择主菜单 "文件" → "添加" → "新建网站"，打开 "添加新网站" 对话框，选择模板 "ASP .NET 网站"，在 "位置" 中选择 "OA System" 解决方案所在目录，在路径后面输入 "WebUI"，最后单击 "确定" 按钮，如图 13-6 所示。

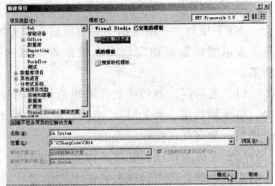

图 13-5　创建空白解决方案

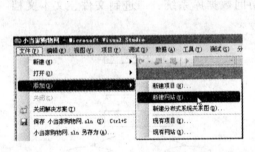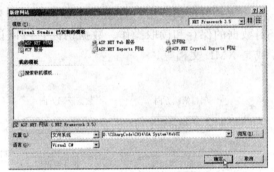

图 13-6　在解决方案中新建网站 WebUI

3. 创建数据访问层（DBAccess）

在 Visual Studio 2008 开发环境中，选择主菜单"文件"→"添加"→"新建项目"，打开"添加新项目"对话框，在"模板"中选择"类库"，在"名称"文本框中输入"DBAccess"，在"位置"中选择"OA System"解决方案所在目录，最后单击"确定"按钮。如图 13-7 所示。

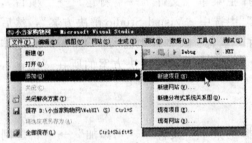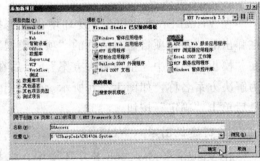

图 13-7　在解决方案中新建 DBAccess 类库项目

4. 创建业务逻辑层（Business）

在 Visual Studio 2008 开发环境中，选择主菜单"文件"→"添加"→"新建项目"，打开"添加新项目"对话框，在"模板"中选择"类库"，在"名称"文本框中输入"Business"，在"位置"中选择"OA System"解决方案所在目录，最后单击"确定"按钮。如图 13-8 所示。

 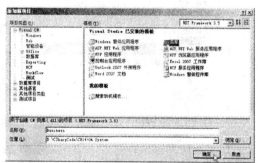

图 13-8 在解决方案中新建 Business 类库项目

5. 创建实体层（Entity）

在 Visual Studio 2008 开发环境中，选择主菜单"文件"→"添加"→"新建项目"，打开"添加新项目"对话框，在"模板"中选择"类库"，在"名称"文本框中输入"Entity"，在"位置"中选择"OA System"解决方案所在目录，最后单击"确定"按钮。如图 13-9 所示。

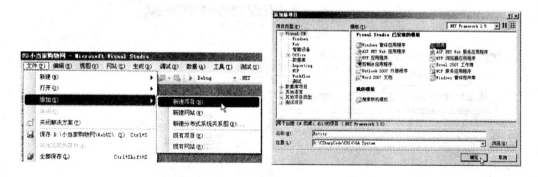

图 13-9 在解决方案中新建 Entity 类库项目

6. 生成类库项目

在"解决方案资源管理器"中，右键分别单击"Business"、"DBAccess"和"Entity"3 个类库项目，选择"生成"，生成对应的"*.dll"动态链接库文件，如图 13-10 所示。

图 13-10　对类库项目进行生成操作

7. 视图层（WebUI）添加业务逻辑层（Business）和实体层（Entity）引用

在"解决方案资源管理器"中，右键单击网站项目"WebUI"，选择"添加引用"，在"添加引用"对话框中，选择"项目"选项卡，在"项目名称"中选择"Business"和"Entity"，最后点击"确定"按钮。如图 13-11 所示。

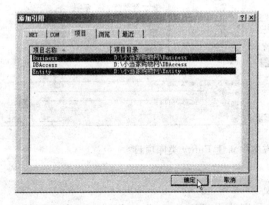
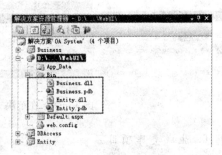

图 13-11　在 WebUI 网站项目中添加对 Business、Entity 类库项目的引用

8. 业务逻辑层（WebUI）添加数据访问层（DBAccess）和实体层（Entity）引用

在"解决方案资源管理器"中，右键单击类库项目"Business"，选择"添加引用"，在"添加引用"对话框中，选择"项目"选项卡，在"项目名称"中选择

"DBAccess"和"Entity",最后点击"确定"按钮。如图 13-12 所示。

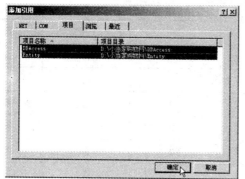

图 13-12　在 Business 类库项目中添加对 DBAccess、Entity 类库项目的引用

9. 项目架构搭建成功

三层架构搭建完成后,"解决方案资源管理器"如图 13-13 所示。

图 13-13　三层架构搭建完成

13.2.3　数据库设计

(1) 本系统中共包含 6 张数据表,表结构如表 13-1 至表 13-6 所示。

表 13-1　用户信息表

字段名	说明	类型	长度	可否为空	主键
uid	用户编号	Int	—	否	是
uname	用户名	varchar2	20	否	否
upwd	用户密码	varchar2	20	否	否
usergroup	用户分组	Int	20	否	否

表 13-2 职工信息表

字段名	说明	类型	长度	可否为空	主键
pid	职工编号	int	—	否	是
uname	职工姓名	varchar2	99	否	否
pname	用户名	varchar2	4000	否	否
dept	所在部门	varchar2	100	否	否
post	职务	varchar2	20	否	否
head	职称	varchar2	20	否	否
employee	员工类型	varchar2	20	否	否
sex	性别	varchar2	20	否	否
worklength	工龄	varchar2	20	否	否
spec	专业	varchar2	20	否	否
kulter	学历	varchar2	20	否	否
visage	政治面貌	varchar2	20	否	否
age	年龄	varchar2	20	否	否
college	毕业院校	varchar2	20	否	否

表 13-3 部门信息表

字段名	说明	类型	长度	可否为空	主键
did	部门编号	Int	—	否	是
dname	部门名称	varchar2	20	否	否

表 13-4 职务信息表

字段名	说明	类型	长度	可否为空	主键
pid	职务编号	Int	—	否	是
pname	职务名称	varchar2	20	否	否

表 13-5 职称信息表

字段名	说明	类型	长度	可否为空	主键
hid	职称编号	int	—	否	是
hname	职称名称	varchar2	20	否	否

表 13-6　日常信息表

字段名	说　明	类　型	长　度	可否为空	主　键
nid	公告编号	int	—	否	是
nname	公告主题	varchar2	1000	否	否
ncontent	公告内容	varchar2	4000	否	否
ntime	公告时间	varchar2	99	否	否
type	公告类型	varchar2	50	否	否

（2）使用存储过程可以让系统操作数据的程序变得简单而易于维护，同时还能在很大程度上提高程序的性能。本系统共包含 38 个存储过程。

13.2.4　数据访问层实现

数据访问层（DBAccess）是三层网站项目的关键层，具有较强的通用性。因为数据访问层可以被业务层的多个文件调用，为了方便使用，将 DB 类定义为静态类。

DB 类中，定义了 6 个静态方法，分别是 ExecuteSQL 方法（3 次重载）、GetDataSet 方法（2 次重载）和 GetValues 方法，代码如下所示。

```csharp
public static class DB                        //为了方便业务层调用,定义静态类
{
    static SqlConnection conn;                //定义静态数据库连接对象
    static SqlCommand cmd;                    //定义静态数据库命令对象
    static SqlDataAdapter sda;                //定义静态数据适配器对象
    static SqlDataReader sdr;                 //定义静态读数据对象
    static DB()                               //静态构造函数
    {
        conn = new SqlConnection();
        conn.ConnectionString =               //从 web.config 配置文件中读取数据库连接字符串
            ConfigurationManager.ConnectionStrings["connstring"].ConnectionString;
        cmd = new SqlCommand();
        cmd.Connection = conn;
        sda = new SqlDataAdapter();
    }
    /// <summary>
    /// 定义静态方法,执行 SQL 语句或存储过程
    /// </summary>
    /// <param name = "cmdText">SQL 语句或存储过程名称</param>
    /// <param name = "cmdType">指定参数 cmdText 是 SQL 语句,还是存储过程</param>
    /// <param name = "names">存储过程输入参数名称组成的数组</param>
    /// <param name = "values">存储过程输入参数值组成的数组</param>
    /// <param name = "outname">存储过程输出参数名称</param>
```

```csharp
/// <param name = "outvalue">接收存储过程输出参数返回值</param>
/// <param name = "dbType">存储过程输出参数类型</param>
/// <returns>返回影响行数</returns>
public static int ExecuteSQL(string cmdText, CommandType cmdType, string[ ] names, object[ ] values,string outname, out object outvalue, SqlDbType dbType)
{
    cmd.CommandText = cmdText;
    cmd.CommandType = cmdType;
    //将输入参数添加到命令对象中
    cmd.Parameters.Clear();
    if (names ! = null)
    {
        for (int i = 0; i < names.Length; i++ )
        {
            cmd.Parameters.AddWithValue(names[i], values[i]);
        }
    }
    //将输出参数添加到命令对象中
    if (outname ! = null)
    {
        SqlParameter para = new SqlParameter(outname, dbType);
        para.Direction = ParameterDirection.Output;
        cmd.Parameters.Add(para);
    }
    //打开数据库连接
    if (conn.State = = ConnectionState.Closed)
    {
        conn.Open();
    }
    int count = cmd.ExecuteNonQuery();          //执行命令对象
    conn.Close();
    //将输出参数值赋给 outvalue 变量
    if (outname ! = null)
    {
        outvalue = cmd.Parameters[outname].Value;
    }
    else
    {
        outvalue = null;
    }
    return count;
}
```

```csharp
/// <summary>
/// 定义静态方法,执行 SQL 语句或存储过程
/// </summary>
/// <param name = "cmdText">SQL 语句或存储过程名称</param>
/// <param name = "cmdType">指定参数 cmdText 是 SQL 语句,还是存储过程</param>
/// <param name = "names">存储过程输入参数名称组成的数组</param>
/// <param name = "values">存储过程输入参数值组成的数组</param>
/// <returns>返回影响行数</returns>
public static int ExecuteSQL(string cmdText, CommandType cmdType, string[ ] names, object[ ] values)
{
    cmd.CommandText = cmdText;
    cmd.CommandType = cmdType;
    cmd.Parameters.Clear();
    if (names ! = null)
    {
        for (int i = 0; i < names.Length; i++)
        {
            cmd.Parameters.AddWithValue(names[i], values[i]);
        }
    }
    if (conn.State = = ConnectionState.Closed)
    {
        conn.Open();
    }
    int count = cmd.ExecuteNonQuery();
    conn.Close();
    return count;
}
/// <summary>
/// 定义静态方法,执行 SQL 语句或存储过程
/// </summary>
/// <param name = "cmdText">SQL 语句或存储过程名称</param>
/// <param name = "cmdType">指定参数 cmdText 是 SQL 语句,还是存储过程</param>
public static int ExecuteSQL(string cmdText, CommandType cmdType)
{
    cmd.CommandText = cmdText;
    cmd.CommandType = cmdType;
    cmd.Parameters.Clear();
    if (conn.State = = ConnectionState.Closed)
    {
        conn.Open();
```

```csharp
        }
        int count = cmd.ExecuteNonQuery();
        conn.Close();
        return count;
    }
    /// <summary>
    ///定义静态方法,获取数据集对象
    /// </summary>
    /// <param name = "cmdText">SQL 语句或存储过程名称</param>
    /// <param name = "cmdType">指定参数 cmdText 是 SQL 语句,还是存储过程</param>
    /// <param name = "tablename">指定数据表对象名称</param>
    /// <returns>返回数据集对象</returns>
    public static DataSet GetDataSet(string cmdText, CommandType cmdType, string tablename)
    {
        sda.SelectCommand = new SqlCommand();
        sda.SelectCommand.CommandText = cmdText;
        sda.SelectCommand.CommandType = cmdType;
        sda.SelectCommand.Connection = conn;
        DataSet ds = new DataSet();
        sda.Fill(ds, tablename);
        return ds;
    }
    /// <summary>
    ///定义静态方法,获取数据集对象
    /// </summary>
    /// <param name = "cmdText">SQL 语句或存储过程名称</param>
    /// <param name = "cmdType">指定参数 cmdText 是 SQL 语句,还是存储过程</param>
    /// <param name = "tablename">指定数据表对象名称</param>
    /// <param name = "names">存储过程输入参数名称组成的数组</param>
    /// <param name = "values">存储过程输入参数值组成的数组</param>
    /// <returns>返回数据集对象</returns>
    public static DataSet GetDataSet(string cmdText, CommandType cmdType, string tablename,
                                        string[] names, object[] values)
    {
        sda.SelectCommand = new SqlCommand();
        sda.SelectCommand.CommandText = cmdText;
        sda.SelectCommand.CommandType = cmdType;
        sda.SelectCommand.Connection = conn;
        if (names != null)
        {
            for (int i = 0; i < names.Length; i++)
            {
```

```
            sda.SelectCommand.Parameters.AddWithValue(names[i], values[i]);
        }
    }
    DataSet ds = new DataSet();
    sda.Fill(ds, tablename);
    return ds;
}
/// <summary>
/// 定义静态方法，获取一行数据
/// </summary>
/// <param name = "cmdText">SQL 语句或存储过程名称</param>
/// <param name = "cmdType">指定参数 cmdText 是 SQL 语句，还是存储过程</param>
/// <param name = "names">存储过程输入参数名称组成的数组</param>
/// <param name = "values">存储过程输入参数值组成的数组</param>
/// <returns>返回一行数据</returns>
public static object[] GetValues(string cmdText, CommandType cmdType, string[] names, object[] values)
{
    cmd.CommandText = cmdText;
    cmd.CommandType = cmdType;
    cmd.Parameters.Clear();
    if (names != null)
    {
        for (int i = 0; i < names.Length; i++)
            cmd.Parameters.AddWithValue(names[i], values[i]);
    }
    if (conn.State == ConnectionState.Closed)
        conn.Open();
    sdr = cmd.ExecuteReader();
    object[] value = null;
    int count = sdr.FieldCount;
    while (sdr.Read())
    {
        value = new object[count];
        for (int i = 0; i < count; i++)
            value[i] = sdr[i];
    }
    sdr.Close();
    conn.Close();
    return value;
}
```

13.3 功能模块设计

13.3.1 用户登录页面

本系统分为两种用户：管理员和普通用户。管理员用户登录后，可以对信息进行增、删、改、查。而普通用户登录后，通过权限设定，只能进行信息的浏览。两种用户的登录页面相同，都是"Login.aspx"，如图 13-14 所示。

图 13-14 登录页面

Login.aspx 页面，"登录系统"按钮代码如下所示。

```csharp
protected void ib_login_Click(object sender, ImageClickEventArgs e)
{
    UserBusiness ub = new UserBusiness();
    if (ub.IsUserExist(txtUsername.Text.Trim()) > 0)
    {
        if (ub.CheckUser(txtUsername.Text.Trim(), txtPwd.Text.Trim()) > 0)
        {
            string code = tb_txtcode.Text.Trim().ToLower().ToString();
            if (code == Request.Cookies["CheckCode"].Value.ToLower().ToString())
            {
                Session["User"] = ub.GetLoginUser(txtUsername.Text.Trim());
                int usergroup =
Convert.ToInt32(ub.GetUser(((User)Session["User"]).Usergroup).Tables[0].Rows[0][3]
.ToString());
                Session["group"] = usergroup;
                if (usergroup == 1)
                {
                    Response.Redirect("index.aspx");      //用户类型为1时则代表的是管
                                                           理员登录
                }
                else
                {
                    Response.Write("<script>alert('你只是普通用户,只能对数据进行浏览.');
                        window.open('index.aspx','_self')</script>");
                }
```

```
                }
            }
            else
            {
                Response.Write("<script language='javascript'>alert('验证码错误!');</script>");
            }
        }
        else
        {
            Response.Write("<script language='javascript'>alert('用户名或密码错误!');</script>");
        }
    }
}
```

在表示层调用业务逻辑层（UserBusiness）的 IsUserExsit、CheckUser 两个方法，方法代码如下所示。

```
public int IsUserExist(string uname)
{
    string[] paras = { "@username" };
    object[] values = { uname };
    string outpara = "@result";
    object outvalue = "";
    DBAccess.DBAccess.ExecuteSQL("IsUserExist", CommandType.StoredProcedure, paras,
     values, outpara, out outvalue, SqlDbType.Int);
    int result = Convert.ToInt32(outvalue);
    return result;
}
public int CheckUser(string uname, string upwd)
{
    string[] paras = { "@username", "@password" };
    object[] values = { uname, upwd };
    string outpara = "@result";
    object outvalue = "";
    DBAccess.DBAccess.ExecuteSQL("CheckUser", CommandType.StoredProcedure, paras,
     values, outpara, out outvalue, SqlDbType.Int);
    int result = Convert.ToInt32(outvalue);
    return result;
}
```

在业务逻辑层调用了数据访问层（DBAccess）的 ExecuteSQL 方法，实现数据库的操作。为该方法传递了 7 个参数，分别表示存储过程的名称、命令参数类型、输入参数名数组、输入参数值数组、输出参数名、输出参数值和输出参数类型。

13.3.2 添加员工页面

添加员工页面（addPerInfo.aspx），如图 13-15 所示。

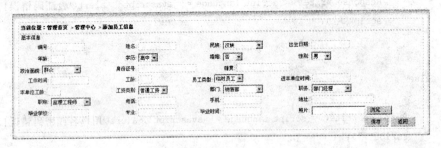

图 13-15 添加员工页面

addPerInfo.aspx 页面，"保存"按钮代码如下所示。

```csharp
protected void btn_save_Click(object sender, EventArgs e)
{
    tb_perInfo permodel = new tb_perInfo();
    permodel.Pernum = tb_pernum.Text.Trim();
    permodel.Pername = tb_pername.Text.Trim();
    permodel.Folk = ddl_folk.SelectedItem.Text.ToString();
    permodel.Birthday = tb_birthday.Text.Trim();
    permodel.Age = int.Parse(tb_age.Text);
    permodel.Kultur = ddl_kultur.SelectedItem.Text.ToString();
    permodel.Marriage = ddl_marr.SelectedItem.Text.ToString();
    permodel.Sex = ddl_sex.SelectedItem.Text.ToString();
    permodel.Visage = ddl_vis.SelectedItem.Text.ToString();
    permodel.Idcard = tb_IDCard.Text.Trim();
    permodel.Origo = tb_origo.Text.Trim();
    permodel.Workdate = tb_workdate.Text.Trim();
    permodel.Worklength = int.Parse(tb_worklen.Text);
    permodel.Employee = ddl_emp.SelectedItem.Text.ToString();
    permodel.Intoworkdate = tb_inwork.Text.Trim();
    permodel.Intoworklength = int.Parse(tb_inworklen.Text);
    permodel.Laboragetype = ddl_labtype.SelectedItem.Text.ToString();
    permodel.Branch = ddl_branch.SelectedItem.Text.ToString();
    permodel.Headship = ddl_head.SelectedItem.Text.ToString();
    permodel.Zhichen = ddl_zc.SelectedItem.Text.ToString();
    permodel.Phone = tb_phone.Text.Trim();
    permodel.Handset = tb_handset.Text.Trim();
    permodel.Address = tb_address.Text.Trim();
    permodel.School = tb_school.Text.Trim();
```

```csharp
        permodel.Speciality = tb_spe.Text.Trim();
        permodel.Graduatedate = tb_gradate.Text.Trim();
        string perphoto = FileUpload1.FileName.ToString();
        if (perphoto != "")
        {
            string photopath = Server.MapPath("Photo");
            FileUpload1.SaveAs(photopath + "\\" + perphoto);
        }
        permodel.Photoimage = perphoto;
        PerInfo p = new PerInfo();
        int i = p.AddPerInfo(permodel);
        if (i > 0)
        {
            Response.Write("<script>alert('添加成功')</script>");
            ViewState["photo"] = null;
        }
        else
            Response.Write("<script>alert('添加失败')</script>");
}
```

在表示层调用业务逻辑层（PerInfo）的 AddPerInfo 方法，方法代码如下所示。

```csharp
public int AddPerInfo(tb_perInfo permodel)
{
    string[] names = { "@Pernum", "@Pername", "@Folk", "@Birthday", "@Age", "@Kultur", "@Marriage",
                       "@Sex", "@Visage", "@Idcard", "@Origo", "@Workdate", "@Worklength", "@Employee",
                       "@Intoworkdate", "@Intoworklength", "@Laboragetype", "@Branch", "@Headship",
                       "@Zhichen", "@Phone", "@Handset", "@Address", "@School", "@Speciality",
                       "@Graduatedate", "@Photoimage" };
    object[] values = { permodel.Pernum, permodel.Pername, permodel.Folk, permodel.Birthday,
                        permodel.Age,
                        permodel.Kultur, permodel.Marriage, permodel.Sex, permodel.Visage,
                        permodel.Idcard,
                        permodel.Origo, permodel.Workdate, permodel.Worklength, permodel.Employee,
                        permodel.Intoworkdate, permodel.Intoworklength, permodel.Laboragetype,
                        permodel.Branch, permodel.Headship, permodel.Zhichen, permodel.Phone,
                        permodel.Handset, permodel.Address, permodel.School, permodel.Speci-
```

```
            ality,
                permodel.Graduatedate,permodel.Photoimage};
    return DBAccess.DBAccess.ExecuteSQL("AddPerInfo",CommandType.StoredProcedure,names,
values);
}
```

在业务逻辑层调用了数据访问层（DBAccess）的 ExecuteSQL 方法，实现数据库的操作。为该方法传递了 4 个参数，分别表示存储过程的名称、命令参数类型、输入参数名数组、输入参数值数组。

13.3.3 人事资料浏览页面

人事资料查询页面（HRData.aspx），如图 13-16 所示。

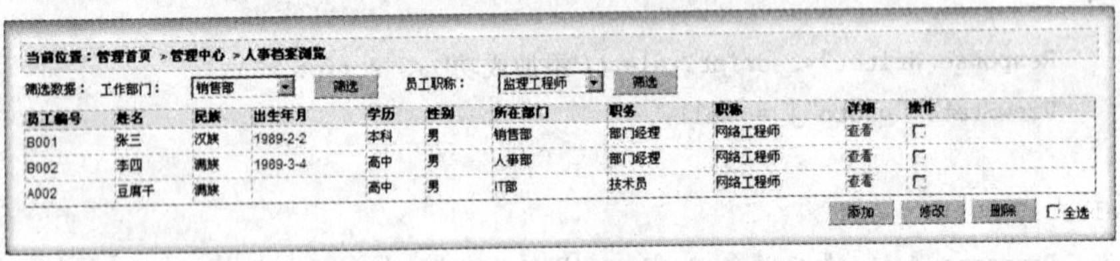

图 13-16 人事资料浏览页面

后台代码如下所示。

```
public partial class HRData : System.Web.UI.Page
{
    protected void Page_Load(object sender, EventArgs e)
    {
        if (! IsPostBack)
        {
            string hrefurl = Request.Url.PathAndQuery;
            if (hrefurl.Substring(6).ToString() == "HRData.aspx")
            {
                lbl_url.Text = "人事档案浏览";
            }
            string usergroup = Session["group"].ToString();
            if (usergroup ! = "1")
            {
                btn_add.Enabled = false;
                btn_update.Enabled = false;
                btn_del.Enabled = false;
            }
            BindGridView();
        }
        btn_del.Attributes.Add("onclick","javascript:return window.confirm('您确定删除
```

吗？')");
}
private void BindGridView()
{
    PerInfo p = new PerInfo();
    this.gvPer.DataSource = p.GetAllPerInfo();
    this.gvPer.DataBind();
}
protected void gvPer_PageIndexChanging(object sender, GridViewPageEventArgs e)
{
    this.gvPer.PageIndex = e.NewPageIndex;
    BindGridView();
}
protected void btn_add_Click(object sender, EventArgs e)
{
    Response.Redirect("addPerInfo.aspx");
}
protected void btn_update_Click(object sender, EventArgs e)
{
    bool cbstate = false;
    for (int i = 0; i < gvPer.Rows.Count; i++)
    {
        CheckBox cb = (CheckBox)gvPer.Rows[i].FindControl("chbSelect");
        if (cb.Checked)
        {
            cbstate = true;
            int perid = int.Parse(gvPer.DataKeys[i].Value.ToString());
            string pernum = gvPer.DataKeys[i][1].ToString();
            Response.Redirect("updatePerInfo.aspx" + "? perid = " + perid + "&&pernum = " + pernum);
        }
    }
    if (! cbstate)
    {
        Response.Write("<script>alert('请选择要修改的数据.')</script>");
        return;
    }
}
protected void btn_del_Click(object sender, EventArgs e)
{
    int count = this.gvPer.Rows.Count;
    for (int i = 0; i < count; i++)

```csharp
        {
            if ((((CheckBox)this.gvPer.Rows[i].Cells[0].FindControl("chbSelect")).Checked =
                = true)
            {
                PerInfo p = new PerInfo();
                p.deletePerInfo(this.gvPer.DataKeys[i].Value.ToString());
            }
        }
        BindGridView();
    }
    protected void cb_all_CheckedChanged(object sender, EventArgs e)
    {
        if (cb_all.Checked)
        {
            int count = this.gvPer.Rows.Count;
            for (int i = 0; i < count; i++)
            {
                ((CheckBox)this.gvPer.Rows[i].Cells[0].FindControl("chbSelect")).Checked =
                    true;
            }
        }
        else
        {
            int count = this.gvPer.Rows.Count;
            for (int i = 0; i < count; i++)
            {
                ((CheckBox)this.gvPer.Rows[i].Cells[0].FindControl("chbSelect")).Checked =
                    false;
            }
        }
    }
}
```

13.3.4 人事资料查询页面

人事资料查询页面（perInfoQuery.aspx），如图 13-17 所示。

图 13-17 人事资料查询页面

后台代码如下所示。

```csharp
public partial class perInfoQuery : System.Web.UI.Page
{
    protected void Page_Load(object sender, EventArgs e)
    {
        if (!IsPostBack)
        {
            string hrefurl = Request.Url.PathAndQuery;
            if (hrefurl.Substring(6).ToString() == "HRData.aspx")
            {
                lbl_url.Text = "人事档案浏览";
            }
            string usergroup = Session["group"].ToString();
            if (usergroup != "1")
            {
                btn_add.Enabled = false;
                btn_update.Enabled = false;
                btn_del.Enabled = false;
            }
            BindGridView();
            BindDDL();
        }
        btn_del.Attributes.Add("onclick", "javascript:return window.confirm('您确定删除吗?')");
    }
    private void BindGridView()
    {
        PerInfo p = new PerInfo();
        this.gvPer.DataSource = p.GetAllPerInfo();
        this.gvPer.DataBind();
    }
    protected void gvPer_PageIndexChanging(object sender, GridViewPageEventArgs e)
    {
        this.gvPer.PageIndex = e.NewPageIndex;
        BindGridView();
    }
    protected void btn_add_Click(object sender, EventArgs e)
    {
        Response.Redirect("addPerInfo.aspx");
    }
    private void BindDDL()
```

```csharp
    {
        PerInfo p = new PerInfo();
        ddl1.DataSource = p.GetDept();
        ddl1.DataTextField = "dname";
        ddl1.DataValueField = "dname";
        ddl1.DataBind();
        ddl2.DataSource = p.GetZC();
        ddl2.DataTextField = "zname";
        ddl2.DataValueField = "zname";
        ddl2.DataBind();
    }
    protected void btn_query_Click(object sender, EventArgs e)
    {
        PerInfo p = new PerInfo();
        this.gvPer.DataSource = p.QueryByZC(this.ddl2.SelectedItem.Value.ToString());
        this.gvPer.DataBind();
        gvPer.DataBind();
    }
    protected void btn_search_Click(object sender, EventArgs e)
    {
        PerInfo p = new PerInfo();
        this.gvPer.DataSource = p.QueryByDept(this.ddl1.SelectedItem.Value.ToString());
        this.gvPer.DataBind();
        gvPer.DataBind();
    }
    protected void btn_update_Click(object sender, EventArgs e)
    {
        bool cbstate = false;
        for (int i = 0; i < gvPer.Rows.Count; i++)
        {
            CheckBox cb = (CheckBox)gvPer.Rows[i].FindControl("chbSelect");
            if (cb.Checked)
            {
                cbstate = true;
                int perid = int.Parse(gvPer.DataKeys[i].Value.ToString());
                string pernum = gvPer.DataKeys[i][1].ToString();
                Response.Redirect("updatePerInfo.aspx" + "?perid=" + perid + "&&pernum=" + pernum);
            }
        }
        if (!cbstate)
        {
```

```csharp
            Response.Write("<script>alert('请选择要修改的数据.')</script>");
            return;
        }
    }
    protected void btn_del_Click(object sender, EventArgs e)
    {
        int count = this.gvPer.Rows.Count;
        for (int i = 0; i < count; i++)
        {
            if (((CheckBox)this.gvPer.Rows[i].Cells[0].FindControl("chbSelect")).Checked == true)
            {
                PerInfo p = new PerInfo();
                p.deletePerInfo(this.gvPer.Rows[i].Cells[0].Text.ToString());
            }
        }
        BindGridView();
    }
    protected void cb_all_CheckedChanged(object sender, EventArgs e)
    {
        if (cb_all.Checked)
        {
            int count = this.gvPer.Rows.Count;
            for (int i = 0; i < count; i++)
            {
                ((CheckBox)this.gvPer.Rows[i].Cells[0].FindControl("chbSelect")).Checked = true;
            }
        }
        else
        {
            int count = this.gvPer.Rows.Count;
            for (int i = 0; i < count; i++)
            {
                ((CheckBox)this.gvPer.Rows[i].Cells[0].FindControl("chbSelect")).Checked = false;
            }
        }
    }
}
```

13.3.5 用户设置页面

用户设置页面（userset.aspx），如图 13-18 所示。

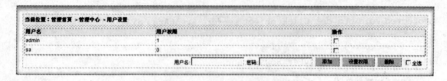

图 13-18 用户设置页面

后台代码如下所示。

```csharp
public partial class userset : System.Web.UI.Page
{
    UserBusiness dal = new UserBusiness();
    User model = new User();
    public static string strWhere = "";
    protected void Page_Load(object sender, EventArgs e)
    {
        if (!IsPostBack)
        {
            string usergroup = Session["group"].ToString();
            if (usergroup != "1")
            {
                bt_add.Enabled = false;
                bt_update.Enabled = false;
                bt_del.Enabled = false;
            }
            lb_url.Text = "用户设置";
            dataBind();
        }
        bt_del.Attributes.Add("onclick", "javascript:return window.confirm('您确定删除吗？')");
    }
    public void dataBind()
    {
        UserBusiness ub = new UserBusiness();
        this.GridView1.DataSource = ub.GetAllUser();
        this.GridView1.DataBind();
    }
    protected void bt_add_Click(object sender, EventArgs e)
    {
        UserBusiness ub = new UserBusiness();
        User u = new User();
```

```csharp
        u.Uname = tb_username.Text.Trim();
        u.Upwd = tb_pwd.Text.Trim();
        int i = ub.AddUser(u);
        if (i > 0)
        {
            Response.Write("<script>alert('添加成功')</script>");
            tb_username.Text = "";
            tb_pwd.Text = "";
            dataBind();
        }
        else
            Response.Write("<script>alert('添加失败')</script>");
}
protected void bt_update_Click(object sender, EventArgs e)
{
    bool cbstate = false;
    for (int i = 0; i < GridView1.Rows.Count; i++)
    {
        CheckBox cb = (CheckBox)GridView1.Rows[i].FindControl("CheckBox1");
        if (cb.Checked)
        {
            cbstate = true;
            int id = Convert.ToInt32(GridView1.DataKeys[i].Value.ToString());
            User model = new User();
            model = dal.GetUserModel(id.ToString());
            int ugroup = model.Usergroup;
            if (ugroup == 1)
            {
                ugroup = 0;
            }
            else
            {
                ugroup = 1;
            }
            model.Uid = id;
            model.Usergroup = ugroup;
            dal.updateUser(model.Uid, model.Usergroup);
            dataBind();
        }
    }
    if (! cbstate)
    {
```

```csharp
            Response.Write("<script>alert('请选择要设置的数据.')</script>");
            return;
        }
        dataBind();
    }
    protected void bt_del_Click(object sender, EventArgs e)
    {
        int count = this.GridView1.Rows.Count;
        for (int i = 0; i < count; i++)
        {
            if (((CheckBox)this.GridView1.Rows[i].Cells[0].FindControl("CheckBox1")).Checked
                == true)
            {
                UserBusiness ub = new UserBusiness();
                ub.deleteUser(this.GridView1.DataKeys[i].Value.ToString());
            }
        }
        dataBind();
    }
    protected void cb_all_CheckedChanged(object sender, EventArgs e)
    {
        if (cb_all.Checked)
        {
            for (int i = 0; i < GridView1.Rows.Count; i++)
            {
                CheckBox cb = (CheckBox)GridView1.Rows[i].FindControl("CheckBox1");
                cb.Checked = true;
            }
        }
        else
        {
            for (int i = 0; i < GridView1.Rows.Count; i++)
            {
                CheckBox cb = (CheckBox)GridView1.Rows[i].FindControl("CheckBox1");
                cb.Checked = false;
            }
        }
    }
    protected void GridView1_PageIndexChanging(object sender, GridViewPageEventArgs e)
    {
        GridView1.PageIndex = e.NewPageIndex;
        dataBind();
```

        }
    }

13.3.6 民族设置页面

民族设置页面（addFolk.aspx），如图 13-19 所示。

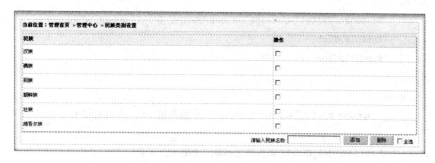

图 13-19 民族设置页面

后台代码如下所示。

```
public partial class addFolk : System.Web.UI.Page
{
    protected void Page_Load(object sender, EventArgs e)
    {
        if (! IsPostBack)
        {
            string usergroup = Session["group"].ToString();
            if (usergroup ! = "1")
            {
                bt_add.Enabled = false;
                bt_del.Enabled = false;
            }
            lb_url.Text = "民族类别设置";
            BindGridView();
        }
        bt_del.Attributes.Add("onclick", "javascript:return window.confirm('您确定删除吗？')");
    }
    private void BindGridView()
    {
        PerInfo p = new PerInfo();
        this.gvFolk.DataSource = p.GetFolk(); ;
        this.gvFolk.DataBind();
    }
    protected void bt_add_Click(object sender, EventArgs e)
    {
```

```csharp
        PerInfo p = new PerInfo();
        Folk f = new Folk();
        f.Fname = txtfolk.Text.Trim();
        int i = p.AddFolk(f);
        if (i > 0)
        {
            Response.Write("<script>alert('添加成功')</script>");
            txtfolk.Text = "";
            BindGridView();
        }
        else
            Response.Write("<script>alert('添加失败')</script>");
    }
    protected void bt_del_Click(object sender, EventArgs e)
    {
        int count = this.gvFolk.Rows.Count;
        for (int i = 0; i < count; i++)
        {
            if (((CheckBox)this.gvFolk.Rows[i].Cells[0].FindControl("chbSelect")).Checked == true)
            {
                PerInfo p = new PerInfo();
                p.deleteFolk(this.gvFolk.DataKeys[i].Value.ToString());
            }
        }
        BindGridView();
    }
    protected void cb_all_CheckedChanged(object sender, EventArgs e)
    {
        if (cb_all.Checked)
        {
            int count = this.gvFolk.Rows.Count;
            for (int i = 0; i < count; i++)
            {
                ((CheckBox)this.gvFolk.Rows[i].Cells[0].FindControl("chbSelect")).Checked = true;
            }
        }
        else
        {
            int count = this.gvFolk.Rows.Count;
            for (int i = 0; i < count; i++)
```

```
                {
                    ((CheckBox)this.gvFolk.Rows[i].Cells[0].FindControl("chbSelect")).Checked
                        = false;
                }
            }
        }
        protected void gvFolk_PageIndexChanging(object sender, GridViewPageEventArgs e)
        {
            gvFolk.PageIndex = e.NewPageIndex;
            BindGridView();
        }
    }
}
```

练 习 题

填空题

1. ASP .NET 网站开发时的三层架构分别为_____、_____和_____。
2. ASP .NET 运行环境则必须安装 .Net 程序赖以执行的_____。
3. 目前最专业的 .NET 开发工具是_____。
4. 查看代码的快捷键是_____，生成解决方案的快捷键是_____，启动调试的快捷键是_____。
5. 生成项目时，系统会把页面中所有代码和其他类文件编译成称为_____的动态链接库。

选择题

1. 广泛用于网站编程的语言是 3P，不属于 3P 语言的是（　　）。
   A. ASP   B. PHP   C. PB   D. JSP
2. ASP .NET 采用 C♯、Visual Basic 语言做为脚本，执行时一次编译，可以执行几次（　　）。
   A. 一次   B. 多次   C. 两次   D. 三次
3. .NET 的标准语言是（　　）。
   A. C++   B. C♯   C. Visual Basic D. Java
4. 默认的 ASP .NET 页面文件扩展名是（　　）。
   A. asp   B. aspnet   C. net   D. aspx
5. 用 Visual Studio 2008 不可以开发的程序是（　　）。
   A. Web 应用程序   B. 3D 动画
   C. XML Web Serivce   D. Windows 应用程序
6. Visual Studio 没有内置的编程语言是（　　）。
   A. Visual C♯ .NET   B. PB .NET
   C. Visual Basic .NET   D. Visual J♯ .NET
7. 在 Visual Studio 中新增 Web 页面的应该右击解决方案资源管理器，然后点击（　　）。
   A. 添加新项   B. 添加现有项   C. 添加引用   D. 添加 Web 引用
8. Visual Studio 2008 的 MSDN 的系统是（　　）。
   A. 向导   B. 报表   C. 数据库   D. 帮助

判断题

1. 实体层可以方便在层与层之间作为数据传递的载体。（　）
2. 在.net框架下，只能使用C#编写程序。（　）
3. 动态链接库文件只能被一个项目引用。（　）
4. 当新建项目选择模板时，Visual Studio 2008将自动创建必要文件和文件夹。（　）

简答题

1. 三层架构系统是如何划分的？每一层的作用是什么？
2. 简述三层架构搭建的过程。

参考文献

[1] 马骏. C#程序设计及应用教程（第2版）. 北京：人民邮电出版社，2009.

[2] 罗兵，刘艺，孟武生，等. C#程序设计大学教程. 北京：机械工业出版社，2007.

[3] 杨树林. C#程序设计与案例教程. 北京：清华大学出版社，2007.

[4] 宋文强. C#程序设计. 北京：高等教育出版社，2010.

[5] Anders Hejlsberg, Mads Torgersen, Scott Wiltamuth. 顾雁宏，徐旭铭，译. C#程序设计语言. 北京：机械工业出版社，2010.

[6] 杨建军. Visual C#程序设计实用教程. 北京：清华大学出版社，2009.

[7] 朱毅华，时跃华，赵青松，等. C#程序设计教程（第2版）. 北京：机械工业出版社，2011.

[8] 耿肇英，周真真. C#应用程序设计教程（第2版）. 北京：人民邮电出版社，2010.

[9] Charles Petzold. Microsoft C# Windows程序设计（上、下）. 北京：北京大学出版社，2002.

[10] 郑宇军. C#面向对象程序设计. 北京：清华大学出版社，2007.

[11] 刘先省，陈克坚，董淑娟. Visual C#程序设计教程. 北京：机械工业出版社，2006.

[12] 杨树林. C#程序设计与案例教程. 北京：清华大学出版社，2007.

[13] 邵顺增，李琳. C#程序设计：Windows项目开发. 北京：清华大学出版社，2008.

[14] 于国防，李剑. C#语言Windows程序设计. 北京：清华大学出版社，2010.

[15] 刘甫迎，刘光会，王蒙蓉. C#程序设计教程（第2版）. 北京：电子工业出版社，2008.

[16] 郑阿奇，梁敬东. C#程序设计教程. 北京：机械工业出版社，2007.

[17] 陈锐. 零基础学数据结构. 北京：机械工业出版社，2010.

[18] 陈锐. C/C++常用函数与算法速查手册. 北京：中国铁道出版社，2011.

[19] 郑伟. Visual C#程序设计项目案例教程. 北京：清华大学出版社，2011.

[20] 李云. Visual C#程序设计教程. 北京：清华大学出版社，北京交通大学出版社，2009.

[21] Karli Watson, Christian Nagel. C#入门经典（第5版）. 齐立波，译. 北京：清华大学出版社，2010.

[22] Christian Nagel, Bill Evjen, Jay Glynn. C#高级编程（第7版）. 黄静，李铭，译. 北京：清华大学出版社，2010.